环境保护体制改革研究

STUDY ON THE REFORM OF
ENVIRONMENTAL PROTECTION SYSTEM

黄文平 /主编

陈 亮　于 宁　肖学智　洪 都 /副主编

人民出版社

李干杰与何建中在交谈(2016年)

解振华与赵英民在交谈(2017年)

解振华与罗世礼见面交谈(2017年)

解振华与波科特在交谈(2017年)

解振华与文霭洁在交谈（2016年）

何建中与考克斯见面交谈（2017年）

陈亮、于宁和李庆瑞在交谈(2016年)

中外嘉宾合影(2016年)

前　言

　　生态文明建设是以习近平同志为核心的党中央准确把握我国发展阶段特性,为实现中华民族永续发展所作出的重大战略决策。党的十八大以来,党中央始终把生态文明建设摆在治国理政的重要战略位置,作为统筹推进"五位一体"总体布局和协调推进"四个全面"战略布局的重要举措。党的十八届三中全会提出加快建立系统完整的生态文明制度体系;党的十八届四中全会要求用严格的法律制度保护生态环境;党的十八届五中全会将绿色发展纳入新发展理念。过去五年多,我国生态环境保护工作,从认识到实践都发生了历史性、转折性和全局性变化,进入认识更深、力度更大、举措更实、推进更快、成效更好的时期。在党中央的坚强领导下,生态文明体制改革的"四梁八柱"基本确立,生态文明建设成效显著。当然,现行环境保护管理体系与现代生态文明治理体系的要求还有较大差距,生态环境水平与公众的需求和对美好生活的期盼也有一定的距离,治理主体力量不均衡,发挥作用不充分,治理手段也相对单一。党的十九大提出,要加快生态文明体制改革,改革生态环境监管体制,完善生态环境管理制度。这为进一步深化生态环保领域改革提供了新的目标方向和动力。

　　为研究和促进环境保护治理体系与治理能力建设工作,从 2016 年起,中国机构编制管理研究会、中国行政管理学会、中国行政体制改革研究会、联合国开发计划署及中国环境与发展国际合作委员会 5 家单位共同合作连续两年召开"环境保护治理体系与治理能力研讨会",每年精心策划主题,系统探讨和研究环境保护治理体制机制相关问题。会议邀请了国家有关部门负责同志、国内外专家学者、政府官员及地方的同志参与讨论。研讨主题包括区域流域环境治理体系、环境行政执法体系、环境监测体系、区域大气环境管理体制改革、生态环保管理体制改革、农村环保管理体制等。在研讨中,我们深切感受到:一方面,我国在生态文明建设、改革完善环境保护治理体系与治理能力的体制机制方面取得重大进展;另一方面,体制运行中仍然存在一些深层次的问题,制约着生态文明治理体系的效力发挥,难以支撑生态环境质量全面改善和可持续发展目标的实现,迫切需要加强环境保护治理体系与治理能力建设,充分认识其重大意义,发挥其根本性作用。研讨会就此提出一系列建议,归纳起来主要有如下方面。

第一,推进生态文明治理体系改革与治理能力建设,需要加强中央对生态文明建设工作的领导。科学把握自然资源经济属性监管和生态属性监管的关系,遵循管理者(所有者)与监管者分开、环境保护监管统一等原则,改革生态环保管理体制。同时,推动进一步理顺中央与地方关系,强化环保部门统一监管的法律授权,出台有利于生态环保的经济政策和强化基层环保队伍建设的指导意见,推进地方机构人员规范化建设。

第二,推进生态文明治理体系改革与治理能力建设,构建生态环境治理体系,需要政府、市场、全社会共同推动,需要压实企事业单位环保主体责任,也需要畅通社会参与渠道,通过宣传发动、政民互动、上下联动等方式,进一步增强生态环境监管的公开性和透明度,形成政府主导、多元参与、社会共治的生态环境保护治理新格局。

第三,推进生态文明治理体系改革与治理能力建设,需要推动综合、高效、协调的大部门制改革,理顺部门关系,形成以绿色低碳循环发展综合管理、自然资源资产管理与监管、生态环境保护及监管为主的体制格局;组建跨行政区域管理机构,进一步理顺中央地方关系,在中央层面设立跨行政区域的决策协调机构,整合区域环境管理派出机构,整合现有流域管理机构,探索区域性、流域性环境综合管理立法的可行性;更多采用市场激励手段,合理区分政府和市场的界限边界;建立健全社会参与的渠道机制,促进社会参与。

第四,推进生态文明治理体系改革与治理能力建设,需要健全横向体制中部门环保责任的落实机制和落实纵向体制中地方政府对环境质量的责任。

第五,推进生态文明治理体系改革与治理能力建设,需要推动形成区域环境治理新格局。围绕改善大气环境质量、解决突出大气环境问题，遵循大气污染防治的客观规律，深化区域污染联防联控协作机制，理顺整合大气环境管理职责，探索建立跨地区环保机构，构建统一的跨地区大气环境管理的法规、政策和标准体系，实现统一规划、统一标准、统一环评、统一监测、统一执法，推动形成区域环境治理新格局。

第六，推进生态文明治理体系改革与治理能力建设，需要进一步推进地方环保机构监测监察执法垂直管理等一系列改革试点。积极稳妥地推进改革，更加注重改革的系统性、协同性和整体性。

第七，推进生态文明治理体系改革与治理能力建设，需要在区域、流域环境治理方面开展按流域设置环境监管和行政执法机构试点、跨地区环保机构试点、省以下环保机构垂直管理改革以及建立重点区域污染防治联防联控协作机制，落实统一规划、统一标准、统一环评、统一监测、统一执法等要求，推动完善区域、流域环境治理体系。

第八，推进生态文明治理体系改革与治理能力建设，需要补齐农村环境治理这一短板。其核心是探索创新适合农业农村环境保护特点与需求的体制机制政策制度体系。改革重点应着眼于建立健全农村环保法律法规，调整完善农村环境污染防治和生态保护制度措施，强化法律责任。更多运用市场手段和公众参与推进农村环保工作，建立健全政府主导、村民参与、社会支持的投入机制。结合省以下环保机构监测监察执法垂直管理制度改革，进一步强化农村基层环境监管执法力量，保障执法经费，加强城乡环境执法统筹。

第九，推进生态文明治理体系改革与治理能力建设，需要在环境行政执法体系方面，继续开展环境保护督察；将环境监察职能上收至省级，进一步强化地方各级党委和政府的环境保护主体责任；督促地方制定相关部门的环境保护责任清单，落实"一岗双责"；完善相关法律法规，依法赋予环境执法机构实施现场检查、行政处罚、行政强制的条件和手段，提升执法的权威性。

第十，推进生态文明治理体系改革与治理能力建设，需要调整环境监测管理体制。上收生态环境质量监测事权，明确生态环境质量监测、调查评价和考核工作由省级环保部门统一负责；坚持全面设点、全国联网、自动预警、依法追责。

　　我们召开的"环境保护治理体系与治理能力研讨会"正是基于以上十个主题展开研讨的。与会代表的发言,从不同角度提出了我国在深化改革、推进生态文明治理体系与治理能力建设中的短板,并从理论与实践两个层面提出了政策建议,对推进生态文明治理体系与治理能力建设有重要参考价值。社会各界对于生态文明治理体系改革与治理能力建设高度关注,为便于社会各方面力量深入了解系列研讨会的研究成果,我们将 2016 年和 2017 年召开的"环境保护治理体系与治理能力研讨会"上与会代表的发言整理并结集出版《环境保护体制改革研究》,请广大读者予以指正。需要特别说明的是,成书时,与会代表的发言,包括所属主题及发言的顺序,均保留了研讨会的安排。

中国机构编制管理研究会

环境保护对外合作中心

2018 年 3 月 19 日

目　　录

2016 年环境保护治理体系与治理能力研究

2017 年环境保护治理体系与治理能力研究

第五部分　持续完善环境治理体系

附　录

2016 年

环境保护治理体系与治理能力研究

第一部分

环境治理转型与环境保护治理体制改革

环境保护治理体制改革建议

解振华①

　　非常高兴参加今天举行的环境保护治理体系与治理能力研讨会，与各位共同探讨我国生态文明建设以及下一步环境治理体制改革的取向。党的十八届三中全会决定提出了全面深化改革的总目标是"完善和发展中国特色社会主义制度、推进国家治理体系和治理能力现代化"。完善国家环境治理体系，提高治理能力，是完善国家治理体系的重要组成部分，是实现全面深化改革目标的重要内容，是生态环境保护的客观要求，是加快生态文明制度建设的需要。回顾改革开放近40年来我国环境与发展的历程，其间我国经济社会发展取得了举世瞩目的成就，但生态环境也付出了很大的代价，环保工作取得诸多进展、成绩，但也面临很多问题、困难和挑战。因此，此次会议非常及时、意义重大。

　　我的发言题目是"环境保护治理体制改革建议"，从三个方面与各位分享一下我的观点。

①　解振华：中国气候变化事务特别代表。

一、在可持续发展进程和生态文明建设 背景下考虑环境治理体系改革

（一）环境治理体系的形成和演进是与发展阶段相适应的

我国现行环境治理体系，是在传统计划体制下萌发，并伴随着改革开放特别是经济体制和行政体制的改革以及生态环境问题的日益突出而逐步形成的。在20世纪七八十年代，我国突出的环境问题相对比较简单，环保并非那时的优先目标且投入有限，环境保护管理机构的设置基本是问题导向的，形成了以环保部门为主、多部门分工合作的格局，当时设立国务院环境保护委员会，环保部门是其办事机构，这种机构安排在那个阶段还是起到了重要的作用。由于我国当时的发展阶段和重点所限，环保工作总体上尚未得到足够重视，防治赶不上发展的速度，导致各类生态环境问题日趋严重，各部门都履行自己的职责，这反而加快了各个环保相关部门工作的加强和部门职能的固化。进入新世纪，我国生态环境问题的区域性、流域性、复合性、压缩性特征日益明显，以往分散化管理模式难以适应形势发展的需要。

（二）从全球可持续发展目标和我国生态文明建设的要求看，环境治理体系走向综合性和协同性已成基本趋势

从国际上看，2015年联合国通过的《2030年可持续发展议程》将可持续发展的经济、社会、环境三大支柱目标具体细化明确，提出了综合的"可持续发展目标"，包括17个相互联系的可持续发展目标和169个具体指标，涵盖了消除贫困和饥饿、保障健康生活和受教育权利、维护性别平等、促进就业、重视水资源、保障人人享有可持续能源、应对气候变化、保护海洋资源和陆地生态系统、推动可持续工业化与创新、加强可持续发展全球伙伴关系等内容。反映出国际社会对可持续发展认识的全面性以及发展需求的多样化及其协同性。从国内看，一方面，党中央提出的"五位一体"的总体布局，要求把生态文明建设融入经济、政治、社会、文化建设之中，倡导包括绿色发展在内的新发展理

念,强调绿水青山就是金山银山,要求用严密的法治和制度保护生态环境,这些要求不仅要实现发展目标,更要通过实现生态环境的质量目标促进发展方式、生活方式的转变,建立生产发展、生活富裕、生态良好的可持续发展目标的倒逼机制。改革现行的环境治理体系,在生态文明建设制度框架下构建适应全面加强生态文明建设和政府、企业、公众多元共治的新体制,不断提高治理体系和治理能力的现代化。另一方面,作为进入经济新常态和中等收入的国家,我国的经济社会发展发生了深刻变化,经济转型和消费升级带来了结构性调整,经济社会发展对环境质量提出了新的要求,这也需要改革和创新环境治理体系,适应可持续发展的需要,保障生态文明建设目标的实现。

(三)我国的环境治理体系已成为加快生态文明建设的短板,要完善这一体系需要从问题着手,并关注现存的五大问题

一是保护与发展失衡。我国是发展中国家,在工业化城镇化发展阶段,不少地方过于追求经济增长,重发展、轻环保,重速度、轻质量。在行政管理体制上,保护与发展失衡体现在政府公共管理职能配置中经济管理的职能较强大,生态环境保护的职能较弱小。对市场干预的职能过多,资源、能源、环境等领域价格扭曲,一些地方政府依然担当着重要的投资主体和经营主体的角色,助长了资源能源浪费和环境破坏。

二是政府和市场职能定位不清,环境治理中片面强调运用行政手段。生态环境保护的公共管理职能与资产市场的运营机制界限模糊,政府与市场关系错位。生态环境管理过程中,行政管制的手段和措施应用得多,市场调节、社会管理的手段和措施应用得少,以行政规划、许可、检查等为主的行政管制制度占有压倒性的地位,各种财政、税费、价格措施比较零散且力度不大,如排污收费、资源费和资源税基本上只是起到了筹集和弥补政府财政收入不足的作用,对生态环境保护的激励作用不够大。

三是职能交叉重叠,缺乏有效的协同与合作机制。综合经济部门、自然资源管理部门和环境保护部门在生态环境保护的规划、政策等制定、监管和实施上职能交叉重叠,机构重复设置和能力重复建设等问题突出,导致部门履责时

"各行其道"甚至"依法打架"。例如,实际工作中出现了"九龙治水""多龙治区(保护区)"的现象。

四是事权和支出的投入责任不匹配,一些中央层面的法律和政策缺乏有效的实施机制。目前,中央事权、中央和地方共同事权和地方事权还没有清楚的界定和划分。在中央政策的执行机制上,中央和地方生态环境保护部门是业务指导关系,缺乏实施法律、政策和规划等有效监管的手段。在地方政府的体制框架内,生态环境保护部门难以形成对同级相关部门独立监管的体制机制。尽管有关部门设立了流域水利委员会和区域性环境督察机构,力图加强引导和监督,但在处理跨行政区域重大生态问题时,这些区域和流域机构难以发挥协调和监督作用。从当前制度建设的实际看,一方面,依法强调地方政府对本辖区的环境质量负责,加强了各级政府主要领导的生态环境保护责任制,实行党政同责、终身追责,并建立了相关考核指标;另一方面,准备实行的省以下环保机构垂直管理制度,又可能弱化地方人民政府对执行辖区环境质量负总责的能力。这些问题需要通过试点探索总结和完善。

五是社会组织与公众参与制度不完善,渠道不畅、能力薄弱。现行有关环保公益类社会组织管理制度不够完善,环境信息不够透明,社会组织与公众参与渠道不够畅通,生态环境管理的行政、司法程序化规定还很少。各级政府对生态环境保护方面的公众参与制度建设重视不够,加之,国内环保类社会组织总体能力薄弱,难以满足公众有效参与环保事业的需要。

二、环境治理体系改革要尊重自然生态系统及发展改革的规律,借鉴历史经验

(一)改革环境治理体系首先需要尊重自然生态系统的特征及演化规律

环境治理体系的目标是处理好人与自然、人与人之间、保护与发展的关系。建设生态环境保护的制度和体制机制,要充分尊重生态系统的特征和演化规律。自然生态系统经过长期演化表现为空间上的完整性、系统性,即各

种生物与其生存环境形成了相互作用的有机整体;环境与发展相伴而生,随着人类社会经济活动的影响,环境问题产生并扩展为局地、区域和全球性问题。

基于上述规律,构建环境治理体系,既要考虑生态系统的整体特征,也要考虑生态系统各要素(水、土、气等)的自然、社会和地域属性;既要考虑自然资源和生态系统的经济属性,更要考虑其生态和公益属性;既要考虑资源环境的数量问题,也要注重质量和结构问题;既要考虑生态环境物品和服务的外部性和公共属性,又要考虑这些公共属性的时空尺度,包括全球性、区域性、流域性功能及作用时间,并且还要针对存在的各类生态环境问题进行统筹协调,实现综合防治与分类分级施治相结合,争取生态环境保护最大的协同效应。例如,生物资源同矿产资源的管理不能简单机械地合并在一起;再如水,它既可以提供淡水资源,又可以用来发电、航运,还能够提供各种生态服务功能,既存在水质问题也存在水量和流域空间布局问题,需要进行流域性综合管理;再如大气,二氧化硫排放造成酸雨污染是区域性问题,温室气体排放造成气候变暖是全球性问题。生态环境问题的原因往往与生产方式、生活方式有直接关系,又与经济增长的质量和效益有密切关系。因此,要在充分认识这些规律的基础上,认真识别政府和市场的作用及其局限性,设计好生态环境保护制度体系和管理体制机制。

(二)改革环境治理体系应该继承已有成熟经验

经过近 40 年的环境保护实践,我国对于提高资源能源利用效率、解决常规污染和生态破坏,已经积累了成熟的经验和模式。在资源能源利用方面,通过设定资源能源效率目标,鼓励重点产业和企业节约资源能源、发展清洁生产和循环经济,我国的资源、能源利用效率得到了大幅提升,有效减少了排放。在污染防治方面,在三个"十条"("大气十条""水十条""土十条")的指导下,解决跨行政区的区域性大气污染、土壤污染和流域性水污染的模式正在形成和不断完善。在生态保护方面,随着 20 世纪 90 年代末开展的大规模生态建设工程和自然保护地建设,通过综合生态系统管理,保护生态系统完整性、提高生态系统服务功能、形成区域生态保护模式已经逐步成为共识。应对气候变化领域,除了通过产业转型升级、降低能耗强度、发展可再生能源、增加森林碳汇、加强生态建设外,更加重视发展低碳经济和提高应对气候变化与其他环境问题的协同效应。总之,生态环境问题的解决必须在可持续发展的框架下,落实"五位一体"的总布局,坚持绿色循环、低碳发展,才能得到根本解决。上述经验都为今后完善环境治理体系奠定了良好的基础,也给未来改革指明了方向。

(三)改革环境治理体系同样要符合发展改革的趋势

发展和保护的关系始终是环境治理体系改革需要面对的挑战。一是构建环境治理体系是一个全方位的系统改革和创新过程,在这个新旧体系转轨与过渡的改革过程中,明确改革目标和总体方向固然重要,但对于不同资源和技术经济条件的地区,寻找符合客观规律的实施路径和步骤更加重要,特别是从"先发展后治理"到"保护优先"的观念和行动转变,需要过渡政策和保障机制以实现转型的平稳性。二是实事求是地对待顶层设计与"摸着石头过河"的关系,目前的改革思路基本上是先搞顶层设计,并通过试点示范总结经验加以复制落实顶层设计。但是,必须建立容错机制和动态调整机制,把自上而下与自下而上结合起来,不断总结试验试点的经验教训,实事求是地推进改革。三是环境治理体系既要进行制度建设,又要培养和提高各类治理主体的能力,尤其是社会治理方面的能力,促进多元共治,稳步推进改革进程。

(四)环境治理体系改革应遵循以下基本原则

第一,在国家整体行政体制下,坚持依法行政、简政放权的原则,要适当考虑各地区各领域生态环境的历史欠账、区域差距、能力不足的现实情况,避免"一刀切",即体现共同但有差别的责任原则。第二,遵循自然系统的整体性、系统性和改善效果的协同性基本规律,坚持"大部制"方向,并强化区域和流域层面的统筹协调能力。第三,实现"决策、执行、监督"相对分离,推进信息共享。其中,"决策"突出科学、民主;"执行"强调效率和效能;"监督"强调威慑力、独立性。

三、未来改革和完善环境治理体系的取向

党的十八届三中全会以来,中共中央、国务院出台了一系列有关生态文明建设的制度性文件,有利于构筑生态文明治理体系的制度框架。一方面,这些制度还需要在实践和试点中予以检验;另一方面,我们在生态环境保护体制改革方面还相对滞后,制度间协调配套不够,影响了这些制度的有效实施和治理能力的提高。

(一)构建环境治理体系的立法基础

1. 做好生态文明建设相关立法的顶层设计。当前生态文明建设的相关立法进程滞后于改革进程,我们要遵循"在法治下推进改革、在改革中完善法律"的原则,处理好改革与立法的关系。首先,制定好生态文明相关立法体系的顶层设计和立法规划,明确立法优先次序,为今后的大部门制等改革措施预留空间。其次,按照生态文明建设要求对法律法规进行审查,查缺补漏,加快完善,全面清理现行法律法规中与生态文明不相适应的内容,推动修订完善现有法律法规,循序渐进地推进生态文明立法进程。

2. 统筹相关立法修改工作。统筹修改涉及"部门立法"的相关法律。例如,当前人大常委会正在修订《中华人民共和国水污染防治法》,然而涉及水问题的还有《中华人民共和国水法》等相关法律,鉴于这些法律具有相关性,又涉及不同部门的职能定位,因此,有必要将这些法律进行统筹修订,以提高立法资源的使用效率,避免新修改的法律出现相互冲突的现象。

3. 探索区域性、流域性立法的可行性。由于我国的生态环境问题突出表现为涉及跨界的区域性、流域性问题,例如京津冀大气污染防治,长江流域大保护等问题,因此,研究和探索开展区域性、流域性特别立法十分必要。希望有关方面能针对这些问题,研究和评估立法的可行性,并起草相关法律文本征求意见。

4. 提高地方立法和司法的能力。根据《中华人民共和国立法法》规定,我国将近300个设区的市具有立法权力,其中包括环境保护方面的地方法律。

但许多地方在这方面的立法能力和司法能力相对较弱,有必要采取指导、培训和完善立法咨询的过程等多方面措施,加快地方立法、司法能力的培训和提高。

(二)推动综合、高效、协调的资源环境大部门制改革

中央部委大部门制重组的核心是根据党的十八届三中全会决定及党中央、国务院相关部署,根据污染防治、生态保护,自然资源管理等领域的所有权和监管权相分离、开发与保护相分离的原则,进一步减少职能交叉,降低行政协调成本,实现权力制衡上的协调一致,提高体制横向运行效率;同步建立既有利于落实地方政府生态环境保护的主体责任,又便于国家部门统一执法监管,中央和地方事权清晰的纵向管理体制。

1.组建自然资源资产管理部门,负责全国性战略性自然资源的所有权管理。

2.建立资源环境的统一监管部门,负责包括自然资源利用、污染控制和生态保护的统一监管工作。

3.组建可持续发展宏观管理部门,负责经济社会发展与资源环境、应对气候变化的统筹协调和生态文明建设顶层设计。

4.组建国家生态环境质量监测评估局,负责全国生态环境质量监测评价工作。该机构实行全面垂直管理,直接向国务院(或资源环境统一监管部门)负责,并根据社会监测力量的发育成熟程度,通过政府购买公共服务的方式逐步引入社会力量参与。

5.加快设立国家公园管理机构。设立国家公园管理机构,负责保护全国自然生态和自然文化遗产的原真性、完整性、多样性。将分散在各部门管理的自然保护区、森林公园、地质公园、湿地公园、风景名胜区等各类国家公园(保护地)及其管理职能进行整合分类分级。整合后的国家公园(保护地)要明确定位、标准和责权范围。对各类国家公园实行分级管理并建立统一的管理机构,对其中以中央事权为主的国家公园实行更严格保护。要研究制定建立国家公园体制总体方案,指导国家公园的建设和保护,以保证自然生态和自然文化遗产的原真性、完整性和多样性。

6.组建跨行政区域和流域管理机构。生态环境具有跨介质、跨区域的整体性特征,生态环境治理体系应当遵循生态系统的特点进行整合,对流域、区域的生态环境保护和开发建设进行统一监督管理,强化联防联控的制度落实。建议组建区域和流域环境管理派出机构,以现有区域流域资源环境督查管理机构为基础成立"区域/流域生态环境监管局"。

(三)提高企业的治理能力

以推动PPP和第三方治理模式为抓手、引导市场力量的参与。一是完善PPP模式,引导社会资本投资环境公共物品,尽快制定基础设施与公用事业特许经营法,明晰政府及特许经营企业的权责利。二是推动企业污染第三方治理,实现污染治理专业化,创新融资渠道,解决融资障碍,国家设立环保基金,推动第三方治理,支持专业环境服务公司投资运营各类污染治理设施。

(四)补足社会治理的短板

推进建立沟通和社会参与机制。一是生态环境信息要公开透明,这是提高公众意识、动员社会参与、加强社会监督的基础和关键。二是完善社会公众与组织参与生态环境保护决策机制,建立政府与社会各界沟通协商机制,在政策周期中的重要环节,进行听证,加强交流与合作。三是为环保社会组织的发展创造良好制度环境,为其发挥正能量创造条件。四是充分发挥大众传媒的作用,以应对环境风险的"高发期"和公众环境诉求的"高涨期",通过法律和制度建设综合解决"邻避效应"问题。

为绿水青山提供有力的体制机制保障

何建中[①]

很高兴参加由中国机构编制管理研究会、中国行政管理学会、中国行政体制改革研究会、联合国开发计划署、中国环境与发展国际合作委员会共同举办的环境保护治理体系与治理能力研讨会。刚才，中国机构编制管理研究会黄文平会长介绍了这次研讨会的主题和举办研讨会的考虑。据了解，中国机构编制管理研究会牵头主办的秋季研讨会，已经开展了多年，形成了独特的品牌，这次研讨会聚焦环境治理这一主题，而且计划连续三年集中探讨环境治理体系与治理能力建设问题，我感到，这个题目选择得好，很有针对性和现实性，对于推动我国环境保护事业发展，推进环境保护体制机制创新，大有裨益。我在中央编办分管地方机构编制工作，参与过一些地方环境领域的体制机制改革，结合我自身的工作谈两点体会与各位分享。

一、生态环境问题是各国发展面临的共同课题，也是难题，我国也不例外，说到底要像对待生命一样对待生态环境，为人类保留住绿水青山

改革开放以来，我国在经济社会发展、提高人民生活水平方面取得了有目

---

① 何建中：时任中央编办副主任。

共睹的巨大成就。毋庸讳言,与此相随也带来了从未有过的大气、水、土壤等生态环境污染问题,加之我国正处于工业化、城镇化、农业现代化的发展阶段,产业结构不合理、发展模式粗放等,当前环境保护和治理面临着相当大的压力。据相关研究显示,到 2030 年我国城镇化率将达到 70% 左右,有 3 亿人口由农村转移到城市,未来城镇化率每提高 1 个百分点,将增加生活垃圾 1200 万吨,生活污水 11.5 亿吨,消耗 8000 万吨标煤。这种发展趋势意味着未来一个时期,我国的生态环境还会遇到更多的问题、面临更大的压力。我国国家主席习近平明确提出:"绿水青山就是金山银山","要像保护眼睛一样保护生态环境,像对待生命一样对待生态环境,把不损害生态环境作为发展的底线"。这些论断和要求,辩证地剖析了经济发展与生态环境在演进过程中的相互关系,指明了实现发展与环保内在统一、相互促进和协调共生的规律。我体会,就是要在不断推动经济社会发展的同时,更加关注和重视生态环境的保护,要让青山常在,清水长流,空气常新,让人民群众在良好的生态环境中生产生活。生态环境没有替代品,用之不觉,失之难存;保护好生态环境,功在当代,利在千秋。必须以对人民群众、对子孙后代高度负责的态度和责任,把这件事情做好,把我们的地球建设成为人类共同的美好家园。

　　我国高度重视生态环境的保护,把保护环境和节约资源作为基本国策,并不断加强环境保护体制机制建设。随着我国经济社会和环境保护事业的发展,在国家行政管理体制改革中逐步确立了具有中国特色的环境保护体制与机制。1988 年,国务院决定独立设置国家环境保护局,作为国务院直属机构,负责统一监督管理全国的环境保护工作。1998 年,又将国家环境保护局升格为正部级的国家环境保护总局。2008 年,为加大环境保护政策、规划和重大问题的统筹协调力度,组建了环境保护部,成为国务院组成部门。可以说,通过不断强化环境保护职能,从中央到地方的环保机构得到了加强,初步形成了符合我国国情的环境保护体制,有效地提升了各级政府环境治理能力和水平。当然,现行的环境保护体制与严峻的生态环境形势还不能完全相适应。在实践中还存在多头管理、职责交叉、重复建设等问题,面对跨区域的环境污染,有效的协调联动机制还不健全,以及发挥市场、社会的作用和公众参与的机制还不完善等,这些都在一定程度上影响了环境保护的力度和工作的有效性,应当着力加以研究解决。

二、面对生态环境的严峻形势和环境治理的诸多问题,需要进一步完善环境保护体制机制,大力促进生态文明建设

随着经济社会发展和人民生活水平提高,人民群众对干净的水、清新的空气、安全的食品、优美的环境的要求也在不断提升。老百姓从过去"盼温饱",到现在"盼环保",从过去"求生存",到现在"求生态",环保已经成为一个重要的民生问题。适应形势需要,党的十八大将生态文明建设纳入中国特色社会主义事业"五位一体"的总体布局,环境保护摆到了更加突出的位置;继而又提出"创新、协调、绿色、开放、共享"的五大发展理念,明确把生态环境质量总体改善作为今后一个时期经济社会发展的主要目标之一。第十二届全国人民代表大会第四次会议通过的《国民经济和社会发展第十三个五年规划纲要》,对加快改善生态环境作出了一系列制度安排。2015 年,党中央、国务院相继出台了《加快推进生态文明建设的意见》和《生态文明体制改革总体方案》。2016 年 7 月,党中央、国务院决定,开启省以下环保机构监测监察执法垂直管理制度改革试点,目的是建立健全条块结合、各司其职、权责明确、保障有力、权威高效的地方环境保护体制,确保环境监测监察执法的独立性、权威性、有效性。中央全面深化改革领导小组第二十七次会议又审议通过了《生态文明建设目标评价考核办法》,进一步强化了省级党委和政府生态文明建设主体责任,明确了资源环境约束性考核目标。这一系列重大方针、政策和措施的出台,充分体现了党中央、国务院对生态文明建设和环境保护工作的坚强决心。通过这些重大改革和部署,及其从上到下的全面组织实施,必将会进一步完善环境保护体制机制,不断提高环境治理能力和水平,为绿水青山提供更有力的体制机制保障。

我国环境保护体制机制的改革创新,既要立足国情,同时又要积极借鉴其他国家的有益经验和成熟做法。参加今天研讨会的嘉宾,有许多是国际国内

生态环境领域的著名专家学者,有许多是经验丰富的环境保护实际工作者,我相信,各位嘉宾通过深入交流和研讨,一定能为我国环保事业发展、环境治理体系建设建言献策,提出好思路、好主意、好办法。我相信,这次研讨会一定会圆满成功,取得丰硕成果。

攻坚克难　深化改革　不断推进环境保护治理体系与治理能力现代化

李干杰[①]

非常高兴参加今天举行的环境保护治理体系与治理能力研讨会。环境保护部高度重视此次会议,陈吉宁部长委托我参会,并两次做出批示,指出"此会甚重要,希望能形成一些有意义的共识"。今天来了很多部门的领导和同志,还有一些国际专家和地方代表,这里我代表环境保护部欢迎大家的到来,对大家长期以来对环境保护部和环境保护工作的大力支持表示衷心感谢,也希望大家畅所欲言,发表真知灼见,为环境保护治理体系和治理能力建设出实招、谋实策。刚才,解振华副主任、何建中副主任作了很好的发言,意见的系统性、战略性、前瞻性、现实性、针对性和可行性都很强,很受启发。根据会议主题,谈三点认识和体会,与大家交流。

一、强化环境保护治理体系与治理能力意义重大

我国环境保护治理体系是随着国家经济社会发展进程、环境问题状况以

[①]　李干杰:时任环境保护部副部长,现任生态环境部部长。

及对生态环保工作认识的不断深化而逐步建立和发展起来的。新中国成立后到改革开放前,我国环境保护治理体系不够健全,存在结构性不足。改革开放初期,国务院环境保护领导小组办公室承担了我国环境保护开创性工作,之后,国家将环境保护确立为基本国策,建立了环保部门统一监管、有关部门分工负责、地方政府分级负责的管理体制以及排污收费、环境影响评价等若干重要制度。国务院环境保护主管部门也逐步得到强化,从在城乡建设环境保护部内设环保局到独立设置国家环保局、国家环保总局,直至 2008 年国务院机构改革组建环境保护部,这一时期生态环保管理体制和环境保护治理体系不断强化和优化。

党的十八大以来,党中央、国务院把生态环境保护摆在更加重要的战略地位,进一步改革完善体制机制,生态环保从认识到实践都发生了重要变化,我国环境保护力度前所未有,进程加速推进,部分地区环境质量有所改善。经过多年不懈努力,在经济快速发展、资源损耗大幅增加的情况下,我们大力推进节能减排,打好大气、水、土壤污染防治三大战役,努力改善环境质量,生态环保工作取得积极进展和明显成效。但总体而言,我国环境问题的复杂性、紧迫性和长期性没有改变,十几亿人口的现代化过程,面临的压力、挑战与其他国家可比性不强。这么快的速度、这么短的时间,环境压力比世界上其他国家都大,污染治理和环境质量改善的任务十分艰巨,难度前所未有。

“十三五”时期是全面建成小康社会、实现第一个百年奋斗目标的决胜阶段。环境保护既处于大有作为的重要战略机遇期,又处于负重前行的关键期;既是实现环境质量总体改善的窗口期、转折期,也是攻坚期。在这样的形势下,要做好环境保护工作,迫切需要加强环保治理体系与治理能力建设,充分认识其重大意义,发挥其根本性作用。完善环境保护治理体系,增强环境治理能力,是贯彻落实党的十八届三中全会关于全面推进生态文明体制改革要求的重要任务,是贯彻落实党的十八届四中全会依法治国精神和新《中华人民共和国环境保护法》的内在要求,是推进国家治理体系和治理能力现代化的必要举措,是加快解决生态环境问题、改善环境质量、满足人民群众期待的重要保障。

二、环境保护治理体系与治理 能力存在的差距与不足

总体来看,当前环境保护治理体系与治理能力与人民群众对环境质量的期待、国家治理体系和治理能力现代化以及全面建成小康社会的要求还存在较大差距和诸多不适应。这些差距和不适应在以下几个方面表现得较为明显。

在区域、流域环境治理体系方面,部分地方从自身利益出发制定规划和开展环境管理,难以形成改善区域、流域环境质量的合力。为此,我国已经建立了一些区域和流域环境监管机构,如环境保护部的六大区域环境保护督查中心等,并在京津冀、长三角、珠三角和部分流域建立了大气和水污染防治的联防联控机制。这些机制约束力较弱,实际作用较为有限,而且相关管理机构作为国务院部门所属的派出机构,职能单一,难以对区域、流域进行综合管理。

在环境行政执法体系方面,现行法律法规对环保部门的执法授权仍有不足,环保部门统一监管手段薄弱,一些地方重发展轻环保、干预环保执法,使环保责任难以落实。部分地方执法力量不足,环境执法手段落后、监管装备不足、监管信息化水平低、监管人员素质偏低等问题已经成为制约环境行政执法的瓶颈。

在环境监测体系方面,我国生态环境监测网络存在范围和要素覆盖不全、建设规划、标准规范与信息发布不统一,信息化水平和共享程度不高,监测与监管结合不紧密,监测数据质量有待提高等突出问题,监测的科学性、权威性和政府公信力受到影响。

此外,在环境治理体系方面,还有一个非常突出的问题就是多元参与不够。环境保护属于典型的公益性事务、公共性领域,要做好这项工作必须强调和落实多元参与,而长期以来,这是一块明显的短板。就政府及相关部门层面而言,发展与保护这两张皮割裂的现象还相当严重。就企业层面而言,社会责任意识不强,落实程度较差,环境成本外部化问题十分突出。就公众层面而言,信息公开、公众参与仍然不够,知情权、参与权、监督权未得到真正落实。

三、完善环境保护治理体系，
着力增强环境治理能力

改革是推进环保事业持续健康发展的动力，也是破解发展与保护难题的出路，必须通过生态文明体制改革来解决我国生态环保工作中存在的突出问题。近年来，党中央、国务院对于生态文明体制改革做出了全面部署。2015年，党中央、国务院连续发布《中共中央国务院关于加快推进生态文明建设的意见》和《生态文明体制改革总体方案》两份"姊妹篇"文件，中央还审议发布了《生态环境损害赔偿制度改革试点方案》《环境保护督察方案（试行）》《生态环境监测网络建设方案》等6份配套文件。2015年10月，党的十八届五中全会又做出一项重大改革部署，要求实行省以下环保机构监测监察执法垂直管理制度（以下简称省以下环保机构垂直管理制度改革），习近平总书记就此做了专门说明。2016年，中央进一步明确要求由环保部牵头开展14项改革，包括制定省以下环保机构垂直管理制度改革试点工作的指导意见、按流域设置环境监管和行政执法机构试点方案、跨地区环保机构试点方案、重点区域大气污染防治联防联控协作机制方案、排污许可制改革方案、划定并严守生态保护红线的若干意见等改革文件。除此之外，还有一些作为参与部门参与的工作。环保部内部根据实际情况的需要，还提出了30多项内部的改革任务，加起来共有50多项。到目前为止，总体推进还算比较顺利，作为第一牵头单位的目前基本上已经完成11项，另外3项在积极推进过程中。改革对后续的强化优化环境保护治理体系和治理能力建设、推进这两个领域的现代化必将发挥很大的作用。

当前，生态文明和生态环保领域改革已经进入深水区和攻坚克难的关键时期。环保部将紧紧围绕"五位一体"总体布局和"四个全面"战略布局，牢固树立和贯彻落实五大发展理念，以改善环境质量为核心，实行最严格的环境保护制度，打好大气、水、土壤污染防治三大战役，推进主要污染物减排，严密防控环境风险，确保核与辐射安全，加强环境基础设施建设，强化污染防治与生态保护联动协同效应，不断提高环境管理系统化、科学化、法治化、精细化和信息化水平,加快推进环境保护治理体系和治理能力现代化。

在区域、流域环境治理体系方面,以改善环境质量为目标,以生态系统整体性、系统性及其内在规律为基本遵循,以克服环境保护突出体制机制问题为导向,通过开展按流域设置环境监管和行政执法机构试点、跨地区环保机构试点、省以下环保机构垂直管理制度改革以及建立重点区域污染防治联防联控协作机制,落实统一规划、统一标准、统一环评、统一监测、统一执法等要求,推动完善区域、流域环境治理体系。

在环境行政执法体系方面,继续完善相关法律法规,依法赋予环境执法机构实施现场检查、行政处罚、行政强制的条件和手段,提升执法的权威性;将环境执法机构列入政府行政执法部门序列,配备调查取证、移动执法等装备,统一环境执法人员着装,保障一线环境执法用车,增强执法能力。

在环境监测体系方面,贯彻落实中央全面深化改革领导小组第十四次会议审议通过并由国办印发的《生态环境监测网络建设方案》,按照省以下环保机构垂直管理制度改革的要求,调整环境监测管理体制,上收生态环境质量监测事权,明确生态环境质量监测、调查评价和考核工作由省级环保部门统一负责;坚持全面设点、全国联网、自动预警、依法追责,到 2020 年,全国生态环境监测网络基本实现环境质量、重点污染源、生态状况监测全覆盖,各级各类监测数据系统互联共享,监测预报预警、信息化能力和保障水平明显提升,监测与监管协同联动,初步建成陆海统筹、天地一体、上下协同、信息共享的生态环境监测网络,使生态环境监测能力与生态文明建设要求相适应。在监测方面非常重大的变化就是"谁考核,谁监测"原则的确定和落实。国家的监测网点由国家负责,省以下的质量监测点位全部上收到省一级,由省一级负责,现在这项工作在积极推进。

在推进多元共治方面,一是扎实开展对相关省份环境保护的督察,用两年左右时间对所有的省份督察一遍。这两个月环保部对 8 个省开展督察,2016年下半年还有 7 个省份,这是环保系统全新的一项工作。从目前情况来看推进还是比较顺利,影响也是相当好,成效非常明显。同时,按照省以下环保机构垂直管理制度改革的要求,将把环境监察上收到省一级,进一步推动强化市县两级党委政府行使环保主体责任,做好配套工作,比如制定地方政府以及相关部门的环保责任清单,落实好"一岗双责"。

2016 年 9 月 22 日中共中央办公厅、国务院办公厅印发《关于省以下环保机构监测监察执法垂直管理制度改革试点工作的指导意见》,这是推动中国的环境治理体系和治理能力现代化方面非常重要的一个文件,是当前很多改革理念、思路、举措的集合。比如要求"大环保",各个相关部门环保责任要实行清单制。比如要求各级政府都要建立相关的生态环境议事协调机制,或者叫环保委员会,或者叫生态文明建设委员会,统筹协调推进相关工作。比如新的督政监察体系,原来中央的环保督察方案是"国家督省",现在这个方案里是"省督市县",并且"省督市县"在"国家督省"的方案下有进一步的强化。"国家督省"的工作模式主要就是定期督察巡视,而"省督市县"不仅仅是定期督察巡视,还包括要求配备足够的人力能够实现日常驻点监察,把日常驻点监察和定期督察形式结合起来,类似于现在纪检和审计的做法。这套做法实施起来,一定能在推动相关的地方党委政府及其部门有效落实环保责任、做好环保工作方面发挥巨大的作用。这套方案至少有 12 个亮点,12 个创新之处,对未来工作的推进预计会发挥很大作用。后续环保部将会按照中央的部署,先试点,再铺开。按照目前的计划,试点到 2017 年 6 月底之前结束,全面改革要求在 2018 年 6 月底基本完成。"十三五"期间环保系统有两大目标任务,第一大目标任务就是环境质量改善的目标和任务,这是非常重要也是非常艰巨的;第二大目标任务是环境治理体系和环境治理能力现代化的构建工作,其中的关键一点就是省以下环保机构垂直管理制度改革,影响巨大,环保部现在也是作为重中之重在推进。

推动多元共治的第二方面,是推动建立和落实有利于资源节约和环境保护的经济政策和市场化手段,强化企业社会责任。最近中央审议通过并且正式印发的一份非常重要的文件,也就是《关于构建绿色金融体系的指导意见》,其在推动中国生态环境保护工作方面必将发挥重要的作用。这份文件提出了构建绿色信贷、绿色保险、绿色证券和绿色基金,还有建立排污权交易和碳交易市场,通过经济政策、市场化的手段推动企业承担社会责任,将外部成本内部化。另外,现在全国人大常委会正在审议环境税法,这是中国政府在推动环境保护方面制定和采取更多的经济政策方面非常重要的一部法律,并且是以环境税法的方式来推动环境保护。

推动多元共治的第三方面是进一步强化信息公开和公众参与,通过这项工作切实保障社会公众的参与权、知情权、监督权。

总之,目前改革牵涉面很大,任务很重,在大力推进过程中。有些已经有成果,已经向社会发布,有些还在进行中。预计 2017 年研讨会环保部将会有更多的成果向诸位报告。

环境治理转型的经验与思考

吉尔特·波科特(Geert Bouckaert)[①]

感谢中国机构编制管理研究会的邀请，我代表国际行政科学学会与大家分享我对环境治理转型的看法，并讨论有关问题。

我们的发展经历了三个阶段，一开始我们利益至上，只看重利润，虽然利润是必要的，但这种发展显然是不够的；之后我们意识到发展不仅要利润，也要兼顾利润和人的发展，这点非常重要，但目前似乎做得不够；经

过这些年的发展，我们逐渐意识到必须兼顾经济责任、社会责任和环境责任，实现利润增长、人的发展和环境保护的统一。约翰·埃尔金顿(John Elkington)1994 年提出的"三重底线"理论，强调经济利润、人和环境的相辅相成。如果我们观察利润、人、环境三者的互动关系，会发现有两种模式：模式一"利润-人-环境"，这一模式将人和环境都视为成本，最终导致三者关系的紧张和此消彼长，最终也导致利润的减少，是一个恶性循环，所以需要转变到模式二"利润+人+环境"，人和环境作为积极因素带来利润增长，推动整体系统的发展。如何从模式一转变为模式二？我们认为，转变的目标是建立相互促进、正向作用以及不断积累的环境、人、利润的关系。具体有四种解决方案。第一，文化理念转型。将文化理念转变为利润、人的发展和环境保护三者兼

---

① 吉尔特·波科特：国际行政科学学会主席。

25

顾;第二,需要监控和监测各类循环;第三,确保不同政府部门间的协调和合作,同时,确保不同管理层级之间的协调与合作;第四,创建所有利益相关者的所有权,并让所有的利益相关者参与其中。

首先是文化的转型、思维的转变。PPP 有两层含义,第一层是公私部门的合作,第二层就是将利润、人的发展和环境的保护结合起来。需要重新定义"利润",在文化转型的过程中必须将利润定义为通过减少污染排放、提高经济效率和降低经济风险来实现经济繁荣。同时,重新定义"人的发展"的概念。通过关注居民不可或缺的需求,比如环境方面的需求,以实现人力资源的高效管理和社会公平。要重新审视"环境的可持续发展",依靠城市规划、长期发展规划实现环境的可持续性。

其次是循环的控制和监测。在政策制定和社会管理的过程中必须重新建立起底线。环境保护有三个循环:政策循环、金融资金循环和合同循环。政策循环,在策略的制定、项目的执行和成果的评估中,都要重新审视人类和地球发展的关系。金融资金循环,包括预算、账目和审计。有了资金支持后,可以执行一些相关的项目,这又涉及合同循环,包括合同的制定、执行以及评估。在制定、执行和评估过程中,都要兼顾发展与环境保护。这三个循环环环相扣,在政策制定、资金支出以及合同执行的全过程中,都要保持一致的环境保护观念。而且,评估非常重要,评估和监控手段保证政策和管理的有效执行。以澳大利亚为例。在 2014—2015 年澳大利亚西部的预算:土地信息管理部门中,澳大利亚政府不断努力平衡发展与环境保护、人类健康发展的关系,他们不仅在项目的设计上努力,也在合同的执行中贯彻这一原则。土地信息管理部门有两个目标,即实现社会和环境责任以及确保以对社会和环境负责任的方式管理经济活动,确保国家的长远利益。这两个目标是非常重要的。根据这两大目标实现三个预期的成果:一是建立土地信息库,进行土地所有权确权以及其他与土地相关的权利确权,以支持国家的行政管理系统;二是建立独立的评估体系,为政府税收和土地产权管理提供支撑;三是实现政府定位信息收集与获取相结合。为了达到预期结果,需要进行三项服务。一是土地信息服务;二是估价服务;三是政府定位信息获取服务。可以看到,项目的发展有两条线,必须具备相关的资源和人力。要达到预定目标,政府必须不断审视自己的预定目标,并在这个过程中做一些必要的调整。整个过程都由议会授权。这一思维确保了发展和环境保护实现兼顾。这个例子中,利润不是最重要的,澳大利亚政府坚持,经济利润不是首要目标,而是兼顾社会利润和人的发展。在澳大利亚,在项目执行过程中,政府要求执行方不断向社会公布报告,分析项目对当地居民和社区产生怎样的影响。同时,进行绿色核算,将利润、人类的健康和地球的发展结合起来考虑。

再次是确保政府各部门及各层级之间的协调与合作。要明确责任分工,谁负有主要责任,环境保护部门还是农业部门?只有确定了责任,才能明确各部门分工。一般而言,环境问题由不同部门共同承担。但也正是由于这样的情况,很多国家都面临着一个共同问题,很多部门可能会相互推卸责任或者重复监管。只有确定主要责任,才能考虑采取哪种政策工具,法律、金融还是信息方面的政策工具?谁负责哪一类型的许可,谁负责进行哪一类型的税收等问题。

最后是纳入所有的利益相关者,为所有的利益相关者创造所有权。利益相关者包括很多方面,比如中央政府和地方政府、NGO、跨国和本国企业等。不同的主体在实现可持续发展目标方面都发挥着自己的作用。必须坚持两个逻辑:一是适度逻辑,要求整个过程透明、信息自由和相互信任。正如中国领导人所说,绿水青山就是金山银山,只有做到透明、信息自由与相互信任,才能实现这一目标;二是结果逻辑,将利润、人的健康和环境的发展相互兼顾结合起来。

第二部分

区域、流域环境治理体系

进一步完善环境保护治理体制机制

李松武[①]

党的十八届三中全会提出完善和发展中国特色社会主义制度，推进国家治理体系和治理能力现代化的总目标。完善环境保护治理体制机制作为国家治理体系建设的重要组成部分，是推进我国生态文明建设的迫切需要，是促进经济转型升级的重要抓手，是解决突出环境问题的有力举措，是保障民生福祉的必然要求。

一、环保治理体制在探索中不断完善

长期以来，党中央国务院高度重视环境保护工作，将环境保护作为基本国策，不断加大治理环境问题的力度，调整完善环境保护管理体制。从 20 世纪 80 年代组建国家环保局，到 20 世纪 90 年代升格为正部级的环保总局，再到 2008 年组建环境保护部，成为国务院组成部门，环保部门的职能不断加强、权威性不断提高，初步建立起了具有中国特色的环境保护管理体制。近年来，按照党中央、国务院的决策部署，对环境保护治理体制机制进行了调整完善：一方面，根据形势任务的发展变化，优化调整环保部组织架构，组建

---

① 李松武：时任中央编办二司司长，现任中国宋庆龄基金会党组成员、秘书长。

水、土壤、大气等重要环境要素监管司局,完善环境监察体系,增强环境保护监管力量;另一方面,结合深化行政审批制度改革,推动环保部转变职能,取消下放一批行政审批事项,重拳治理环保领域"红顶中介"问题,规范审批流程,减轻企业负担。总体来看,经过多年的努力,我国的环境保护治理体制机制得到了全面加强和有效保障,取得了一定成效,促进了环保事业的健康发展。

同时也应该看到,当前我们面临的环境保护形势仍然十分严峻,老的环境问题尚未得到根本解决,新的环境问题日益显现,生态环境质量改善的程度与人民群众的期待还有不小差距。特别是在环境保护治理体制机制方面,与面临的新形势、新任务相比还不完全适应,一定程度上存在部门职能分散交叉、中央地方职责同构、重开发轻保护、重审批轻监管、监察执法不力等问题,有待在改革中进一步完善。

二、完善环保治理体制机制任重道远

党的十八大以来,中央提出把生态文明建设纳入中国特色社会主义事业"五位一体"总体布局,习近平总书记明确提出,保护生态环境就是保护生产力、改善生态环境就是发展生产力,牢固树立生态红线观念,保护生态环境必须依靠最严格的制度等一系列新思想、新论断、新要求。党的十八届三中全会明确提出要改革完善环境保护管理体制,2015年印发的《生态文明体制改革总体方案》就建立健全环境治理体系提出了一系列改革举措,明确了改革的路线图和时间表。

根据中央改革精神和有关要求,我们理解,完善环境保护治理体制机制,就是要坚持问题导向,通过创新环境治理理念和方式,优化环保部门职能配置,理顺部门职责关系,突出环境统一监管和执法,合理确定各层级政府监管职责,开展环境保护督察,形成职能完备、层级清晰、权责一致、运转高效的环保治理制度体系,推进环保治理体系和治理能力现代化。

一是统一环境治理监管,理顺部门职责分工。环境保护治理工作是一项系统工程,需要对所有污染物排放进行统一监管、综合治理。只有通过要素综合、职能综合和手段综合,有机整合分散的生态环境保护职能,切实做到污染防治的全防全控,才能实现生态环境的整体保护和系统修复。党的十八届三中全会明确提出,要建立和完善严格监管所有污染物排放的环境保护管理制度。《生态文明体制改革总体方案》进一步明确"将分散在各部门的环境保护职责调整到一个部门,逐步实行城乡环境保护工作由一个部门进行统一监管和行政执法的体制"。根据这一改革要求,在系统梳理生态环境领域各相关部门职能分工的基础上,合理划分和清晰界定环境保护清单范围和职责体系,研究提出环境治理监管职能的整合方案。

二是合理划分中央地方事权,落实属地监管责任。我国疆域辽阔,地区差异性大,环境保护治理工作要充分调动中央和地方两个积极性。一方面,进一步强化中央政府的宏观调控、综合协调职能,制定国家环境保护政策、法规、规划和标准,协调解决跨区域环境问题,对有关部门、地方政府履行环境保护职责情况进行监督检查。另一方面,强调地方政府对本辖区内环境质量和环境监管负总责,按照属地管理原则,承担日常环境监管责任。在合理划分中央地方事权的基础上,建立健全环境保护督察制度,加强中央对各省(区、市)党委和政府及其有关部门贯彻落实国家环境保护决策部署、解决突出环境问题等情况的监督检查,落实地方党委和政府环境质量主体责任。

三是严格环境准入,强化事中事后监管。按照国务院关于"简政放权、放管结合、优化服务"的要求,将环境保护治理工作重心由事前审批更多地向加强事中事后监管转移。一方面,实行更加严格的环境准入制度,划定生态环境保护红线,完善规划环评制度,建立健全规划环评和建设项目环评的联动机制,通过加强规划环评提高环境准入门槛。另一方面,强化事中事后监管。加大执法检查力度,提高监督检查频次,建立违规企业黑名单制度,让失信者寸步难行。强化生态环境损害赔偿和责任追究,完善环境损害赔偿制度,建立环境损害鉴定评估机制,让违法者付出沉痛代价。

四是加强环境监管队伍建设,提升环境监管能力。党的十八届五中全会提出,实行省以下环保机构监测监察执法垂直管理制度。这是环境保护管理体制的一项重大制度创新,有利于解决地方政府对环境执法的不当干预以及基层执法能力不足等问题,切实提高环境监测监察执法队伍的独立性、权威性。通过有序整合不同领域、不同部门、不同层次的监管力量,切实提高环境监测监察执法水平,健全权威统一高效的环境执法体制,有效实现环境监管和行政执法的全覆盖。

我国区域流域环境管理
机构现状及改革思考

李庆瑞①

一、我国区域流域环境
管理机构设置情况

（一）区域环境管理机构

1.区域大气污染防治协作机制。根据《大气污染防治行动计划》的相关精神,在京津冀及周边地区、长三角区域、珠三角及周边地区分别成立了大气污染防治协作小组,初步形成了集联合执法机制、环评会商机制、信息共享机制、应急联动机制为一体的工作机制,对促进区域环境质量改善发挥了积极作用。

2.区域环境保护督查机构。2002年以来,环保部先后组建了华东、华南、西北、西南、东北和华北六大环境保护督查中心,作为环保部的派出机构。环境保护督查中心负责监督地方政府执行国家环境保护政策、法规、标准情况,核查污染减排措施落实情况,督查地方环境执法工作,并在处理跨省区域流域重大环境纠纷、地方环境政策执行监督等方面发挥了重要作用。

---

① 李庆瑞:时任环境保护部行政体制与人事司司长。

（二）流域管理及协调机构

1. 由部委设立的流域协调机构。有环保部牵头的流域水污染防治部际联席会议，如全国环境保护部际联席会议、三峡库区及其上游水资源保护领导小组。上述联席会议在加强各部门、地方流域管理的协调方面发挥了作用。

2. 由部委设立的流域管理机构。有水利部长江、黄河、淮河、海河、珠江、松辽水利委员会和太湖流域管理局等七大流域管理机构下属的流域水资源保护局，主要负责水资源保护等有关法律法规在流域内的实施和监督检查等职责。

3. 由地方政府设立的流域协调机构。有京津冀水污染防治协作机制，包括海河流域水系保护协调小组及京津冀凤河西支、龙河水环境污染联合执法机制。这些机制在协调处理水污染纠纷、简化跨区域污染处置程序和提高行政效率方面发挥了积极作用。

4. 由地方政府设立的流域管理机构。如辽河保护区管理局。2010年，辽宁省设立辽河保护区管理局，区域内省水利厅、环境保护厅、国土资源厅、交通厅、农委、林业厅、海洋与渔业厅等部门相关职能划入辽河保护区管理局。

二、我国区域流域环境管理体制存在的主要问题

（一）地方分割管理，统筹协调困难

《中华人民共和国环境保护法》规定"地方各级人民政府应当对本行政区域的环境质量负责"。在此规定下，以行政区划为单元的污染管理方式容易造成地域分割，无法有效协调各方利益与诉求，难以形成区域大气和流域水污染防治合力。

（二）部门职责分散交叉，"多龙治水"现象突出

现有的法律法规对部门涉水管理职责规定有重叠和模糊，导致水环境管理政出多门。水利、交通、渔政、海洋、林业、农业等部门与环保部门存在职责

交叉,不适应"山水林田湖生命共同体"的自然属性管理需求。

(三)政策标准难衔接和统一,信息资源难共享

在同一个区域或流域范围内,各地制定大气和流域水环境保护相关政策、规划、标准只限于本地因素,难以实现规划间环境目标的协调一致和环境政策有效衔接。而且,环境质量和污染源的信息也缺乏共享机制,环境信息资源有效利用不足。

(四)执法尺度和力度不统一,国家环保意志难落实

区域流域内各地经济发展程度不同,在环境执法的尺度和力度上难以做到统一,中央政府关于环境保护的决策部署难以贯彻落实到位。

三、对区域流域环境管理体制改革的思考

(一)以改善质量为目标,落实责任为原则,谋划改革

坚持问题导向与目标导向相结合。以解决区域流域突出环境问题和改善环境质量为导向,重点解决不同行政区域各自为战、部门职责分散交叉等问题。坚持属地管理与区域协作相结合。坚持地方人民政府对辖区内环境质量负责,落实地方政府生态环境保护主体责任。深化区域协作,推动形成区域治污合力。坚持系统性与综合性管理相结合。按照山水林田湖生命共同体的功能联系和地域关联以及一件事由一个部门负责原则,集中和强化区域流域环境管理职能。坚持改革机构与健全机制相结合。整合相关省市人民政府需要衔接配合的职责,合理确定区域流域机构的职能定位,同步健全运行机制,保障其有效履职。

(二)以解决问题为导向,创新管理为手段,推进改革

一是选择基础好、任务重的地方作为试点,整合大气环境管理职责,由相关省市人民政府授权,组建大气环境管理局,挂靠环保部,业务由环保部指导,

实现"统一规划、统一标准、统一环评、统一监测、统一执法"。二是由环保部门牵头选择适合流域试点,整合相关部门涉及流域水资源保护、水污染防治和水生态保护监管和行政执法的职责,建立相对独立的流域管理机构,对水资源、水环境、水生态进行统筹管理。三是建立完善区域流域协作机制,成员包括地方政府及环保、发改、水利等部门,负责统筹指导、协调推进区域流域环境保护工作。区域流域环境管理机构可作为协作机制的办事机构。

(三)以深化改革为契机,完善法律为依托,保障改革

一是健全法律法规体系。健全重点区域大气环境管理、流域水环境监管、生态补偿制度等相关法规,明确区域流域环境管理机构的法律地位和职责,为机构履职提供法治保障。二是强化组织和资金保障。相关部门和地方政府应各司其职,加强对区域流域机构和机制改革工作的组织领导。探索建立污染防治财政转移支付机制和补偿机制,设立污染防治基金,用于解决区域流域环境问题。

共抓长江大保护　推进绿色新发展

吕文艳①

在湖北,长江途经 8 个市州 48 个县市区,流域面积 54168.5 平方公里(占全省 29.1%),流域人口 2750.1 万,长江沿线的人口和经济总量在湖北省的占比达到 60%。湖北是拥有长江干线最长的省份,拥有 1061 公里长江岸线,占长江干线通航里程约 1/3;是三峡工程库坝区和南水北调中线工程的核心水源区。湖北在长江经济带建设中有独特优势和地位,推进长江生态保护,湖北肩负重大责任和任务。

湖北省委、省政府认真贯彻落实总书记"共抓大保护,不搞大开发"指示要求,积极抓好长江生态环境保护工作,取得了积极进展。长江、汉江干流水质总体稳定,全省主要河流断面符合Ⅰ—Ⅲ类水质的比例高出全国十大流域总体水平 12.1%;劣Ⅴ类水质断面比例低于全国十大流域总体水平 3.8%,重点城市集中式饮用水源地水质达标比例高于全国平均水平 7.4 个百分点。

一、坚持生态优先坚定不移走绿色发展之路

一是凝聚绿色发展共识。将绿色发展作为适应经济新常态、培育经济增

---

①　吕文艳:湖北省生态环境厅厅长。

长新动力和结构优化升级的重要突破口。湖北按照"五位一体"的要求,坚持科学发展"一步到位",提出了"绿色决定生死、市场决定取舍、民生决定目的"经济社会发展的"三维纲要",将绿色决定生死放在首要位置,凝聚了保护生态环境、保障改善民生的共识。出台《关于大力加强生态文明建设的意见》《湖北生态省建设规划纲要(2014—2030年)》等一系列政策措施,按照"建设生态长江、涵养文化长江、繁荣经济长江"的思路,深入统筹谋划湖北长江经济带发展和保护,坚持把修复长江生态环境摆在压倒性位置。

二是创新完善"绿色政绩"考核。印发《湖北生态文明(生态省)建设考核办法(试行)》《湖北省市(州)党政领导班子年度考核指标评分办法》,取消了神农架林区 GDP 考核,降低了限制开发区域和生态脆弱的贫困县 GDP 考核指标权重,增加生态环境考核指标权重,充分发挥绿色考核"指挥棒"作用,引领加快形成"共抓大保护、不搞大开发、实现绿色发展"的大格局。

三是用法治手段推进绿色发展。注重加强绿色发展与环境保护法治建设,通过地方立法和行使重大事项决定权的方式,打出了一套绿色发展法治建设"组合拳"。2012年以来,湖北省人大先后就《关于大力推进绿色发展的决定》《关于农作物秸秆露天禁烧和综合利用的决定》等生态文明建设重大事项作出决定,审议通过《湖北生态省建设规划纲要(2014—2030年)》,从法律层面进行制度设计;制定《湖北省湖泊保护条例》《湖北省水污染防治条例》《湖北省土壤污染防治条例》等地方性法规,形成了水、土壤、大气"三位一体"的生态环境保护法规制度体系。2016年省人大拟出台加强长江经济带湖北段生态保护的决定,适时开展湖北长江经济带生态保护等方面的地方立法工作,依法推进长江经济带建设和长江生态环境保护。

二、铁腕治污,以雷霆之势推进长江大保护工作

一是全覆盖污染排查。开展对非法采砂、非法排污、非法采矿等危及长江生态环境项目和行为的排查。组织媒体记者开展长江环境保护暗查暗访行动,对发现的问题以暗访短片的形式向各地通报,督促整改。湖北省环委会组织开展沿江重化工及造纸行业企业专项整治、长江饮用水源地保护、石化行业

绿色发展环保专项行动、违法违规建设项目清理等专项检查和整治行动。组织24个省直部门开展流域拉网式排查,共排查出各类环境问题451个,实行交办和销号管理,立行立改,限期解决。水利部门组织对4160个入河(湖)排污口开展了普查,对新改扩入河(湖)排污口设置进行严格审定,并实行公示制。

二是治水、治岸、治山、治企、治人。推进城镇污水处理设施建设,共建成投运县级以上生活污水处理厂142座,乡镇污水处理厂131座,累计建成污水管网19640.18公里,实现县级污水处理设施全覆盖。开展神定河等不达标河流治理,实施"截污、清污、减污、控污、治污"五大工程,对城区黑臭水体采取"截污、清淤、提标、治污、补水、修复"等治理措施。开展农村环境连片整治示范试点,累计投入31.4亿元,整治村庄3958个,666.9万农民群众直接受益。在探索实践中形成了"四个两"(两清、两减、两创、两治)的湖北农村环保特色。开展万名干部进万村洁万家活动,深入2.6万个村庄开展环境综合整治,建立了实施农村环境综合整治工作平台。鄂州、江夏、大悟等地探索出分户式厌氧池+人工湿地、庭院式人工湿地、生物浮岛等因地制宜的农村生活污水处理技术。对市县人民政府开展环境"督政",向湖北省纪委移交环境典型案件15件。对府河和四湖总干渠等污染严重的流域、区域地方政府进行了约谈和督办。

三是铁腕治污,严管重罚。开展长江非法码头专项整治,实行关闭一批、整改一批、优化一批,共拆除367个非法码头。划定畜禽养殖禁养区1275个,禁养面积15123.6平方公里,搬迁关闭生猪养殖小区830个。开展"十小"企业专项整治,大力实施落后产能淘汰,近年来累计关闭淘汰工业企业(生产线)850家(线)。对于破坏长江生态环境的企业、人员和行为,加大处罚力度,严格落实新环保法及配套办法,实施行政处罚案件2590件,罚款金额1.77亿元;按日连续处罚案件31件、查封扣押案件179件、限产及停产案件66件、移送行政拘留案件104件、移送环境污染犯罪案件24件。

四是道法自然,修复生态。把修复长江生态环境摆在压倒性位置,继续坚持生态优先、绿色发展,统筹岸上水下,大力推进绿色港口建设发展。建立省级保护湖泊名录,对755个省级保护湖泊实行一湖一档,实施湖泊保护的蓝

（水域控制线）、绿（绿化控制线）、灰（建筑控制线）"三线"管理。实施"湖泊拆围、水库限养、江河禁捕、增殖放流"等休养生息措施，拆除湖泊围栏养殖近15万亩，年增殖放流鱼类超过10亿尾。积极开展全国水生态系统保护与修复试点，武汉市实施了大东湖生态水网工程、汉阳六湖连通等示范工程，实现江湖相济、湖湖通连。相继组织实施了洪湖、沉湖、龙感湖、网湖等70个湿地保护与恢复工程。建立湿地自然保护区、湿地公园136处，其中，国家湿地公园50个。推进"绿满荆楚"行动，三年实现"绿色全覆盖"，"十二五"期间共完成人工造林1075万亩，封山育林490万亩。每年投入40多亿元，积极实施长防林、血防林等重点工程，整体推进"山水林田湖生命共同体"建设。与"十一五"时期相比，林地面积净增26.24万公顷，森林面积净增22.41万公顷，森林覆盖率提高2.8个百分点。发布了《湖北省生物多样性保护战略与行动计划纲要（2014—2030年）》，实施26项行动、59个重点项目，划出生物多样性保护优先区域646.17万公顷，累计建成自然保护区79个，总面积达110.8万公顷。

五是以"退"为"进"，长江"留白"。坚决退出不适宜沿江布局的产业项目，根据主体功能区定位和资源环境承载能力，长江沿线化工企业逐步后靠，大力发展生态替代性产业，形成科学合理的生产力空间布局，腾出空间建设长江生态廊道。开展长江流域重化工（冶金、石化、建材）及造纸行业企业专项集中整治，对厂区距离江岸1公里以内的以及沿江所有未入驻工业园区的在建和已投产的重化工及造纸行业企业项目，提出限时整改措施及搬迁入园方案，停止审批沿江1公里范围内的重化工及造纸行业建设项目。着眼长远，对长江岸线资源"留白"，统筹优化岸线利用和港口布局，严把审批关，控制增量，盘活存量，长江岸线原则上只建设3000吨级及以上规模的泊位。

三、试点示范，着力建立长江大保护的长效机制

一是强化生态红线、质量底线、总量上线管控。严守生态红线、质量底线、总量上线，制定了《湖北省生态保护红线划定方案》和《湖北省生态保护红线管理办法（试行）》，将湖北长江流域重要的水源涵养、湖泊湿地等生态保护区

纳入红线区域,约占全省国土面积的34%,对不同类型红线区域实行分级管控。武汉市出台了《基本生态控制线管理条例》,是全国首部基本生态控制线保护地方立法。

二是严格落实生态环境保护"党政同责、一岗双责"。开展自然资源资产负债表编制试点及领导干部自然资源资产离任审计试点工作。全面推开自然资产实物量登记和核实审计,在鄂州市、神农架林区、宜都市、武穴市开展试点。出台《湖北省党政领导干部保护自然资源和生态环境行为警示》,与《湖北省贯彻〈党政领导干部生态环境损害责任追究办法(试行)〉实施细则》相衔接,形成警示、查处和追责的链条效应。

三是全面实施长江跨界断面考核。出台《湖北省长江流域跨界断面水质考核办法》,设置监测考核断面63个,实现长江干、支流跨市界和一级支流河口断面监测考核的全覆盖。积极推进跨界断面水质自动监测站建设,截至目前,湖北省长江流域已建设运行水质自动监测站38座,在建3座,计划2年内再建设23座,届时跨界断面水质自动站总数将达到64座,基本实现湖北省长江流域跨界断面水质考核自动监测的全覆盖。

四是完善环保全民参与机制。设立省级环保政府奖,每年组织开展评选表彰活动,努力营造全社会共同参与的良好氛围。制定《湖北省自然资源和生态环境违法行为举报暂行办法》,畅通环境保护公众参与渠道,鼓励和促进公众参与和监督依法有序发展。制定《湖北省公民绿色生活行为倡议》,加快推动生活方式绿色化。

五是健全环境治理和生态保护市场体系。在武汉设立华中地区第一个排污权交易所,建立了较为完善的排污权交易制度体系,通过奖清罚污、推行排污权抵押、重点减排项目融资等绿色金融支持政策,推动绿色资本市场建设。积极探索湖泊生态补偿机制,将湖泊保护与财政政策相连,对保护湖泊保护好的地区加大生态转移支付。

《清洁水法》对跨界流域保护的促进作用

史蒂夫·沃弗逊(Steve Wolfson)[①]

为解决跨流域的水污染问题,美国出台了《清洁水法》,它是保护美国境内流域水体的重要法律工具。首先就是识别污染,明晰责任,严格执法、严厉惩罚,确保水环境受到有效保护。其次,明确水质目标。环境保护署和州政府根据对特定水体的用途建立不同水质标准,水质改善目标也根据水用途不同进行区别。同时,进行分流域管理,《清洁水法》明确上游和下游各自的监管责任。这是美国水治理主要的法律和政策工具。《清洁水法》有专门的条款强调各州对相邻州的责任,上游州须考虑下游州的水质标准,共同遵守污水排放标准;下游州可以对上游州可能会影响到下游水质的许可标准提出要求。州与州之间进行协商和磋商,但协商与磋商只是一种手段,更重要的是有法律保障,法律赋予了美国环境保护署监管的权力。《清洁水法》中有专门的条款规定美国环境保护署有权对州与州之间的合作进行监管。《清洁水法》是各州实施相关政策的基准。

以切萨皮克湾为例。切萨皮克湾流域覆盖6个州和华盛顿,包括美国环境保护署所在地。切萨皮克湾的生态状况一直在退化,严重地影响该区域的珍稀鱼类物种和重要的鱼类物种。我们建立了切萨皮克湾的项目管理机构。

---

① 史蒂夫·沃弗逊(Steve Wolfson):美国环保署法务专家。

最上面是执行委员会,中间有一个管理层,下面是各个目标实现小组,涵盖渔业、栖息地、水质量以及其他。所有的决策都是以科学研究为基础的。这个区域,水生生物物种很多,我们进行了分类。不同鱼类的栖息地不同,有的生活在深水区,有的生活在浅水区,必须依据实际情况分区域进行管理。各州根据不同生物的栖息地分布,制定可行的行动方案。目前,共识别近500个重要点源,每一个点源都要求有强制许可证,使用法律手段进行监管。若有的州的一些行动计划不合适,环境保护署会干预。我们密切监控和监管各州的情况,保持与他们的合作,并帮助他们掌握科学的方法,从而保证各州的工作大致平衡一致。通过这样的方式保证每个州都能积极治理水污染。

韩国环境福利政策的思考

秋长珉[①]

一、环境福利的必要性

关于环境的不平等或者不公平问题,韩国政府虽然采取了一系列环境政策、提高了环境质量,但是与社会经济条件相关的个人或地区环境质量和服务差异及差距问题未能解决,甚至在逐渐扩大。因社会两极分化和老龄化造成社会弱势群体被环境不平等所困扰,而其他社会经济领域不平等性的转移与关联导致环境不平等不断加剧。环境的损害和责任以及环境不平等的问题,是环境福利政策的重要因素。环境风险不断增加,比如气候变化和环境突发事件的影响越来越大,这也是韩国重视环境福利政策的重要因素。福利政策的范围越来越大,也促使环境福利政策越来越受到重视。

二、环境福利的定义与政策分类

环境福利是受宪法保障的基本福利,不论公民的社会地位或者居住地区如何,政府应该保证每一个公民都生活在安全健康和快乐的环境里。因此,政

---

① 秋长珉:韩国环境政策评价研究院研究委员。

策目标是确保每一个公民获得环境质量、服务、安全方面的权利并承担相应的责任,享受基本的环境资源,解决不同阶层和地区之间的环境不平等性。环境福利不同于社会福利,环境福利是一种公共物品,而社会福利是私人物品,这是最大的差别。环境福利针对的对象不仅仅是家庭,也针对一个地区,而社会福利只针对某一个家庭和个人。环境福利强调预防性的政策,而社会福利某种程度上看是一个收入不平等带来的结果。政策缺失的情况下,环境质量、服务和安全都处于最低水平,不同区域、国际间的差距加大,引发了环境福利政策的需求和问题,需要我们对环境福利政策按参与、开放性、交流等因素进一步细分。环境福利政策内容有三个方面:确保安全与干净的环境质量,方便的环境服务及环境保护安全。环境福利的政策工具,包括保证权责的监管政策手段和分配经费与效益的优先政策手段。

三、韩国环境福利问题案例

韩国首都圈环境设施的空间分布比较集中,附近的居民面对着相对较高水平的环境污染。对环境有害的设施主要位于老城区,富川市住房条件比较差,低收入人口比例比较高,老城区和新城区的低收入阶层受到的环境危害较大。低收入、受教育程度低的贫困人口遭受相对更多的污染侵害,健康风险比较大。在环境责任方面,环境保护的支出也有高收入和低收入之间的差别。与高收入阶层相比,低收入阶层风险更大。以家庭环保支出(生活污水费和垃圾袋购买成本)为例,高收入阶层和低收入阶层存在约 3.7 倍的差距。针对环境不公平和不平等的问题,韩国政府调整了很多政策目标,确保环境福利,明确了环保政策的优先定位是实现国民的幸福,韩国环境部还建立了环境损害脆弱人群信息服务网站,公布相关的政策信息,帮助他们有效地保护自己的健康。

韩国福利政策仍是新生事物,正在不断完善,很多方面还需要改进。

莱茵河流域的国际合作和污染控制

古斯塔夫·波夏尔特(Gustaaf Borchardt)[①]

莱茵河流域面积 20 万平方公里,流经 9 个国家,在欧洲的历史、社会、政治和经济发展中发挥着重要作用。由于莱茵河功能多样,沿岸各国利益冲突不断,再加上环境和防洪问题,制定保护莱茵河的综合方法十分必要。莱茵河是欧洲最大的河流之一,1950 年到 1970 年间,莱茵河曾爆发过严重的污染事件,在 20 世纪 80 年代才得到了有效治理。1986 年,巴塞尔山度士化工厂发生火灾,下游 400 公里的水生生物遭受灭顶之灾,导致莱茵河保护方式向长期治理转变。1976 年,相关国家签署了几个具体的具有法律约束力的公约,此事件之后,莱茵河的保护在 1987 年成为一个长期的政治环境目标确立下来,并发起了多项污染防治项目。

保护莱茵河国际委员会(ICPR)共有 9 个成员国。为协调各国使用利益并对莱茵河地区进行保护,这 9 个国家和欧盟委员会进行了合作。合作的关键要素是共同的利益和共同的政治意愿,以在事故、灾难和洪水过后,寻求有利于所有国家的解决方案。

19 世纪下半叶是德国工业化的开端。1871 年德意志帝国建立以后,新建

---

① 古斯塔夫·波夏尔特:保护莱茵河国际委员会主席。

了大量制造企业和工厂,工业得到了快速发展,但是相应的环保意识却没有跟上,莱茵河及其支流沿岸的很多工厂都将未经任何处理的废水直接排进河中,根本没有考虑会对环境造成的危害。日益增加的有机和无机废水污染导致沿岸国家之间的关系开始紧张。

日益增加的污染严重影响了下游的荷兰,因为莱茵河是他们的饮用水源以及灌溉用水。莱茵河水还用于冲洗圩田,以防止圩田水土淤积。1932 年,荷兰政府第一次派使节前往巴黎和柏林,希望人们对莱茵河中的氯化物和酚类污染引起注意,却无功而返。1946 年 4 月,在二战后莱茵河航运中央委员会第一次会议上,荷兰再一次提出了莱茵河的污染问题。中央委员会参照了三文鱼委员会的相关规定,即 1885 年的《太平洋鲑鱼条约》。

1948 年 8 月 26 日,“三文鱼委员会”在巴塞尔得出莱茵河污染是令人担忧的严重问题的结论,但是这超出了该委员会的职责范围,于是它建议莱茵河沿岸国家的代表创建一个新委员会来解决这一问题。之后,瑞士“三文鱼委员会”会长与德意志联邦共和国、法国、卢森堡和荷兰交换了外交意见,为1950 年 7 月 11 日召开的保护莱茵河国际委员会第一次会议打下了基础。

二战结束 5 年后,ICPR 成立了,1950 年 7 月 11 日,ICPR 开始对莱茵河保护和监测问题进行讨论,以期寻求共同的解决方案,并制定了 ICPR 国际工作组之间的相互信任原则。成立 13 年后,ICPR 得到了国际法的承认。1963 年4 月 29 日,德国、法国、卢森堡、荷兰和瑞士政府的代表在伯尔尼签署了《保护莱茵河不受化学污染公约》。1964 年,ICPR 在德国科布伦茨成立了一个永久性的秘书处,为协调各缔约方的合作工作。

一、国际监测网络的构想和初步
成果(1950—1986 年)

1950 年到 1970 年间 ICPR 刚开始行动时,面临的第一个挑战是建立一个从瑞士到荷兰的统一监测方案(见图 2-1)。这需要对不同国家的监测站、检测物质和分析方法进行对比并统一意见。第一年的努力见到了成效,权威部门的综合方法使莱茵河的水质进行了科学、可靠明确的评估。但是水质并没有得到改善。相反,到了 20 世纪 60 年代末和 70 年代初,莱茵河水质前所未有的糟糕,监测结果显示平均氧浓度非常低,主要原因是不断发展的工业生产,特别是 20 世纪 60 年代化工业的快速发展。这也导致公众不相信政府部门和企业真的愿意保护莱茵河。

图 2-1 莱茵河上的国际监测站

1969 年 6 月,莱茵河发生了化学污染事件,造成鱼类大量死亡,并影响到下游的荷兰,这次事件是由雷金根地区的硫丹(烈性杀虫剂)引起的。随后几年,类似事故多次发生,各国政府开始意识到必须联手采取对策。可以说,公众环境保护意识的日益提高也给企业和政府带来了压力,为水资源保护注入了新的政治影响力。

1972 年,莱茵河沿岸国家的环保部长召开了第一次莱茵河部长级会议。1973 年在波恩召开的第二次会议中,他们敦促 ICPR 起草了《化学污染物公约》和《莱茵河氯化物污染防治公约》。1976 年 12 月 2 日,ICPR 成员国在波恩签署了这两个公约以及《伯尔尼公约》的补充议定书(注:《伯尔尼公约》于1963 年签订,确定欧洲经济共同体为 ICPR 的缔约方)。

由于实施了第一批治理措施,ICPR 首次宣布水质得到了改善,民众对莱茵河的治理也有了信心。20 世纪 70 年代起,各国纷纷建立起废水处理厂,莱茵河的水质得到了逐步改善,水含氧量开始上升,有机污染物以及苯酚污染物的浓度开始降低。1954 年至 2014 年,瑞士雷金根监测站(Rekingen,莱茵河上游)、德国科布伦茨监测站(Koblenz,莱恩河中游)和荷兰三角洲的坎彭监测站(Kampen,莱茵河下游)的数据都反映出水含氧量在逐渐改善。

20 世纪 80 年代初,即早期阶段,ICPR 建议其成员国在建设新的污水处理厂时,将第三处理阶段(消除磷酸盐)包含进去。1986 年莱茵河的水质得到了稳步改善,特别是重金属含量。20 世纪七八十年代,为减少市政和工业废水的排放,研究人员成功开发出了"末端处理"技术,也就是水处理技术。这些措施实施后,有毒物质的浓度也下降了。

二、1986 年以后水质的改善

发生于 1986 年的山度士事件清楚地表明,污染事故会灾难性地影响到整条河流。由于这座瑞士化工厂的火灾,10—30 吨杀虫剂、除菌剂和除草剂随着灭火用水流入了莱茵河,巴塞尔和科布伦茨之间河段(约 400 公里)的水生生物遭受了灭顶之灾。莱茵河沿岸国家被迫采取行动。ICPR 起草了一份拯救莱茵河的规划。1 年后《莱茵河行动计划》(RAP)开始审批,其目的是要在2000 年前彻底恢复莱茵河原有的生态环境。

《莱茵河行动计划》提出的目标是:(1)加快减少永久性污染物的直接和分散排放量(到 2000 年,减少 50 种重点污染物 50%的排放量及一些重金属70%的排放量);(2)降低事故风险;(3)改善水文、生物和形态学条件。取得的主要成效有:(1)1985 年至 2000 年,"重点污染物名单"中的多数点源污染物排放量减少了 70%至 100%。(2)意外事故中有害物质含量大大减少,因为莱茵河沿岸企业已经优化了事故应急预案,并根据 ICPR 关于事故预防和工厂安全方面的建议制定了实施方案。20 世纪 80 年代以来,《国际预警报警计

划》(WAP)开始运行。(3)河中物种已经恢复。除了鳗鱼之外,莱茵河中的
鱼类已经可以再次食用。如今,莱茵河中生活着63种鱼类,这意味着除了已
经消失的鲟鱼,从前的鱼类生态系统得以重新建立。这得益于最近在堤坝上
修建的鱼类洄游通道,洄游性鱼类,如鲑鱼和鳟鱼,可以再次从北海逆流而上
至莱茵河上游及阿尔萨斯和黑森林地区的一些支流中进行产卵。但是,它们
仍然不能到达瑞士的巴塞尔,因为在斯特拉堡(法国)之后的最后一部分河
段中有3座水电站,如何通过它们还有一系列问题要解决。目前部长级会议
讨论正在积极进行中,并已确定了鲑鱼在2020年以前达到目标。

即使已经采取所有的预防措施,但如果事故发生了,大量有毒物质流入了
莱茵河,就会启动WAP,警报中心将会通知所有莱茵河沿岸国家,特别是下游
的事故地点(见图2-2)。污染者负责将事故上报给国家主管部门。之后,位
于巴塞尔(CH)和阿纳姆(NL)中间的警报中心负责将信息传递给位于下游的
警报中心以及当地主管部门和饮用水厂。

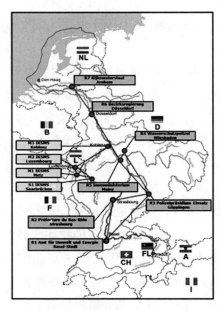

图 2-2 ICPR《国际预警报警计划》

WAP对警报、信息和检索报告进行了区分。警报是指水污染事件中排放

的有毒污染物数量或浓度可能会对莱茵河的水质或沿岸饮用水源造成不利影响,或可能引发公众的重大关注时,国际重大警报中心(IHWZ)就会发出警报;信息是为了给 IHWZ 提供客观、真实、可靠的信息。此外,一旦出现超越指导值的事件,IHWZ 会通知莱茵河沿岸国家。作为预防措施,这些信息还要传递给饮用水厂;警报只在出现大规模和严重水污染事件时才会发出。除警报外,WAP 也越来越多地用于交换莱茵河和内卡河沿岸监测站测量的水污染信息。

三、今天的水质

几十年来,企业和地方政府为降低水体污染作出了很大的努力。莱茵河流域的 6000 万居民中有 96% 的家庭都连接到了市政污水处理厂。大部分污水处理厂能处理掉 90% 以上的耗氧化合物,去除 80% 的氮和 85%—90% 的含磷化合物。莱茵河沿岸国家的处理方案还包括进一步的措施,如使用到最好的技术,改进操作以达到进一步的净化效果,提高含氮含磷化合物的去除率。

旨在减少污水处理厂中含氮含磷化合物的综合措施实施以来,农业类废水所占比重有所增加。冲蚀、侵蚀和土壤排水以及直接排入地下水的农业用水造成了地表水污染。

植物保护剂污染对于莱茵河生态系统来说仍然是个问题,特别是对以莱茵河河水作为饮用水源的地区。

德国和荷兰边境的植物保护剂阿特拉津(atrazine)的浓度变化表明欧盟层面采取的措施取得了成功。阿特拉津已经被禁止在整个流域使用。多年来,阿特拉津在德国和荷兰边境的浓度一般都低于检测限值。但是,在莱茵河流域仍能检出异丙隆(isoproturon)等其他植物保护剂。

今天,莱茵河水质再次好转,但是我们仍面临着新挑战。废水中含有多种微量污染物。这些污染物即使在水中检测到极低的浓度,也可能会对莱茵河中的生物以及饮用水造成不利影响。近几年来,ICPR 制定了减少和避免城市污水和其他(分散)源中的微量污染物进入莱茵河及其支流的综合战略。城市废水中的微量污染物(如某些家用化学品、个人卫生用品、药品和放射性物质)一旦在莱茵河及其支流中检测出,可能会引起问题。在2013年的部长级会议上,水体污染(关于浓度和数量)的评估显示,除了氮、磷、金属等污染物外,在处理过的城市废水中还发现了很多其他污染物,如家用化学品、个人卫生用品和药品残留,这些污染物在现有技术条件下,还未能得到充分分解或去除。此外,微量污染物可以被生物体吸收,会对生态产生影响,并通过食物链影响人类。

某些微量污染物可能会对莱茵河生态系统或饮用水产生不利影响。很多污染物是和处理后的城市污水一起排放的,这意味着家庭、企业和贸易是最重要的污染源。在源头采取措施、对废水进行直接分流以及在市政废水处理厂中采取措施,可以降低排放量。此外,污水处理厂也可以增加辅助处理措施,如臭氧或活性炭。瑞士的一家污水处理厂可以分解多种微量污染物,而且可以达到很高的去除率。ICPR目前正在对这种进一步的改善措施进行讨论。

自2000年起,根据污染物列表及其环境质量标准,《欧盟水框架指令》对河流中的化学品状态进行了定义。尽管莱茵河的污染物已大为减少,但其化学品状态仍然不尽如人意。这主要是因为很多生物体内聚积了水银等不易分解的有毒有害物质。减少这些污染物需要采取长期措施。目前,ICPR和欧洲成员国每6年提交一次流域管理报告和实施措施,力求最迟在2027年实现莱茵河的最佳状态。

四、关于环境治理的结论

莱茵河是欧洲最著名、最重要的河流之一。几个世纪以来,它不仅是一条重要的航运通道,也是食物和水资源的来源,并形成重要的人类聚居区。欧洲最重要的工业带均位于莱茵河沿岸区域,这也造成了严重的水污染和河流退化。

今天的莱茵河已经成为欧洲最干净的国际河流之一。人口聚集的莱茵河流域经历了从重度污染到全面恢复的漫长过程。20世纪五六十年代的联合监测战略如今已发展成为莱茵河综合管理战略,包括水质、减排、生态修复和防洪等。这种发展过程遵循的是"边学边做"的原则,是在经历一些重大灾难之后得出的宝贵经验。这些环境灾难极大地改变了莱茵河沿岸国家的政治意愿。灾害过后,公众的压力也是制定修复莱茵河共同方案的关键因素。

从 20 世纪 90 年代起,ICPR 的努力促使欧盟层面实施综合水政策。今天,全流域和水资源跨界管理办法以及必要的合作已成为流域内各国需要共同承担的责任。

综合流域管理是 ICPR 逐步发展起来的:1950 年起开始着手治理水污染,1987 年起开始改善生态系统,1995 年起开始改善水质,1999 年起开始处理地下水问题。现在,以上问题都被整合进了这两大欧洲指令,即 2000 年的《欧盟水框架指令》和 2007 年的《欧盟洪水指令》。

莱茵河的功能包括饮用水、农业和工业用水、水上运输、内陆渔业、娱乐和旅游,这些功能必须与生态保护相协调。ICPR 在与其他团体合作保护和使用水资源方面有着悠久的历史。实施《莱茵河行动计划》时,饮用水工程、工业、航运和港口的信息交流已经很频繁了。1998 年起,部分非政府组织成为 ICPR 的观察员。成为观察员(目前有 18 个协会)后,他们不仅可以参与全体会议,还可以参与到工作组和专家组中。总之,这种良好的跨界合作以政治意愿和共同利益为基础,以同行比较和公众参与的强大压力、有效的多级治理和流域内国家的团结以及高水平常设秘书处为发展动力。

国家绿色转型治理能力研究

薛　澜[①]

一、基本概念:绿色转型

与绿色经济概念相比,绿色转型更宽泛,是经济、社会、环境、资源领域的整体绿色化过程。绿色转型的核心是如何能够在经济增长的过程中让经济增长跟资源利用和环境影响脱钩[②],这也是最核心的问题。也就是说,绿色转型旨在维持自然生态系统可持续性的同时,创造包容性的繁荣。

有一种是相对脱钩,GDP 增长很快,但对资源或者环境的影响增长速度慢;还有一种是绝对脱钩[③],比如 OECD 国家的经济增长,有些是相对脱钩,有些是实现绝对脱钩。

---

①　薛澜:清华大学教授。

②　脱钩是物理学概念,指具有相互关系的两个或多个物理量之间的相互关系减少或不再存在。脱钩理论近些年被广泛用于很多领域,尤其是研究经济增长与环境质量关系。当国家或地区的经济发展不再以大量耗费资源和自然环境恶化为代价时,就形成了经济发展与环境污染的脱钩。具体有相对脱钩和绝对脱钩两种状态。

③　又称强脱钩,指随着经济的发展,资源环境的压力减轻,资源环境的正指标保持稳定不变或有增长趋势。

二、分析框架:实现绿色转型所需要的治理能力

怎样实现绿色转型?我们分析的框架是国家治理体系,是政府、市场和社会的共治体系。绿色转型的国家治理能力包括如下几个方面。从政府的角度看,治理能力是政府的绿色政策制定和执行能力,这是政府应该做的,在绿色转型过程中,政府的绿色政策制定和执行能力是关键。从市场的角度看,治理能力是市场推动绿色创新的动力和把环境外部性内部化的能力。从社会的角度看,治理能力是公众和社会组织参与的能力。要实现绿色转型有很多关键的因素,包括制度环境、激励体系、与责任相匹配的资源保障和个体的能力和环境意识等。

三、实现挑战:绿色转型治理能力的不足

目前治理能力存在问题。首先,国家科学民主地制定政策的能力面临一些障碍,比如政策制定过程中专业知识和信息缺失阻碍科学化的决策,多方利益主体的有序参与,缺乏制度性保障。政府行政部门的政策执行能力非常关键,但有些不足,比如,制度内在的张力制约着环保执法部门能力的发挥,在晋升体系中环境绩效考虑不足影响官员对环境保护的重视,各级监管部门事权划分与资源保障不匹配,公职人员关于绿色转型的能力和意识都需要提高。

其次,市场推动绿色创新的动力,如何让它有积极性?我们存在很多问题,比如重要的资源型产品价格改革以后,资源税费和环境税费的政策不完善,企业获得的绿色转型资源支持不足。另外,企业做了很多好的事情,但没有得到社会承认,也是非常重要的因素。最后,公众和社会组织推动绿色创新与参与环境保护的能力,我们现在有很多参与的形式,但制度化的保障和途径不够。公众和社会组织参与环境保护缺乏必要的信息,公众参与环境保护的知识能力和意识不足,环保社会组织的规模小,缺乏资金、人才等方面资源。

四、政策建议

面临这些挑战,需要把握几点原则。一是坚定的政治意愿和理性的科学分析相结合,二是稳定的顶层设计和多元的落地方案相结合,三是明确的转型方向与灵活的实施措施相结合。

在这样的几个大原则下,我们提出若干重点政策建议。第一,让科学引领。我们需要利用科学的原则来指导环境污染的治理。建议建立绿色转型的科学咨询体系,通过法律保证各级科学委员会在相关政府绿色转型的决策中发挥关键作用。同时,这些委员会的成员也必须承担相应的责任。尽可能地推进信息公开使用,从而倒逼对数据质量的要求,并赢得公众对绿色转型政策的理性支持。第二,为公众赋权。通过立法保证在政策制定过程中公众作为利益相关方参与的权利和途径,加大政府对环保组织的支持与合作,特别在资金、人才、信息等方面给予扶持,规范并降低环保社会组织登记的门槛。在全社会推动绿色消费和环境保护的宣传,创新宣传方式,推进全社会绿色价值观和生态文明的形成。第三,给市场激励。提高绿色创新的动力和将环境外部性内部化的能力。健全环境产权制度,改革重要资源性产品的价格机制,通过财税政策使生产和消费的环境成本显性化。用最严格的环境执法来大大提高污染的成本。通过各种手段激励企业采取技术创新的方式解决环境污染问题。第四,推政府改革。梳理不同层级政府及政府不同部门的职能。通过立法和行政体制改革落实政府职能在横向和纵向的合理配置。按照权力与责任一致,资源与职能匹配的原则,合理优化绿色转型。转型需要大量的专业人员和职能的进一步加强,需要加强对各级公务人员进行绿色转型知识的培训。

第三部分

环境行政执法体系

美国环境治理经验

——联邦和地方关系及职责

史蒂夫·沃弗逊(Steve Wolfson)[1]

中国高度重视加强环境治理,并为之付出了努力。新修订的环保法规定必须详细披露污染物排放情况,加强问责,这显示了中国环境治理的决心。中国的这些做法已引起世界的广泛关注,激发了人们对美好未来的信心。我简要介绍一下美国实施环保法的经验教训,重点讲讲我们采用的可能适用于中国环境治理的协调中央与地方关系的方法与法律工具。

在过去的45年中,美国在改善空气质量方面取得了显著成效,但美国的环保体系仍不完善。第一,在发展经济的同时可以拥有清洁的空气,若二者只能选其一,必然是错误的。第二,法律在指导和组织环保部门的工作方面起了核心作用。完善的法律和机制能有效协调不同部门、联邦和州政府之间的关系,有助于实现空气质量目标。第三,科学知识能指导环境决策。信息公开、公众参与、问责制等相关法律和制度安排为科学决策提供了重要基础。

当然,美国在贯彻执行环保法的过程中也积累了一些经验,体现了有效的环境治理体系所具备的关键特征。这些关键特征包括:制定明确、公平、具有

---

[1] 史蒂夫·沃弗逊:美国环保署法务专家。

可执行性的环保法律和实施条例,明确主管部门和协调机制;做到环境信息公开,提供利益相关方参与的机会,建立公正、高效的争议解决程序;建立问责机制,包括强有力的执法机制、公平公正的争议解决机制。联合国环境规划署及其他机构已认定上述因素对实现有效的环境治理起到了促进作用。①

美国在实施环保法的过程中强调"合作联邦制"的方法,即在环保署和各州之间划分职责。美国有 50 个州,这 50 个州属于地方辖区,每个州都有自己的环保机构。美国环保署在很大程度上依赖于这些州立环保机构来贯彻环保法。

"合作联邦制"(Cooperative Federalism),是美国环保法实施体系的重要组成部分。"合作联邦制"具体是如何实施的? 首先,联邦政府一般只对一部分州立项目提供财政支持。我们只资助其中一些比较重要的项目,不会对所有项目都提供财政支持。这为环保署指导各州实施环保法提供了有利条件。其次,联邦标准建立了严格的标准参照。只要能达到联邦标准,各州可以根据本地情况制订自己的污染防治计划。有些州甚至会制定更加严格的法律或规定,但一般不允许低于联邦标准。再次,美国环保法规定,环保署有权监督各州的执法行为。环保法中有多项条款赋予了环保署监督权。例如,对于不符合相关法律标准的,环保署有权阻止州环保局发放排污许可证。如果某个州的空气质量计划未严格实施,环保署有权要求"抵消"措施。也就是说,只有减少其他地方的排放后,才能批准新的污染源。污染越严重的地区,抵消比例越高。在某些污染特别严重的地区,抵消比例甚至达到 2∶1。这种方法可以在保持经济持续增长的同时实现空气质量目标,促进州与州之间的合作。再如,根据《清洁空气法》"友邻"条款规定,各州必须制订州实施计划来防止污染物在州与州之间传播,避免干扰其他州取得成果。环保署可以要求某个州通过分配企业污染限额的方式解决跨界污染问题。环保署还要审查各州的执法情况,如有未执法情况,环保署可代为采取执法措施。

---

① 联合国环境规划署理事会第 27/9 号关于推进环境公正、环境治理和环境可持续性法律的决定;另参见联合国可持续发展大会"我们想要的未来"第 10 段(可持续发展依赖于"有效管理和法治",包括透明和负责任的机构);联合国可持续发展目标 16(认识到建立高效、负责任和包容性机构的必要性,旨在推进法治建设,实现正义,减少腐败,实现参与式决策和信息公开)。

当然,各州在制定、贯彻和执行环保法上都有自己的政策、政治考量和激励措施。有些州制定的标准甚至比环保署更严格。但是,当这些激励措施无法达到法定效果时,环保署可以动用其他政策工具对其进行补充。

另一个行之有效的工具是空气和水污染源排放许可证。在美国,许可证制度是环保机构采取的一项重要监管手段,可以确保工厂的排放限额,实现空气质量目标。污染物排放许可证制度有助于实现有效环境治理,从多个方面促进环境保护。许可证要明确操作要求和监测上报义务,这有助于污染源更容易理解要求,提高政府机构的监督执法能力。要求新污染源在许可证申请中通过建模阐述空气质量影响,有助于环保官员根据空气质量目标进行决策,批准新污染源。许可证发放要做到程序透明和公共参与,这有助于在发生冲突之前及时解决公众关注的问题,完善科学决策,提高公众信心。

日本环境污染治理的经验

南川秀树（Hideki Minamikawa）[①]

一、20 世纪 50 年代日本的
重污染情况

（一）污染情况

随着 20 世纪 50 年代经济的飞速发展，严重的空气及水污染笼罩着日本。1955 年发生了第一起严重损害人类健康的案例，当时该疾病被称为"痛痛病"（Itai Itai disease），它会令患者的骨头产生无法想象的疼痛。

1956 年，水俣市首次报道一种"怪病"。工业部门和相关专家坚持认为该病不是由工业污水造成的，而是因为二战时期遗留下的炸弹造成的。直到 1968 年，政府才承认该病就是由工业污染造成的，而且严重损害了大众健康。

日本接连发生了 4 起对人体健康造成大规模损害的重大案例。"痛痛病"是由工厂排出的镉引起的，因为镉会被农作物吸收从而对人类造成危害。

[①] 南川秀树：日本环境卫生中心理事长。

水俣病的罪魁祸首是鱼体内的甲基汞。这种化学物质也造成日本新潟地区的第二次水俣病。石油化工总厂附近的居民因四日市的二氧化硫污染罹患哮喘。当时四日市被厚重的烟雾笼罩着,有时因为烟雾太大甚至都无法看清楚对面的站台。

东京也不例外。1961年,因为高浓度的烟雾,市民的呼吸器官开始出现问题。于是,东京从1962年开始建立自动监测设备监测空气污染物,后来还设立了烟雾警报系统。

(二)第一阶段规章条例并不奏效

政府颁布的规章条例只是在问题出现时起到暂时的作用。1958年,政府起草了管理污染物排放的法律条例,但是收效有限。首先,立法的目的是为了实现发展和环境之间的协调。而这个条例实际上是将经济的发展凌驾于环境之上。其次,该法律仅仅适用于特定地区。由于受地区限制,这些规章条例收效甚微。而且,该法律也没有规定任何惩罚措施。

1962年起草的工业排放管理法也存在同样的问题,排放法规太温和,制裁惩罚措施少。

二、开启自下而上的改革

(一)公众意识发生变化,地方政府以及司法机构开始做出改变

法律进展不大,部分原因是工业部门的意识不够。企业不想在必要的设备上进行投资来减少污染。高级管理人员认为投资污染防治成本高并且不会提高生产率,得不偿失。

公民意识的提高真正推动了改革。提高了环保意识的公民开始向政府和工业企业施加压力。例如,因为市民的压力而不得不放弃建立石油化工厂的计划。针对污染的投诉也与日俱增。持有反对经济过快增长观点的人的比重也从20%增长到60%。

地方政府的倡议也起了积极作用。东京等主要城市起用了愿意创新环境

政策的先锋型省长或市长,这样的领导人在 1977 年达到了 150 人。他们主动采取措施来加强环境方面的法规并且在市民的支持下与工业企业达成了一致协议。这一时期污染防治协议的数量急剧上升。

上述就是污染防治协议的背景。因为法律体系不完善以及当地政府能力有限,他们开始和污染公司达成协议,协议内容包括对污染的限制以及如何充分遵守法律法规。为什么这些企业自愿达成协议? 主要是因为公众反对污染。如果当地政府给出协议而公司拒绝的话,那么这些公司在经济上就会有很大的损失,而且媒体会对其进行批评,造成其公众形象受损。

地方政府采取的另外一项政策就是提高政府官员的科技专业水平。这样做的目的,一是获得一些技能,通过检查让公司掩盖的污染行为大白于天下,二是为了拥有相应的知识和公司进行协商,并且帮助他们找到遵守规章制度的方法。

司法体系的作用也非常重要。当规章条例不起作用时,司法法庭可以促使立法机构和公司采取应对措施。

(二)中央政府最终决定进行改革

执政党开始意识到危机。第一,公众反对污染的想法在媒体的推动下与日俱增。第二,开拓型省长和市长逐渐涌现。第三,污染公司在法律诉讼上接连失败。执政党最后意识到临时措施无法解决问题,决定开始进行彻底的管理并建立新的体制。

污染对于市民来说已经是最严重的问题之一,因此中央政府决定在短期内重新构建行政体制,并出台相应的环境政策。1971 年日本成立环境保护局,并颁布了一系列法律法规。20 世纪 70 年代以后的法律体系特征如下:第一,国家的基本态度明确了;第二,污染的定义明确了;第三,法规更加严格;第四,删除了条例中"与经济相协调"的部分,明确企业的责任;第五,地方政府的权力得到了加强。

从 1970 年到 1985 年,二氧化硫污染的情况得到显著改善,二氧化氮也是如此。20 世纪 60 年代的七彩烟雾到了 20 世纪 90 年代也转变成了湛蓝的天空,这些改变是非常明显的。

（三）实施促进环保投资的经济政策

空气质量的快速改善不仅仅是因为有强有力的法律法规,更重要的是有了促进企业环保投资的激励政策。

对于受害者的新赔偿机制让企业承担相应的代价。日本采取了如减税及低息贷款等经济政策,促使企业在环保上进行投资。这些刺激因素促使私有企业增加了在环保上的投资,据统计,总投资的比例从 3% 升到了 19%。

多个因素共同作用促进了污染的治理。媒体呼吁和公众意识、当地政府采取的措施以及司法机构的支持都取得了巨大进展,这促使政府采取强有力的政策。

（四）长远来看,污染防治可以降低成本

污染防治也是很经济的。当执行强有力的政策之后,因四大污染造成的经济损失预计就会大大减少。例如,就水俣病来说,每年造成的损失达 1.26 亿美元,而如果采取措施每年的花费只需要 100 万美元。

三、当今面临的新挑战

日本的环境管理现在正面临着新的挑战。首先,污染物排放监测以及环境违法曝光体系受到了削弱,这是由于地方政府简化了体系以及整个行政管理体制。人们认为大部分问题已经解决,污染已经成为历史,他们对工厂的污染排放正在失去兴趣。而且,大部分在污染严重时期发挥积极作用的政府官员已经退休。其次,日本社会的老龄化进程正在加速。老人通常对废弃物处理等邻避设施非常反感。而邻避问题在老龄化社会尤为突出,这可能会阻碍未来的可持续发展步伐。

从治理雾霾看环境执法与治理体制创新

陈　峰①

　　近年来,我国一些地方遭遇了严重雾霾天气,影响了人民群众的身体健康和社会生活的正常运转,治理雾霾也成为社会各界关注的焦点,考验着政府生态文明建设和贯彻绿色发展理念的能力。雾霾不是新生事物,也不是中国所独有,作为工业化、城市化进程中的"副产品",许多国家都深受其害。根据有关机构研究显示,雾霾成因主要来源于燃煤和燃油,同时,受自然条件影响,雾霾具有无界性、溢出性特点,也增加了治理难度。

　　党的十八大以来,中央把生态文明建设和环境保护摆到更加重要的位置,"十三五"规划明确要求加大环境治理力度,把改善生态环境作为全面建成小康社会决胜阶段的重点任务。从近年来治理雾霾的情况看,已取得了成效,但同时还存在一些问题。比如,相关法律法规罚则不够具体,执法监管仍存在问题。新环保法为环保工作提供了有力的法制保障,但对部门和企业责任的规定还比较抽象,罚则不够明确具体。涉及环保相关监管职责的部门多,一定程度上影响了执法监督效率。对雾霾的整体监测预警机制不健全,缺乏有效的区域治理联动机制。不同地区在雾霾治理的标准、监控、处罚等方面没有统

---

　　①　陈峰:时任中央编办研究中心副主任,现任中央编办三局副局长。

一,治理的利益互补机制、配套资金、技术投入等统筹难度大,各自为战。此外,部分地方政府及工作人员责任意识淡薄,存在不作为、失职渎职等情况,使得治理效果不够理想。

西方发达国家也走过一条先污染后治理之路。英国是工业化革命最早的国家,也是环境污染治理最早的国家,运用法律、行政、经济、科技等手段治理环境的经验值得借鉴。一是以立法形式防治大气污染。1952 年伦敦烟雾事件以来,相继颁布了一系列控制空气污染的法律和标准,1956 年出台的《清洁空气法》是世界上第一部空气污染防治法。二是明确政府防治职责。《清洁空气法》明确了地方政府在大气污染治理方面的职责,《碱业法》强化了代表中央政府的检查团职能。1996 年,英国还对环保部进行改组,把空气、土地和水资源纳入统一管制。三是利用经济、科技手段提升治理水平。按照"谁污染谁付费"原则,由制造污染的企业付费,政府选定有资质和有能力的专业环保公司治理污染,并对其进行监督。同时,加大科技治理投入。2011 年,在英国政府推动下,英国电力公司联合有关科技企业和高校,发起了"低碳伦敦"实验项目,目标是促进实现 2025 年减排 60%。同时,重视信息公开和公众参与。公众可以通过互联网随时查看、提取全国各地环境质量状况。任何工厂申请许可证都要刊登广告征求公众意见、接受质询。公众环保意识强也极大地推动了环境治理。

进一步创新环境执法和环境治理体制,我们认为,一是抓紧完善环保法律法规体系,尤其是增强处罚和追责制度的可操作性。以新环保法、大气污染防治法为基础,加快修改完善相关法律法规和政策标准,明确企业的环境保护责任,细化处罚类别、标准和适用条件,增加违法行为处罚的威慑力。同时,按照权责清单制度要求,进一步明确各级政府及工作部门环保权责事项,完善环保问责机制,明确失职行为和追责情形。二是进一步理顺监督执法体制机制。明确中央和地方环境监管执法的权责划分。加快推进省以下环保机构监测监察执法垂直管理制度。建立生态环境联合执法长效机制,开展区域内联合执法检查和协同查处跨界环境违法行为。适应新型城镇化发展的需要,整合城市环境监管执法职能,完善城市环境保护综合执法体系。三是建构政府间协作与联动治理机制。环境治理要强化地区和部门间的合作,健全地方政府间的沟通协调机制,明确相应的制度安排。借鉴其他国家的经验,建议探索成立跨地域的污染控制区,整合跨界污染的权力配置和责任承担机制。此外,环境治理还要与完善自然资源管理体制、城市科学布局、地方产业结构调整等统筹谋划,相互协调促进。四是形成区域间经济补偿激励机制。建立治理主体之间的利益补偿和协调机制,通过资金、税收、环境许可、产业转移等多渠道共同分担环境治理成本。建议研究推行环境税制改革,合理调整政府间赋税和收费制度,建立环境污染防治专项基金,为跨区域治理安排相关转移支付。加快研发新能源或替代能源,创造条件推广普及。五是打造多元主体协同的监督机制。环境治理不能靠政府"单打独斗",也不能无限扩大相关部门职责范畴,要逐步建立起全社会共同参与的环境治理机制,形成政府监管之外的相关替代性、补充性机制。

构建环境监管执法新格局
回应人民群众生态环境质量新期待

刘文亮[1]

强化环境监管执法是解决环境突出问题，推进环境质量改善的重要途径和有效手段。习近平总书记强调"要加大环境督察工作力度，严肃查处违纪违法行为，着力解决生态环境方面突出问题，让人民群众不断感受到生态环境的改善"，"强化环保标准硬约束，加大执法力度，对破坏生态环境要严惩重罚"，"对破坏生态环境的行为，不能手软，不能下不为例"，总书记的重要论述为我们做好环境监管执法工作提供了  基本遵循。面对目前环境保护工作面临的新矛盾新问题，如何在我省"追赶超越"中构建环境监管执法新格局，回应人民群众对生态环境质量改善新期待，是我们必须深入思考的问题。

一、明晰环境监管执法思路

思想是行动的先导。构建环境监管执法的新格局，必须全面学习领会总

---

① 刘文亮：陕西省生态环境厅副厅长。

书记关于生态文明建设的系列重要讲话精神,进一步明晰环境监管执法的工作思路,牢固树立并不断强化保护优先、铁腕执法、改革创新、守土有责、底线思维意识,使监察执法工作更好地服从并服务于环境保护工作大局。一是树立"保护优先"意识。以"保护优先"的理念把握和定位环境监管执法工作,就是要跳出执法看执法,立足保护抓执法,把监管执法的落脚点放在保护生态的大局上、放在改善环境质量的全局上。要坚持预防为主,前移监管执法关口,注重把各类生态环境问题解决在萌芽状态,着力在保护上下功,在预防上用力,在推进绿色发展上见效。二是树立"铁腕执法"意识。深入贯彻实施《环境保护法》,在查处环境违法行为上不设禁区、不搞特区,坚持铁腕执法、重典治污、铁面问责。通过采取按日计罚、限产停产、公开曝光、挂牌督办、责任追究、移交司法等强力措施,让造成环境污染者付出代价,让违法企业受到严惩,让失职渎职者受到追究。要以壮士断腕的勇气,踏石留印、抓铁有痕的决心,零容忍的态度,解决当前突出环境问题。三是树立"改革创新"意识。针对经济发展新常态下环境保护工作面临的新任务、新矛盾、新问题,积极探索环境监管执法工作的新思路、新机制、新举措。通过环境执法监管理念、机制和方式方法的不断创新,切实转变执法监管职能、提高执法监管效能、打磨监管执法精度、强化监管执法的责任,充分发挥执法监管在推动我省绿色发展、改善环境质量中的保障作用。四是树立"守土有责"意识。始终牢记环保卫士之责,自觉做到守土有责、尽职尽责、高度负责,自觉做到不负重托、不辱使命、不畏艰辛,要坚决守住守好环境监管执法的主阵地,认真贯彻执行国家和地方环境保护法律法规、政策和措施,依法对环境违法行为从严监管、从严整改、从严问责。五是树立"底线思维"意识。坚决守住环境质量底线和生态保护红线,严守环境质量"只能更好、不能变坏"的基本要求,着力解决突出环境污染问题,满足人民群众最关切、最基本的环境诉求。坚决守住环境安全底线,采取一切有效措施,把各类环境风险控制在安全范围内,严防重大、特大环境事件发生,保障人民群众的生命财产安全。

二、创新环境监管执法机制

科学合理的体制机制是环境监管执法的基础和保障。要通过建立完善部门协调配合、行政执法与司法联动、跨区域联合执法、公众力量优化监管和执法效能评估等环境执法机制,使环境监管执法工作有章可循,有规可依。一是建立完善部门协调配合执法工作机制。强化部门间协调配合,建立完善部门间联合执法、交叉执法、"点单"执法等执法机制。探索建立环保、公安、工商、卫生、水利、农业、林业、金融、电力、司法等部门横向联合执法体系,将环境执法关口前移,形成高效执法合力。协调各部门严厉打击环境违法行为,建立部门联动的长效机制,通过综合运用法律、经济、行政等多种手段共同解决各类环境违法问题。二是建立完善环保部门与司法部门衔接工作机制。不断强化环保执法机构与公安、法院、检察院等司法部门联动执法机制,明确行政执法与司法联动的法律依据,严格落实违法犯罪线索移送制度,严查严处环境违法犯罪行为,形成生态保护行政执法与司法齐抓共管合力,彻底解决有案不移、有案难移、无案可审和无案可查的问题,有效遏制、打击环境污染违法犯罪行为。三是建立完善跨区域环境联合执法工作机制。结合省以下环保机构垂直改革,突破行政区划下各地区各自为政的格局,建立地区间环境执法主体全面、集中、统一的联合执法长效机制,协作配合、共同执法,联合查处跨行政区域的污染纠纷和环境违法行为。统一区域内环境监管执法尺度,建立统一的环保行政案件办理制度,规范环境执法程序、执法文书,加强环境监管执法信息的连通性。四是建立完善发挥公众力量优化监管执法环境的工作机制。通过引导公众参与环境监管执法,更好地实现预防为主、防患于未然的监管执法理念,尽早发现可能出现的环境违法苗头,将环境违法控制在萌芽阶段。大力推进阳光执法,主动邀请人大代表、政协委员、环境公益组织、行业协会和环保志愿者参与监督环境执法。充分发挥媒体作用,变单一政府主导为多主体协同参与模式,努力构建政府部门和企业、社区公众、环境社会组织、环境专家和媒体在环境治理中的合作伙伴关系,形成政府、企业、公众良性互动机制。五是建立完善环境执法监管的评估监督机制。通过建立完善一套系统、科学、规范的考核评估体系,加强对环境监管执法全过程和效果的评估,并将评估结果向社会公开并接受社会监督,推动环境监管执法部门规范和改进执法行为,创新执法形式,全面优化监管执法。同时建立完善环境责任追究体系,主动接受司法部门、行政机关内部和社会公众对环境监管执法的监督,全面提高监管执法效率和效果。

三、把握环境监管执法重点

环境监管执法工作要以新发展理念为引领,以改善环境质量为核心,以环境保护督察、解决突出环境问题、有效防范环境风险和积极回应群众关切的环境问题为工作重点,不断创新监管执法方式方法,坚持科学监管、重典治污、铁腕执法、从严追责,全力推进环境质量持续有效改善。一是扎实做好环境保护督察工作。对中央环境保护督察指出的环境问题要认真严肃地抓好整改,确保件件有着落,事事有回声,各类问题整改到位。在整改工作中要做到:原因不查清不放过、问题不解决不放过、责任追究不到位不放过、监管措施不落实不放过、长效机制不建立不放过、社会不满意不放过。要按照《陕西省环境保护督察巡查方案(试行)》,在 2017 年年底之前对全省各市(区)实现环保督察巡查全覆盖。通过环保督察进一步推进环境保护的各项决策部署贯彻落实,进一步强化各级党委政府及其相关部门环保职责意识,切实解决好当地存在的突出环境问题。二是着力加强突出环境问题监管。持续开展环保法实施年活动,围绕落实环境保护法及其配套办法,针对目前存在的突出环境问题,上下联动,集中力量,下更大功夫,持续开展秦岭生态环境保护、关中地区大气污染防治、"一河两江"水污染治理、渭北"旱腰带"采石场、陕北原油管道泄漏等环境问题的执法检查。持续加大重点企业、重点行业、重点区域的环境督查检查力度,加快推进突出环境问题整改及建设项目清理整改。始终保持环境执法高压态势,对偷排偷放、数据造假、屡查屡犯企业依法严肃查处,加大重大环境违法案件查办力度,严肃追究刑事责任。三是不断强化环境污染风险防控。进一步落实政府主导和企业主体责任,创新环境应急管理制度和方法,坚持源头治理,关口前移,强化预防与应急并重,常态与非常态结合,最大限度控制风险和消除隐患,推进环境风险防控由应急处置为重点向全过程管控转变。健全环境社会风险的防范与化解体系,强化重点领域风险预警与防控。紧盯危化企业、陕北石油天然气开采、陕南尾矿库等重点领域,加强预测预警与日常隐患排查整治,确保流域、区域环境安全。推进尾矿库环境风险管理、化工园区有毒有害气体环境风险预警体系建设试点和饮用水水源地环境应急管理。开展突发环境事件风险评估,加强应急队伍建设,应急物资储备和应急演练,妥善应对突发环境事件,坚决杜绝重特大环境污染事件发生。四是积极回应群众环境诉求。着力解决大气污染、饮用水源安全、城乡环境"脏乱差"等社会高度关注和群众关心的环境诉求,以实实在在的整治成效让更多的群众拥有获得感、幸福感,增强改善环境质量的信心。通过认真梳理分析中央环保督察和省内环保督察巡查群众反映的环境问题,举一反三,全面推进群众反映强烈的区域环境问题的解决。认真办理人大代表、政协委员关于环保问题的建议、提案,及时回应人民群众环境期盼。充分利用 12369 环保热线、微博微信等政民互动渠道,全面及时收集、处理公众关注的环保热点难点问题,准确解读,及时回应,正确引导公众对环境的心理预期。

四、强化环境监管执法手段

紧密结合环境监管全覆盖的要求和违法排污全时空的特点,以解决突出环境问题,改善环境质量为目标,不断创新工作方式方法,丰富监管执法手段、延伸监管执法链条、织密监管执法网络、增强监管执法威慑力,全面提高监管执法效能。一是坚持日常监管与动态执法相结合。对辖区内的重点流域和敏感环境区域内的污染源进行梳理,摸清污染源排污对环境质量影响规律,建立相关数字模型,动态分析环境质量变化趋势,在抓好日常监管的同时,一旦发现异常,立即组织开展重点企业和相关特征污染源企业的排查,及时预防和制止环境违法行为。二是坚持重点污染源监管与重点行业监管相结合。坚持分类施策、分类监管的原则,对排污量大、环境风险高的污染源进行重点监管,提高环境监管效率,保护环境安全。全面推行重点行业监管,通过专家指导、媒体参与、个案严办,引发行业震动,促使企业从"要我治"转变为"我要治",推进行业内环境问题得到有效解决。三是坚持行业监管与企业自律相结合。积极助推各行业监管部门发挥专业优势,严格履行法律赋予职责,落实行业主管部门直接监管职责,促进企业落实环保主体责任。建立以促进守法为核心的环境监管体系,开展企业环保信用等级管理评审,对企业环境行为进行综合评价定级,对好的表彰奖励,对差的开展联合惩戒,促使企业自觉守法。四是坚持依法查企与综合督政相结合。对企业环境违法行为实行"全覆盖""零容忍",依法严查严惩。同时,强化督政,紧盯环境质量这根"高压线",督察各级党委政府及其相关部门履行环保职责、推动环保重点工作落实、突出环境问题解决。强力实施公开约谈、一票否决、责任"倒追"、终身追责,进一步强化环保责任意识,增强自觉做好环保工作的积极性主动性。五是坚持随机抽查与重点检查相结合。全面推行"双随机"抽查监管,完善随机抽查监管机制,梳理本地区依法应当实施的监督检查事项,制定随机抽查事项清单,建立检查对象名录库和执法检查人员名录库并进行动态调整,随机确定抽查对象和执法检查人员,合理确定抽查比例。采取不定时、不打招呼、不听汇报的暗查方式,开展常态化的环境执法检查。持续加大对重点污染源企业夜间、节假日、重污染天气应急响应期间的执法检查力度。

五、夯实环境监管执法责任

按照《陕西省各级党委、政府及有关部门环境保护工作职责(试行)》的规定,督促各地各部门严格落实环境保护"党政同责"和"一岗双责",把环境监管执法责任进一步细化分解,确保环境监管执法责任落地生根。一是强化属地监管责任。坚持环境质量属地责任,推进地方政府履职尽责。要通过环保督察等方式进一步督促地方政府更好履行环保责任,推动各地经济与环境协调融合。要督促各地在辖区内建立"横向到边、纵向到底"的网格化环境监管体系和环境保护目标管理考核机制,推进辖区环境质量持续改善。二是明晰部门共管责任。各行业主管部门要把环境保护监管作为一项重要职责任务来抓,摆在突出位置,列入重要议事日程,严格落实管业务必须管环保,管行业必须管环保的责任,形成党政同责、部门共管、环保主抓、社会参与的环境监管执法的良好局面,切实解决好环境保护监管主体多元化,缺乏协调和配合,监管权力和监管责任分散,部门之间相互推诿扯皮的问题。三是激发公众参与责任。公众参与是环境执法的重要助力。要进一步加大环境信息公开,保障公众的环境知情权；推行有奖举报，激发群众关注环境问题、监督污染的积极性。同时积极拓展网上投诉、微博和微信举报等新途径，形成污染环境、人人监督、人人喊打的社会氛围，使环境违法行为无处藏身。四是坚持从严问责。在"铁腕治污"的同时要坚持"从严问责"，始终高悬问责利剑，板子不仅要举得高，而且要拍得准，打得狠，既要解决实质问题，也要起到警示作用。对于责任落实不到位、造成严重环境事故或区域环境质量明显下降的，环境监管执法不力、措施不实、对环境违规违法行为姑息纵容的，都要从严问责。要通过强力问责倒逼各级各部门特别是环境监管执法人员始终做到守土有责、守土负责、守土尽责。

临沂积极构建市县乡三级环境执法体系

崔增久[1]

临沂市地处山东省东南部,辖9县3区和3个开发区,人口1113万,是山东省人口最多、面积最大的市。临沂市内水系发达,淡水资源总量占山东省的1/6,山东省淮河流域9个国家考核断面[2]中,临沂占8个,同时作为革命老区,临沂经济基础相对薄弱,中小企业占绝大多数,产业结构不尽合理,环境保护和执法监管工作任务艰巨。面对环保工作的新形势,临沂市坚持问题导向,以问题倒逼改革,健全完善环保监管执法体制机制,打造了市、县、乡三级环境执法体系,构建延伸到村居的四级环境管理网络,实现了区域内环境质量的全面提升。

一、健全机构,明确责任,为执法提供全方位体制机制保障

一是领导体制上明确"四职责任"。市委、市政府高度重视环境保护和环境执法工作,将生态立市作为"八大战略"之一。建立"环保四职责任人"

---

① 崔增久:山东省临沂市原编办主任,临沂市人大民侨外事委主任。
② 国家考核断面:即国家地表水考核断面,是环保部门对于地表水环境监测的一种形式。

制度,明确县区党委主要负责人、政府主要负责人、县区分管负责人、部门主要负责人为环保"四职责任人"。市政府分别成立由主要领导任组长的大气污染防治攻坚、水环境综合整治等多个领导小组,下设指挥部,抽调职能部门力量集中办公,依法推进环保攻坚等工作。1035条河道全部实行"河长制",354个河流控制断面,分别由市、县区、乡镇领导班子成员任河长,全部做出公开承诺;大气环境质量实行"属地管理、条块管理、共同负责"。

二是机构设置和人员配备上"四级发力"。在市级,调整优化环保机构,市环保局增设了大气污染防治科、固废与土壤环境管理科等科室,在3个市辖区和3个市属开发区全部设立环保分局和环境监察大队,实行市区垂直管理。在县级,统一规范县环境监察执法机构设置,分区域派驻执法队伍,下设46个环境监察中队,每个中队3至5人,负责2至3个乡镇的环境监察工作。在镇村,出台《关于落实镇村环境保护责任加强基层环保能力建设的实施意见》,在156个乡镇设立环保办公室,3990个行政村全部配备专职环保主任,实现了环境保护工作市、县、乡、村"四级发力"。

三是分工上厘清部门职责。结合政府部门"三定"规定修订,围绕解决执法难题,进一步理顺相关执法部门的职责分工、落实监管责任。在放射源监督管理、危险化学品安全监管、畜禽养殖污染防治、环境噪声监管等方面,明确界定环保部门与公安、安监、畜牧、城管等15个部门的职责分工。针对在水污染防治与水资源保护方面职责交叉的问题,明确环保部门对水环境质量和水污染防治负责,水利部门对水资源保护负责。针对矿井关闭监管问题,明确环保部门负责对破坏生态环境、污染严重、未进行环境影响评价的矿井关闭及关闭是否到位情况进行监督和指导,国土、发改、安监、节能等部门根据职责分别负责相关工作。

四是管理方式上推行网格化覆盖。印发《临沂市环境保护工作网格化监管实施方案》,按照"属地管理、分级负责、无缝对接、全面覆盖、责任到人"的原则,建立市、县区、镇(街)、村(居)四级环境管理网络。制定《临沂市重点企业网格化监管工作方案》,对全市15个县区338家重点企业实行责任包干。推进重点企业市、县、镇三级网格化监管,监管人员、联系电话全部向社会公开。

二、规范权力运行，提升环境执法效能

一是以简政放权明确执法权限。综合运用新环保法赋予的监管权力和法律手段，结合编制环保部门权力清单、责任清单，明确了 292 项行政处罚事项，进一步明确执法职责，加大依法查处力度。推进环保监管重心下移，将市环保局"环评审批"中的 14 类 70 个报告审批项目、6 类 60 个登记审批项目下放到县级实施。市环保局保留的 9 项审批事项全部进驻市政务服务中心"一个窗口"办理，并编制业务手册和服务指南，有效规范权力运行。

二是以信息公开促进执法规范。市环保局成立处罚案件案卷审查委员会，对案件处理情况集体审理讨论，确保公平公正。排污收费、项目审批、环境信访、环保执法检查等情况一律在网上公开，重点监管的 534 家企业名录公开发布，定期在主要媒体公布全市环境质量状况。实行环保检查"双晒公开"：一晒企业问题，二晒监管履职，自觉接受社会监督。研发环境质量手机 App，向全社会公开，使公众能够实时了解空气、水、饮用水源地、重点企业、污水处理厂等情况。

三是以标准化建设提升执法水平。推进环境监察标准化建设，强化执法能力保障。市级环境监察机构达到国家二级标准，9 个县级环境监察机构全部达到国家三级标准。全市配备 68 套现场执法检查移动执法系统，各县区监察机构统一配备移动执法终端。运用"无人机"进行重点乡镇地毯式排查整治。

四是以督查评估确保履职到位。为确保责任落实，实施多层面、全方位的督导监督，市委督查落实委员会列入专项督导，实行"党政同督"，人大、政协进行专项视察，纪委监察局强化行政效能监察。机构编制部门定期对部门履行环境保护职责情况进行检查评估，促进部门全面履行"三定"规定。同时，将"12369"环保举报热线并入市政府"12345"服务热线直接受理，强化社会监督。

三、重监管严惩治，实现铁腕治污常态化

一是强化事中事后监管。环保部门研究制定 9 项事中事后监管制度，健全完善环保执法制度体系。应用大数据、云计算、物联网等信息技术，创新推进"互联网+监管"新模式。2014 年建设"智慧环保"监控平台，实行省、市、县区三级联网，建立环境与污染源智能感知监控网络，目前已在 464 家涉水排污企业、763 家涉气排污企业安装在线监测设施，对重点监管企业实行视频、在线、电子闸门、总量控制卡同步监控，设立企业、城市污水处理厂、入河断面、县区交界断面、出境断面 5 级预警监测，对环境污染实现了全天候、全方位的实时监管。

二是全方位排查整治。从项目手续、治理措施、生产装置、在线监测、无组织排放、生产安全、固废管理、环境信息公开、制度建设等方面，对全市所有排污单位开展拉网排查整治，要求不漏查一个企业、不漏查每一个环节、不留任何盲区，坚决做到排查覆盖率、问题发现率、问题整改率"3 个 100%"。2015 年以来，共检查企业 16390 家（次），有效解决了一批环境问题。同时，根据《环境监察稽查办法》，严格稽查程序和标准，认真落实稽查工作计划、事先告知、调查取证等要求，对县区进行专项稽查和专案稽查。

三是坚持刚性执法。严格落实"三个一律""两个必查"，即对违法性质恶劣、监管不到位的，一律依法停产整治、一律予以媒体曝光、一律对地方政府和环保部门责任人严肃问责；凡是企业违法排污的必查、凡是政府和环保工作人员姑息纵容的必查。加大排查、突查监管频次，持续开展"环保夜鹰"、行业突破等执法行动，每个工作日都进行夜间执法检查，始终保持执法惩治高压态势。坚持行政执法与刑事司法联动，市公安局成立食品药品环境侦查支队，市环保局设立公安环保联勤联动办公室，2013 年以来，环保、公安共联合查处环境犯罪案件 306 起，刑事、行政拘留 293 人。加强环保执法与法院的对接，对未按期缴纳罚款的 23 起案件，严格按照每日加处 3% 罚款的规定强制执行。

四是"零容忍"惩治违法。坚决落实整改措施，对依法作出的行政处罚、行政命令执行情况，严格实施执法后督察，确保执法实效。对企业污染连续超

标行为按日罚款。2014 年以来,先后对 37 家违法排污企业依法采取查封、扣押措施,对 117 家企业实施停产治理,对 468 家企业实施限产治理。建立环保"红黑榜"制度,每月举行新闻发布会,向社会公开环境违法企业名单,同时抄报市文明办、发改、经信、金融、供电等 17 个相关部门,纳入社会诚信体系,让失信企业一次违法、处处受限。2015 年以来,先后召开新闻发布会 22 期,公布环境违法行为 519 起。

第四部分

环境监测体系

国家环境保护网络：
中央和地方政府实施环境治理的新范例

斯蒂法诺·拉波尔塔(Stefano Laporta)①

2016 年 6 月 28 日,意大利议会颁布了第 132 号新法,在联邦框架下建立了意大利国家环境保护体系(SNPA),该体系由意大利国家环境保护研究院(ISPRA)、19 个区域环保机构(ARPAs)以及特伦托(Trento)与博尔扎诺(Bolzano)两个自治省的环保机构组成。此外,新法还改革了意大利国家环境保护研究院的管理制度,引入了环境技术绩效基本水平的概念。

第 132 号新法于 2017 年 1 月 14 日生效。实施新法只需利用现有的人力、设备和财政资源,不会对公共财政造成任何新的负担。

一、谁将在国家环境保护体系中扮演关键角色?

意大利国家环境保护研究院是意大利环境、领土与海洋部下属的公共机构,主要履行科学技术职能,为环境部提供支持,同时负责国家体系的监测、评价、检查、环境信息管理与协调工作。

---

① 斯蒂法诺·拉波尔塔:意大利国家环境保护研究院主任。

意大利国家环境保护体系是一个联邦性网络,意大利国家环境保护研究院通过与区域机构合作,制定对意大利国家环境保护体系具有约束力的技术标准,确保意大利国家环境保护体系管理的子系统协调一致、高效运作。

二、区域和省环保机构(ARPAs/APPAs)

区域和省环保机构同属于环境、领土与海洋部下设的公共机构,它们自1994 年起建立了分支机构。

区域和省环保机构的主要职责包括:控制空气、水、土壤、噪声及电磁污染源和污染因子;监测大气、空气质量、水、土壤特性、声波;监测监督现行环保法的执行情况;为区域、省、市机构提供工具、分析、信息和科学支持;向公众宣传环境问题,开展环保教育和交流活动。

三、国家体系委员会(National Systems Council)

国家体系委员会主席由意大利国家环境保护研究院院长兼任。该委员会在联邦架构下成立,由来自 21 个机构的法人代表和意大利国家环境保护研究院院长组成。

对三年行动计划以及政府在环境问题上采取的技术措施,国家体系委员会明确表达了其权威性意见。

第 132 号新法对国家体系的任务和职责、环境技术绩效基本水平、国家环境信息系统、国家认证实验室网络作出了明确规定。

(一)国家体系的任务和职责

为促进环境政策的可持续发展,国家体系将确保意大利环境质量管控的一致性和有效性,使意大利国家环境保护体系成为信息、监测、分析和环境评价的官方机构。

国家体系的职责主要包括:监测环境污染和环境状况、土地利用、环境资源以及环境资源在数量和质量上的变化;开展以知识发展和知识生产为导向的科研活动;宣传、传播科技数据和环境知识;在需要识别、描述和量化环境损害的民事、刑事和行政诉讼中为法院提供技术支持;为相关机构提供科学技术支持,以便他们履行管理职能,积极处理环境问题和可能危及公共健康的环境因素;参加国家和地区性民间环境保护活动,提供具体支持。

（二）环境技术绩效基本水平

在意大利,环境技术绩效基本水平被确定为国家体系所有活动的最低绩效水平,这有助于实现基本卫生保健水平设置的集体防治目标。

环境技术绩效基本水平从功能、操作、实用性、结构、数量和质量方面规定了各组织机构的绩效标准。

组织、管理与财务费用标准,根据绩效类型明确不同的标准,相关事宜在申请注册国家服务体系时会界定。

环境技术绩效基本水平、资助标准以及国家服务注册体系均根据部长会议主席令确定。部长会议主席令将在新法生效后一年内在环境部长提议下通过。环境部长经与卫生部长协商并就州、地方及特伦托、博尔扎诺自治省之间的关系与常设会议达成一致意见后,开始执行国家体系委员会制度。

为了使环境技术绩效基本水平和国家服务注册达到国际最高科学技术标准,环境技术绩效基本水平和国家服务注册将根据意大利国家环境保护研究院《环境数据报告》有关突发事件和特定需求的规定保持更新。

（三）国家环境信息系统（SINANET）

意大利国家环境保护研究院通过结合地区联络点和地区环境信息系统建立区域性集群,执行和管理国际环境信息体系。

意大利国家环境保护研究院、地区联络点和地区环境信息系统共同构成意大利国家环境信息网络。

意大利国家环境保护研究院负责协调,并与区域、省环保机构一起与国家行政部门、区域及特伦托、博尔扎诺自治省协作,尽可能确保这些机构的数据收集和数据管理措施能有效衔接。

此外,所有公共部门、科研机构和实验室、专业人员甚至公众都能自由访问国家环境信息网络,不论是否存在法定利益。从事环境数据收集业务的国家、地方或自治省政府当局、国营或民营公司将他们收集的数据上传到国家环境信息网络:所有数据和信息以自由、可操作的方式提交。

（四）国家认证实验室网络

国家体系针对其环境实验室建立了国家认证实验室网络,以此统一知识体系,获得可靠环境数据、监测环境样品,或从财政上控制高税收、复杂和专业实验室的活动。国家认证实验室网络要求采用经正式审定的基准方法。国家体系在日常活动过程中优先使用网络实验室。只有在紧急必需的情况下,国家体系才使用外部实验室,但仍应优先使用公共机构的实验室。公共机构指国家科研体系中的公共机构,比如高等院校、国家新技术、能源和可持续经济发展局(ENEA)、国家科研委员会等。

日本的环境监测

高桥康夫（Yasuo Takahashi）[①]

环境监测是制定环境政策的基本手段之一。本文主要介绍日本的环境监测情况，包括环境质量标准、国家和地方政府的职责分工以及如何发布水和空气环境监测数据等。

一般而言，环境监测的主要作用是正确认识环境现状，通过将监测结果与环境质量标准（EQS）进行对比，可正确认识环境现状和面临的挑战。此外，监测数据和环境质量标准达标率是制定环境政策的重要依据，其中监测数据可用于验证环境政策的有效性。

在日本，我们根据法律对水和大气进行持续监测。自福岛核电站发生核事故以后，日本开始对放射性物质进行持续监测。

一、水环境监测

在日本，水环境监测原则上要对环境质量标准设置的项目每月监测一次。对水质持续监测，主要是各都道府县的职责，各都道府县负责根据环境省制定

---

① 高桥康夫：日本环境省环境管理局总干事。

的一般性指南进行监测。环境省公布监测标准和技术指南,以确保充分的持续监测。水环境的环境质量标准被定义为"应优先遵守的标准",主要涉及两个方面的内容:一是"健康项目"。目前已有 27 种危险物质被确定为"健康项目",比如镉和汞,一旦摄入这些物质就可能对人体健康造成不良影响;二是"生活环境项目",例如生化需氧量、化学需氧量和酸碱度。监测这些项目是为了保护用水安全和与人类生活息息相关的动植物安全。

关于水环境监测系统,各都道府县每年都要制订水质监测计划。为有效进行水质持续监测,监测计划的制订须与国土、基础设施和交通运输部以及各政令市密切协调。各都道府县会根据测量计划进行水质测量,编制资料和发布测量结果,然后由环境省收集汇总水质数据并在"水环境综合信息网站"上发布。

近年来,主要健康项目(危险物质)的环境质量标准达标率较高;生化需氧量和化学需氧量的达标率整体呈上升趋势,尤其是江河的达标率非常高,但湖泊和内海等封闭水域的达标率仍较低。

二、大气环境监测

日本大气环境监测项目主要是环境质量标准设置的项目,监测方法是全年连续监测。2014 年,普通空气质量监测点数量为 1494 个,机动车排放监测点数量为 416 个。

中央和地方政府进行职责分工,地方政府是空气质量政策的执行机构,主要负责向环境省上报监测结果,在发生事故后采取应急措施。

中央政府的职责主要是制定各类监测标准,例如行政管理程序和一般性监测指南,确定监测项目、监测点、监测频率和检测方法,实施质量保证和质量控制等。此外,中央政府还负责收集整理地方政府提供的数据并通过环境省官网发布,确保普通公众可以随时随地查看监测数据。地方政府的监测系统在线连接国家系统,这样可以实时实地发送监测数据。

最近,SO_2、NO_2 等常见大气污染物的浓度大大下降。然而,$PM_{2.5}$ 近年来始终维持不变,2014 年 $PM_{2.5}$ 的环境质量标准达标率甚至低至 38% 左右。因此,采取积极的政策手段提高 PM$_{2.5}$ 达标率仍然是日本当前的工作重点之一。

在大气环境监测方面,主要的工作之一是通过分享我们积累的经验和知识来提高其他国家的监测能力。东亚酸沉降监测网络(EANET)是区域监测的一个协作框架,于 2001 年建立,目前已有 13 个东亚国家加入。成员国通过采用共同的监测方法监测酸沉降,并将监测数据发布到 EANET 网站上。作为 EANET 重要职能机构之一,亚太空气污染研究中心(ACAP)主要向各成员国提供有关监测设备处理和质量保证/质量控制方面的技术意见。在未来,EANET 还计划对 PM$_{2.5}$ 及其前体物质(比如臭氧)进行监测。

因此,环境监测是制定环境政策、认识环境现状和挑战、验证环境政策有效性的重要依据。首先,中央政府应当确保地方政府严格执行质量保证/质量控制标准,以确保数据的准确性;其次,适宜的监测位置和时机同样重要。由于财政预算有限,政府无法监测覆盖所有地方,因此为确保监测数据的代表性,需确定适宜的监测位置和时机;最后,通过在线系统披露数据,能够让公众随时方便查看监测数据,保障公众的知情权,也为公众加大监督力度提供基础。

环境监测事权划分与管理体系改革

柏仇勇[①]

环境监测体系与监测能力是环境保护治理体系与治理能力的有机组成部分、重要支撑和核心主导力。2015 年 7 月,国务院办公厅印发《生态环境监测网络建设方案》,做出了环保部适度上收生态环境质量监测事权的安排,准确掌握、客观评价全国生态环境质量总体状况。党的十八届五中全会明确提出环境监测机构实行省以下垂直管理。

当前,环境监测改革已进入实质性阶段。核心是中央与地方层面监测事权划分和环境监测管理体制调整。

一、环境监测中央和地方事权划分

2015 年以前,中央与地方环境监测事权与支出责任界定不清楚。国家环境监测网络主要是由地方开展监测,国家负责收集汇总数据、评价环境质量状况。国控监测点位的运行经费大多是以中央补助地方的形式下拨的,中央承担的支出责任较小。以地表水监测为例,每个国控监测断面补助地方 1 万

---

① 柏仇勇:时任中国环境监测总站站长,现任生态环境部生态环境监测司司长。

元/年,但据测算实际成本为 5.4 万元/年。当前,随着水、气、土污染行动计划的实施,环境质量监测结果将直接应用于对地方政府的环境目标责任考核。依据"谁考核、谁监测"的原则,中央对地方考核的监测事项全部上收为中央事权,迈出厘清央地环境监测事权的关键一步。

(一)事权划分的原则与形式

2016 年 8 月,国务院发布《关于推进中央与地方财政事权和支出责任划分改革的指导意见》,确定中央与地方事权应遵循体现基本公共服务收益范围、兼顾政府职能和行政效率、实现权、责、利相统一、激励地方政府主动作为、做到支出责任与财政事权相适应等原则。依据这些原则,全国性环境监测事项以及跨区域监测事项,属中央事权;兼有全国性和地方性特征的监测事项,由中央和地方政府共同承担,并根据具体情况确定分担比例;其他地方性监测事项,属地方事权。上级党委政府对下级党委政府进行的考核性监测,属上级事权。适宜由下一级政府行使的监测职能,应尽量下放事权。

(二)划分中央与地方事权面临的困境

在原则上达成央地事权划分的共识不难,但实践中对各类监测事项做出事权归属的准确界定难度较大。

第一,环境管理对监测需求处于动态变化之中,划分事权不是一劳永逸的。环境监测不能为监测而监测,而应紧紧围绕环境管理的需求展开,这一需求始终处于动态变化中。从当前环境保护工作形势来看,环境管理已经转到以改善环境质量为核心上来。与之相适应,环境监测的业务重心也必须从评价环境质量状况,转到支撑上级对下级党委政府的环境质量目标考核上来,服务环境管理,回归政府行为。这一调整必然促使全国环境监测的事权划分、支出责任、监测网络的组织体系、数据生产责任等发生深刻变化。此外,随着简政放权改革进程的深入,部分环境监测事权下放或剥离,一些委托性监测业务已经开放市场引入社会机构共同参与,这些都将导致央地事权的变化。

第二,按照事权落实支出责任缺乏稳定的财政保障。长期以来,在中央与地方共担事权中并未明确各类监测事项的财政分担比例。界定某一监测事项的支出责任从原理上并不难,但我国幅员辽阔,区域间及年际财政保障能力差异明显,中央与各地难以在财政分担比例上达成共识。即便达成共识,因财力所限,有的也难以落到实处。

第三,部门职能交叉和博弈使环境监测事权划分面临变数。央地事权划分不可避免涉及部门环境监测职能界定,由于历史的原因,各部门多头开展环境监测的问题突出。国家层面和地方层面环境监测的职能整合尚未完成,事权划分面临变数。

(三)进一步厘清监测事权的建议

第一,厘清部门交叉职能。按照"一件事由一个部门负责"的原则,梳理相关部门涉及环境监测的法律法规和机构职能,对交叉重复的明确由一个部门具体承担,其他部门不再开展。现阶段,应按照环境保护和污染防治的部门职责来配置监测职能。例如水环境质量监测,地表水和地下水饮用水源地由环保部门监测,浅层地下水由水利部门监测,深层地下水由国土部门监测,城市黑臭水体由城建部门监测;土壤环境质量监测,建设用地、工业污染场地等由环保部门开展监测,农林用地由农业、林业部门开展监测。同时,推进部门间监测数据与信息互联共享。

第二,厘清各层级政府事权。目前,根据气、水、土"三个十条"的要求,国家环境监测网络已经基本完成了新一轮点位调整和事权的重新划分,基本确定了中央与地方的事权清单。其中变化的重点是,按照国家考核、国家监测的原则,国控点位监测和运维不再由中央与地方共担,空气、水、土壤监测/运维上收为中央事权(包括现有和在建的 1547 个空气自动监测站点、300 个地表水自动监测站点、2767 个地表水断面、419 个近岸海域点位和 4 万个土壤点位),由国家层面实施监测并开展质量控制,获取的数据与地方共享。执法监测、污染源监督性监测、城镇集中式生活饮用水水源地水质监测、噪声监测明确为地方事权。

地方政府也应抓紧确定省以下各级政府事权清单,按照总体设计、分级承担的原则,在垂直管理改革中把省、市、县各级环境监测机构的职能界定清楚。

第三,建立动态调整机制。建立监测任务与支出保障的协同机制,量入为出、量力而行。一方面,要研究制定科学、精细的环境监测建设与运行经费标准,按标准安排经费,按标准落实任务。另一方面,要提高任务设计的灵活性,在保障必测任务的基础上,设立一部分动态点位、频次、指标,排出优先序和时间表,预留财力浮动的调整空间。例如新调整的地表水断面,按照功能分为考核评价排名断面、趋势科研断面、入海河流控制断面三类,为合理安排监测任务留出了弹性空间。

二、环境监测管理体制改革

环境监测改革是一套组合拳,多项改革各有侧重又相互联系。只有使各项改革的内容有机统一、相辅相成,才能取得最佳效果,增强改革的系统性、完整性、协同性。

(一)改革管理体制

事权上收着重解决中央与地方的关系问题,省以下垂直管理重点理顺省、市、县三级管理体制,从制度设计上保证各级环境监测数据公平、公正、有效。

第一,通过环境质量监测事权上收化解基层环保压力。目前,国家环境质量监测事权上收工作正在紧锣密鼓地推进,实现国家对各省环境质量的统一标准、统一监测与统一考核评价,解决地方保护主义对环境监测的干预,化解基层环保压力,同时也实现事权与支出责任相一致。事权上收并不是环保系统上下"信不信任"的问题,而是解决监测数据"自说自话"、规避利益冲突的策略和手段。环保法中明确了地方党委政府对辖区内环境质量负责,事权上收后,国控站点数据仍代表当地环境质量并与地方共享,地方仍然有责任和义务支持配合国控站点的运行保障,虽不监管,但有权对站点运维的规范性进行监督。

第二,通过省以下垂直管理改革强化环境监测。垂直管理是环境治理基础制度的一项重大改革。通过改革加强了地方党委政府、相关部门的环保责任落实,加强了监督检查和责任追究,有利于从根本上遏制牺牲环境换取经济发展的冲动。垂直管理后,省级环保部门直接管理市(地)监测机构,市县生态环境质量监测评价与考核事权相应上收,实现"省级考核、省级监测",更好地保证环境监测的独立性、有效性和公正性。县级监测机构聚焦执法监测且上收到市环保局统一管理,有利于增强测管联动的叠加效应。按照依法治理、罚处分离的原则,县(区)环境监测机构和队伍既要与环境执法队伍紧密配合,又要相互监督、相互制约,必须大力规范和强化县级监测力量,提升对环境执法的支撑能力。

第三,处理好国家与地方的关系。按照理顺事权、明晰责任的要求,重新定位国家和地方监测机构的关系。涉及国家对地方环境质量考核的数据生产,实现中国环境监测总站对国控站点的直接管理,监测数据第一时间直传总站,保证数据生产的独立性,遏制地方保护主义和行政干预。在环境监测的数据共享、技术研究、标准执行、人才培养、应急预警等方面要坚持全国一盘棋,发挥国家层面对全国环境监测系统和环保监测行业的技术引领作用。

(二)强化网络管理

保护生态环境首先要摸清家底、掌握动态,建好用好生态环境监测网络是生态环境保护的基础工作。目前,我国面临生态环境监测网络存在范围和要素覆盖不全,建设规划、标准规范与信息发布不统一,信息化水平和共享程度不高,监测数据质量有待提高等问题,需要加快推进生态环境监测网络建设。

第一,统一环境监测点位设置。落实环保法关于国务院环境保护主管部门"会同有关部门组织监测网络,统一规划国家环境质量监测站(点)的设置"的要求,建立环境监测部际联席机制,按照先易后难、分步实施的原则,将其他部门涉及水、空气、土壤的环境监测点位(断面)纳入国家生态环境质量监测网,为山水林田湖综合保护打好基础。

第二,统一环境监测技术标准。全面梳理大气、水、土壤的环境监测技术标准,对全部例行监测项目涉及的样品采集、贮存、分析、评价等技术标准、规范和方法,进行查漏补缺和更新完善,使所有监测参与主体的监测活动在同一技术标准下执行,确保数据系统可比。

第三,推进监测信息互联共享。依托大数据平台建设,提升监测数据的传输、存储和分析能力,实现全国环境监测数据互联互通;搭建环境监测信息共享平台,为管理部门、科研机构开辟数据查询通道;由环保部门统一发布环境质量信息,维护政府权威和公信力。

第四,加强环境监测质量管理。由环保部门主导建立全国环境监测质量管理制度和质量管理体系,覆盖全部监测要素、全部监测指标,以及从布点采样、仪器管理、监测分析到综合评价等全部监测过程,全国统一要求,层层落实责任。各级各类监测机构严格按照技术规范和质控要求开展工作,并对监测数据报告质量负责;环保部、区域质控中心、省级环保部门分级开展监督检查;引入第三方开展数据质量评估,加强外部监督,共同促进监测数据的准确、可比。

(三)丰富监测供给

在绿色发展、重拳治污的环保新形势下,必须打破主要依靠政府提供环境监测服务的局面,充分激发市场和社会活力。政府层面既要把该放的全部放给市场,更要把该管的切实管好,尽快制定好政策、规则、标准,建立依法监管不同类型社会检测机构的制度体系,提高违法成本,形成政府与市场互联、互补的良好格局。

第一,扩大社会化服务范围。2014年,环保部印发了《关于推进环境监测服务社会化的指导意见》,明确社会监测机构的服务范围。随着环境监测体制改革的深入推进,社会化服务的范围已经扩大到国家网地表水(手工断面)、土壤环境质量监测,以及协助开展质量控制等领域。今后凡是能由市场提供的监测技术服务,将主要以政府购买服务的形式来实现。

第二,健全环境监测市场规则。目前,监测市场尚在培育中,亟须建立健全规则制度,引导市场健康有序发展。重点是加快推进名录管理、合同管理、信息披露、绩效考核、约束退出等管理制度创新,引导企业自觉做到诚信监测,形成对政府部门监测力量的有力补充,激发环境监测活力。

第三,强化环境监测机构监管。2015年12月,环保部印发了《环境监测数据弄虚作假行为判定及处理办法》等文件,为规范环境监测行为、打击数据造假提供了法律依据。下一步,政府将加大对各类环境监测机构质量检查、核查的力度,各类实时监测数据和监测信息,能公开的全部公开,置于公众监督之下。

林业资源监测现状与技术

张煜星[①]

一、林业资源监测的现状

中国的林业资源调查与监测包括森林资源、湿地资源、野生动植物资源、森林火灾、森林病虫害、土地荒漠化及沙化等调查与监测，也包括森林资源管理状况、林业工程建设状况、林业资源开发利用评价、林业与生态建设成效等评价和监测。

全国森林资源清查以抽样理论为基础，以地面调查为主要方法进行调查，已经有了30多年的历史，完成了8次森林资源清查。自1999年开展的第六次全国森林资源连续清查开始，GPS、RS、PDA等技术在清查中与GIS进行了系统集成，遥感技术得到了全面的提升和业务化应用，采用系统抽样点位判读与地面样地调查相结合的方法，实现了清查体系的全覆盖，提高了森林资源调查精度，防止了森林资源清查结果偏估；采用全面判读区划的方法，制作了各省（区、市）以及全国的森林分布图，掌握了全国森林资源的消长变化空间分布，建成了全国森林资源数据库信息系统，为国家森林经营管理和生态建设提供了大量的决策参考数据。同时，还利用MODIS等低分辨率遥感数据，对全国范围的森林植被长势进行年度监测，即时发现森林长势的变化，为国家林业

---

① 张煜星：国家林业和草原局调查规划设计院党委书记、副院长。

宏观决策提供基础信息。

全国荒漠化及沙化土地监测。自 1994 年开始,中国已开展了 5 次全国荒漠化沙化土地监测工作。目前已利用 MODIS、NOAA-AVHRR 和 FY 等 1 千米遥感数据和 TM/ETM+、SPOT4/5 和 IRS-P6 等中高分辨率遥感数据,初步建成了全方位和多尺度的综合遥感监测体系。采用 30 米左右的中高分辨率卫星遥感影像(包括了 TM、P6、中巴卫星数据),通过区划图斑、地面核实的方法,产出各级行政单位的各类型荒漠化和沙化土地分布图,全面掌握了荒漠化沙化土地的现状、动态变化,为防沙治沙工作提供科学决策。自 2000 年开始,国家林业局与国家卫星气象中心合作,在全国土地荒漠化和土地沙化监测成果的基础上,以 FY、MODIS、NOAA 数据和地面观测网络组建了沙尘暴应急实时观测系统,对我国北方的沙尘暴多发区域进行实时动态监测,以实时掌握沙尘发生、发展的态势。同时,通过实时接收的 FY-2C 卫星数据获得的全国范围的降水、气候湿润和土壤湿润情况,对受土地荒漠化影响地区的自然环境指标进行全天候、全覆盖和定位、定性、定量的连续性监测,监测全国陆地干湿状况,分析荒漠化变化趋势和原因。

全国湿地资源监测。我国利用遥感技术进行湿地资源监测起步较晚,1996年到 2003 年,国家林业局(原林业部)开展了第一次全国湿地资源调查工作。从 2008 年开始的第二次全国湿地资源调查,广泛应用了 Landsat-TM、CBERS-CCD、环境减灾星 HJ-CCD、法国 SPOT5、ALOS-PALSAR 雷达等数据进行调查,全面采用了航天遥感卫星数据资料进行湿地区划以及类型、分布、面积、植被类型等调查因子的解译判读。采用遥感判读区划与地面核实调查相结合的方法,完成全国湿地判读识别、湿地分类、湿地动态变化监测、湿地制图、湿地与环境因素定量模型研究。掌握全国范围内的湿地资源类型和分布、湿地动态变化,形成了湿地资源分布图,研究建设湿地信息系统,并对湿地与环境因素进行定量研究,为评价生物多样性、候鸟栖息、湿地保护政策等提供信息服务。

林业灾害调查监测与预警灾害调查包括林火、病虫害和其他自然灾害的调查、监测、灾后损失评估和生态环境评价。为了保护森林资源的安全,及时发现森林火灾,国家林业局于 1993 年开始利用气象卫星开展林火监测工作,目前已建成了卫星林火监测中心、林火信息监测网络。卫星遥感技术在林火监测中的作用主要有三方面：一是利用遥感手段宏观掌握全国火险形势,实时监控火情动态;二是在火灾发生的初始阶段,利用气象卫星监测及时发现,为火灾的打早打小提供服务;三是在较大火灾发生后,利用气象卫星对火灾的发展蔓延情况、火头分布和扑救效果等进行跟踪监测。同时,国家林业局还应用TM、SPOT、MODIS、北京1号等遥感资料对病虫害、自然灾害造成的森林资源破坏和损失进行了监测评估。特别是2008年1月南方雨雪冰冻灾害和"5·12"汶川特大地震灾害对当地森林资源及其生态环境造成了严重破坏,国家林业局应用多尺度卫星遥感数据源,利用现有森林资源档案等数据,结合地面调查,开展了灾害森林资源损失调查评估工作。

林业重点工程的监测评价是近年来对生态工程建设效益评价的方法之一。随着对生态建设的重视,国家启动了天然林资源保护、退耕还林工程等重大生态建设和造林工程,其建设成效受到广泛关注。2004年启动了"国家林业生态工程重点区遥感监测评价项目",从2003年至2011年,以MODIS、TM、SPOT5、QB等低、中、高多级分辨率的卫星遥感数据为信息源,以3S技术为技术支撑,对选取的天然林资源保护工程监测区和退耕还林工程监测区进行多期动态监测评价。利用这一项目全面掌握了监测区自工程实施以来的工程实施情况、工程建设成效及监测区的森林生态状况,形成了真实可靠、形象直观的监测成果。

森林资源管理情况检查主要包括林木采伐限额检查、占用征用林地检查、东北国有林区林木采伐量检查等。自2005年起,在云南、湖南、辽宁、江西等省采用遥感技术进行了采伐限额检查工作的试点后,遥感技术陆续在森林资源管理执法检查中得到推广应用,目前已在占用征用林地执行情况检查、"三总量"检查、重点单位采伐限额执行情况检查中全面应用。与传统执法检查相比,应用遥感技术,能全面掌握林木采伐、林地占用征用位置、大小及其分布。特别是对于林木无证采伐、滥砍乱伐、超证采伐以及非法占用林地等情况起到震慑、监督作用,取得了很好的效果。

二、林业监测技术的发展方向

林业监测是林业生态建设的重要基础性工作,直接关系到林业生态建设、生态安全和林业发展战略目标的实现。遥感技术是20世纪60年代兴起并迅速发展起来的一门综合性探测技术，凭借其高效率、高时效、空间信息强等特点，在国民经济的各个行业得到了迅速应用。作为林业建设重要的基础性工作，林业调查监测工作，要实现准确、快速、全面、及时地提供决策信息，尤其要提高对林业应急监测和应急响应能力，必须加强和发展高新技术手段的应用。

(一)监测目标由单一向多元化方向发展

世界森林资源监测的发展，与世界林业的发展历程、人们对林业需求的变化和相关学科理论与现代技术的发展息息相关。人们对林业的需求已由原来单纯的木材转变为以生态需求为主兼顾木材，这种变化导致林业经营理念发生了深刻变化，从而使所需监测信息更加多样化。因此，资源监测也逐步由以森林资源为主的单项监测向多资源及生态状况综合监测的过渡，建立了比较完善的森林资源与生态状况综合监测体系，较好地协调了多个监测目标之间的关系。实现多目标的综合监测与评价将成为今后一个时期的发展主流。

(二)监测方法由传统向现代技术集成方向发展

大量高新技术的应用使监测方法、手段日趋现代化。监测方法由最初的斑块调查发展为抽样技术、斑块调查和定位观测等方法的综合应用。数据采集实现了多样化，数据源由过去单一野外采集转变为包括遥感影像、GIS数据源、野外对比采样和GPS数据等并存。在野外观测和室内分析中使用了先进监测仪器和分析手段，如激光测树仪、叶面积测定仪、冠层图像分析系统、年轮图像分析系统、根系图像分析系统等，节省了大量的人力、物力，保证了监测数据的准确性和连续性，提高监测信息采集的效率。因此，数据成果电子化、数字化、信息化集成成为了监测技术应用和监测成果分析与共享的发展方向。

(三)监测成果分析由学科内向跨学科综合化方向发展

那些已经建立森林资源与生态状况综合监测体系的林业发达国家，在满足已有单项监测分析评价能力要求的基础上，越来越注重综合分析评价，显著提高了监测的综合分析与评价能力。监测内容的增加、标准规范的统一，以及信息采集方法的协调,为进行综合分析与评价提供了保障,多项目标的综合分析评价指标已能通过综合监测产出。尤其从森林生态系统内外影响入手,对森林土壤、森林健康、空气污染、环境状况、社会经济状况等方面指标的纳入,使得综合分析评价的结果更准确地反映了森林所发挥的经济、生态和社会效益,进一步满足了人们对生态状况及其变化的信息需求。

（四）监测信息服务由部门内向跨部门使用方向发展

林业监测成果的信息需求是林业监测发展的原动力。传统监测成果的服务已经形成了一系列信息服务制度,通过这些制度的实施保证了监测成果能服务于更多的用户,达到了提高成果共享程度的目的。成果表现形式更加丰富,从以文字报告为主的传统形式发展为图、表、文字与声像相结合的形式;信息服务充分利用了新闻发布会、网络等现代媒体,服务范围、对象更加广泛。成果发布的形式也更加多样,一般采用不定期发布、年度发布、定期发布及多项成果共同发布,成果间形成了相互补充的良性关系,从而更好地服务于不同层次的用户。随着经济社会的发展,各国际组织、国内各行业及部门对监测成果相互需求,大数据、"互联网+"等信息流共享的技术已经成熟,监测成果的共享技术要紧跟时代步伐。

泰兴市加强环境监测
工作的实践与思考

刘志明①

泰兴市是江苏省中部的一个县级市。近年来，泰兴牢固树立"环保优先、生态立市"理念，大力推进绿色发展，强化治污减排，严格环境监管，"严执法、强监管"工作积累了经验。作为环境执法"基石"和"耳目"的环境监测工作得到加强。

一、扎实推进环境监测转型发展

环境监测是地方政府和环保主管部门的法定职责。泰兴持续不断地加大投入，加强环境监测体系建设，积极推进环境监测转型发展。

（一）推进"标准化+现代化"建设，提升装备条件

大力推动环境监测标准化站建设，投资1850万元建成总建筑面积5300平方米的监测大楼，完善实验室操作、供气、通风、安全、网络装备，建成现场监测、实验室分析、大型仪器及自动监测系统的现代化监测分析平台。为应对突

①　刘志明：江苏省泰兴市市长。

发性环境污染事故,投入 260 万元,购置了环境应急监测车。根据泰兴产业的特点,市财政每年投入 400 万元以上用于配备各类环境监测先进仪器设备,形成水、气、噪声和土壤等类别共 215 个项目的监测能力,每年可获监测数据 16 万以上。

(二)加强"动态化+公开化"管理

提升运行质量。按照"贯彻新版准则、解决现有问题、完善质量体系"原则,坚持问题导向,及时开展监测质量体系文件修编工作,逐一完善程序,确保体系运行更加顺畅高效、切合实际。重视环境监测现场评审,国家实验室资质认定和国家实验室认可高标准通过专家评审。加大环保信息公开力度,通过电子显示屏和互联网实时公布区域空气、噪声环境质量,借助第三方软件,市民在手机上可获得实时、准确的空气质量监测数据。

(三)构建"智能化+信息化"体系,提升技术水平

顺应"互联网+"、大数据等发展应用的新趋势,积极构建立体化、智能化、信息化、高效化的"数字监测"新体系。整合"数字环保"平台、在线监测监控网络、泰兴经济开发区预警平台、环境应急指挥系统,启动天地一体化监测体系建设。整合监测业务管理、资源管理、基础信息管理、质量管理等诸多模块,提高监测站的实验室管理自动化和监测数据的信息化水平。改进数据统计方式,规范数据表征形式,以监测快报、监测简报、期间报告、专题报告等多种形式,及时、准确、全面地提供监测分析结果。

(四)完善"项目化+绩效化"制度,提升监测效率

完善绩效量化考核制度,每月对不同类型、不同岗位的工作内容逐项细化、量化打分,考评结果直接与个人月度绩效工资、全年绩效奖金挂钩,并作为评先评优、职称评定、职级晋升的重要依据。推行验收监测项目负责人制度,由既熟悉环境监测技术和环境工程技术,又了解环境管理要求的人员担任项目负责人,全过程牵头负责建设项目环保验收监测工作,优化了流程,缩短了验收监测周期,提高了工作效率。

（五）强化"常态化+科研化"培训，提升队伍素质

在注重人才引进的同时，抓好持证上岗考核，鼓励监测人员积极报考不同类别的考核项目，市环境监测站一线人员持证率100%，检测项目双人持证率100%。通过举办高工论坛、外聘专家授课、理论知识竞赛等活动，组织开展业务学习。借助科研院所、高校实验室等外部资源，积极参与课题研究，合作申报重大课题项目，有效提升基层监测工作人员的理论水平、专业素养和学习研究能力。

二、充分发挥环境监测在环保和
服务发展中的基石作用

（一）研判环境形势，为政府决策当好参谋

环境监测站在例行监测的基础上，注重开展数据分析与比对，对生态敏感区开展专项监测，掌握污染物排放状况，解析环境质量变化趋势，及时上报有关部门。近年来，市委市政府根据监测数据，按照轻重缓急，有序开展了黑臭河道整治、农村畜禽规模养殖污染整治、污水收集管网建设、治理雾霾大气污染、燃煤锅炉专项整治、推广使用清洁能源等，有效改善了城乡大气和水环境质量。

（二）助查违法案件，为环境执法提供依据

从2013年7月起，环保局建立每天"夜查"制度，三年来共检查企业6000余厂次。每天夜查，一班5人的巡查组中有2名环境监测人员全程参与，为查处违法排污行为及时提供准确的监测数据。在泰兴"12·19"环境污染公益诉讼案审理过程中，泰兴市通过环境监测获得的数据起到了不可辩驳的法律支撑作用。

（三）满足企业需求，为污染防治提供保障

推进精准化服务，打造"效能监测"特色服务品牌。对重点项目开通快速

监测绿色通道,落实专人提供"全程打包式"服务。建立重大项目信息沟通机制,第一时间主动介入,特事特办、急事急办,及时提供政策咨询及监测跟踪服务。在环境监测踏勘过程中,帮助企业调优项目生产工艺,对环保设施优化运行加强指导,让企业少走弯路。定期举办检测分析员培训班、化工"三废"处理工培训班和环境应急管理培训班,通过邀请专家教授授课、组织企业"走出去"、组织理论考试与实践考核等,提高企业从业人员的职业技能。

三、做好环境监测工作要顺时应势

(一)加强环境监测工作,必须优化发展理念

绿色理念的提出为环境监测事业的创新转型发展带来了契机。必须以先进理念为引领,根据"十三五"发展的新形势、新要求和监测监察执法垂直管理带来的新变化,以实现环境质量总体改善为目标,进一步创新环境监测工作思路,不断推动环境监测事业科学发展,最大限度地满足政府环境管理决策和社会公共服务的需要。

(二)加强环境监测工作,必须顺应群众期盼

随着生活水平的改善,群众对环境质量的要求越来越高。泰兴市严格对照国标执法,以"民标"(百姓认可标准)要求企业技改的"国标+民标"执法,就是顺应群众期盼的创新之举,当初有争议的"民标"有的已成为新的"国标"。因此,环境监测要呼应群众新期盼,树立更高标杆,不断完善监测体系,追求服务品质,更好地造福社会和人民。

(三)加强环境监测工作,必须夯实执法基础

执法越严,环境监测越有用武之地,环境监测发展的舞台越宽广。新的时期,环境违法行为可能更为隐蔽,污染因子更复杂,环境监测面临新的挑战,要持续提高装备水平,提高人员素质,努力掌握更先进的监测方法和技术手段,及时、准确开展监测活动,努力让环境监测成为环境执法的利器,让环境违法

行为无处可遁。

（四）加强环境监测工作，必须完善体制机制

受体制机制影响，基层环境监测站发展空间有限，难以发挥应有作用。为适应生态文明建设和环境执法管理的需要，必须加快环境监测多元化、社会化、市场化进程，推进环境监测法制化、制度化、程序化，必须优化人才发展环境，建立有利于引进与留住人才的发展机制，促进环境监测持续健康发展。

忻州市环境保护管理体制的
现状分析及改革思考

王喜娈①　冯文奎②　兰　萍③

一、忻州环境保护管理
体制现状及分析

忻州市地处黄土高原东缘,东临河北,西至黄河,北踞雁门,南接太原,面积2.5万平方公里,下辖1区1市12县。经济体量较小,有11个贫困县,是经济欠发达地区,环保和发展的矛盾比较突出。目前,忻州市市县环保治理体系健全,监管到位。但因经济发展相对滞后、人员编制配置、监管职责划分以及与其他地方存在的共性问题等因素,治理能力与形势任务的要求还存在一定的差距。

（一）环保行政、监测、监察执法机构有待加强

1.忻州市市、县（市区）均设置了环保局,使用行政编制。市局编制28个（注:山西省11个市级环保局平均编制25.72个）,14个县市区环保局编制89个,平均每县编制6.36个（注:山西省各县市区环保局编制平均每县6.46个）。

---

①　王喜娈:忻州市机构编制管理研究会会长。
②　冯文奎:忻州市机构编制管理研究会副会长。
③　兰萍:忻州市机构编制管理研究会副会长。

2. 忻州市各市、县(市区)均设置环境监测站,使用事业编制。忻州市环境监测站编制 46 个(注:山西 11 个市级监测站平均编制 63.9 个),各县市区环境监测站编制 230 个,平均 16.43 个(注:山西省县级环境监测站平均编制 22.92 个)。

3. 忻州市各市、县(市区)均设置环境监察支(大)队,使用事业编制。忻州市监察支队编制 30 个(注:山西省市级环境监察支队每市平均编制 70 个),各县市区环境监察大队编制 347 个,平均 24.79 个(注:山西省县级环境监察大队每县平均编制 26.88 个)。

总体来看,行政编制忻州市市局略高于全省平均水平,县级接近全省平均水平;监察机构的编制都低于全省平均水平,加之历史原因形成的人员没有按编制及时到位,聘用临时人员普遍存在,素质参差不齐。

(二)环境保护的意识有待强化

随着经济社会的发展,公众对环境的要求越来越高。但是环境保护和经济发展的矛盾在经济欠发达地区表现得尤为突出。政府发展经济的任务重、压力大,在发展和环保发生冲突时,难免重发展、轻环保;而环保部门作为环保职能部门,保护环境是第一责任,但有时面对政府对环境监测监察执法的干预,很难做到有法必依、执法必严、违法必究。

(三)环保职责划分有待厘清理顺

一直以来,在环境保护的职责划分上存在不少认识误区。从机构名称看,"环境保护部(厅、局)",顾名思义就是保护环境的。其实,环境保护是一个大概念,对环境的保护治理,政府及有关部门都有责任,全社会每个人也都有责任,环保部门的职责主要是监督管理。而在现行体制下,环保的责任不落实,本应是政府的责任往往变成环保部门的责任,本应是企业的责任却处理环保局长,发生事故,环保部门被追责问责的情况时有发生。

(四)环境监管信息化建设等需要顶层设计进行规范

实践中,基层环境监管信息公开制度等都比较乱。比如,(1)信息化建设多头安排,有五六套系统,硬件重复建设投资大,造成人财物浪费;(2)监测收费,按环保法及相关条例规定"谁委托谁付费",但省里文件明确不收费;(3)大气监测,年初已确定上收,但至今还未实际上划,第三方仍在继续运营,但经费却没有来源;(4)基层感到环保部门业务文件多要求多;(5)环境应急监测车没有在相关部门备案。

二、对环境保护管理体制改革的思考

(一)强化意识,确保体制改革任务的落实

环境管理体制改革是党和国家适应经济社会发展在生态环境领域做出的一项重大决策,是实现国家环境治理体系和治理能力现代化的一个重大举措。忻州这样的经济欠发达地区,更要正确认识和处理好经济社会发展和环境保护的关系,坚决克服不惜代价谋经济发展,为子孙后代留下无法弥补的损失。实行省以下垂直管理,更要强化落实地方政府及其相关部门的环保责任,环境保护监测监察机构的垂直管理,相对独立行使对环保的监测、监察权,将有效促进地方政府及其相关部门强化落实环保法所赋予的环保责任,为地方绿色发展、可持续发展提供保障。

(二)改革管理体制,理顺职责,建立健全环境保护的职责体系

环境管理体制的改革不仅仅是机构以及人财物管理的调整上划,而是要增强环境监管的统一性、权威性和有效性。在改革中需要注重以下几项工作的具体落实:一是切实落实地方党委政府及其有关部门的环境保护责任,理顺和规范环境保护和环境监管的职能和责任。对地方政府及其相关部门所履行环境保护职责的落实和分工、事权划分,同级党委政府应统筹协调逐一落实;二是对环境监测监察实行省以下垂直管理后,省市县三级如何分工协作也应明确细化权限。特别是一些跨区域、跨流域的环境监管工作如何进行,需结合具体实际统筹协调;三是对市环保行政机构的职能重新进行定位;对环保派出机构(县级)在县域内行使行政职能的法律地位进行重新定位;市县环保机构

如何与市县政府以及相关部门协调配合工作,市县环境监测监察机构如何服务于地方经济社会发展等需研究予以明确。

(三)加强基层环保机构队伍建设,保证基层环保队伍平稳过渡

规范和加强地方环保机构队伍建设,既是改革的重要目的和环节,也是实现环境质量有效改善的重要基础。在改革过程中,要注重上划机构的在职职工的思想稳定和平稳过渡,保证工作不断、思想不乱、环境监管力度不减。同时,尊重历史、实事求是、积极稳妥地实现在职职工的上划工作。不能出现因体制改革而损害职工利益的现象发生,不能因人员上划操作不当,造成新的社会矛盾,形成新的不稳定因素。

加强基层环保队伍建设,与根据机构所担负的职责及其任务量所科学合理核定的人员编制有关,目前基层普遍反映人员编制资源配置不够,人手紧缺,难以适应环境保护监管的需要。建议尽快制定编制标准,同时对于市与市、县与县的不平衡改革后应分类考量、大体平衡。

此外,队伍建设与人员素质构成有关,与基层工作环境和待遇有关。加强基层队伍建设必须尊重和考虑基层的现状和现实,在采取措施吸引高素质人才充实基层的同时,更要注重对现有在职职工的培训提高,还要对基层技术装备做好更新换代,使其能真正担负起所承担的职责和任务。

(四)创新环境保护运行机制、构建科学的环境生态信息化大数据平台

环境保护的管理、监测、监察执法的运行机制也要作出相应的调整。环境监测监察实行省以下垂管后,为建立简约、高效、快捷、通畅的运行机制提供了契机。要注重运行机制的统一、简约,避免分散、烦琐而繁杂;注重务实、协调而快捷,避免低效和迟缓;注重上下左右的通畅,避免各环节出现梗阻。同时,把构建科学的环境生态信息化大数据平台建设提到重要的议事日程,整合现有的比较分散、各自为战的环境保护信息平台,统一规划、统一规范、统一标准、统一梳理,建立起上下联动、条块结合、科学全面的环境保护大数据平台,为环境保护和生态环境的改善提供技术支撑。

2017 年

环境保护治理体系与治理能力研究

第五部分

持续完善环境治理体系

构建中国特色社会主义的
生态文明治理体系

解振华①

生态文明建设是以习近平同志为核心的党中央准确把握我国发展阶段特性、为实现中华民族永续发展所做出的重大战略决策。党的十八大以来,党中央始终把生态文明建设放在治国理政的重要战略位置,作为统筹推进"五位一体"总体布局和协调推进"四个全面"战略布局的重要举措;十八届三中全会提出加快建立系统完整的生态文明制度体系;十八届四中全会要求用严格的法律制度保护生态环境;十八届五中全会将绿色发展纳入新发展理念。过去几年,中央对生态文明建设的部署,频度之高、推进力度之大,前所未有。

完善国家生态文明建设的治理体系、提高治理能力,是中国特色社会主义生态文明建设理论与实践的重要内容,是国家治理体系和治理能力现代化的有机组成部分。过去几年,在党中央的带领下,国家治理体系和治理能力现代化取得积极进展,生态文明体制改革的"四梁八柱"逐步确立。与此同时,体制运行中一些深层次的问题与矛盾依然存在,制度建设的系统性和完整性问题比较突出,在很大程度上制约了生态文明治理体系的效力发挥,难以支撑生

————————

　　①　解振华:中国气候变化事务特别代表。此文由解振华和中科院科技战略咨询研究院副院长王毅共同完成。

态环境质量全面改善和生产发展、生活富裕、生态良好文明发展道路的可持续目标的实现。

一、我国的发展转型与生态文明治理体系改革

我国的发展转型任务是前所未有的复杂和艰巨。改革开放以来,我国取得了巨大的经济成就,但也在短时期内出现各种资源环境问题,并呈现明显的压缩型、复合型特征。压缩型表现为工业化国家在 200 多年发展过程中陆续产生的问题,在我国短期内集中涌现出来;复合型突出表现为资源浪费、环境污染与生态破坏相重合,国内能源环境问题与全球气候变化问题相叠加。可以说,当前我国面临的资源环境问题是前所未有的,要在工业化和城镇化过程中同步应对各项挑战,任务的复杂性和艰巨性也是世所罕见。

应对这些挑战,单靠传统环境管理体制机制是远远不够的。20 世纪 80 年代以来,我国逐步建立了生态环境保护法律法规和管理体系,在"三河三湖两区一市一海"等重点流域和区域实施了大规模治理,但由于面临三个方面的体制性、结构性问题,环境保护难以取得显著进展和效果:一是发展阶段问题,即持续、快速的经济增长,加之发展方式粗放,使得资源能源消耗长期处于高位,相应带来一系列伴生的环境污染生态破坏问题;二是经济体制改革问题,即政府职能转变和市场化改革不到位,偏重 GDP 的党政干部考核导致政府过度追求经济增速,放松环保要求;三是环境管理体制机制自身与时俱进不够、存在一系列缺陷。

展望未来,一个基本共识是只有逐步达到三方面转折,我国的生态环境质量才能出现根本性转变。一是经济发展方式由资源和要素驱动向创新驱动转型,绿色生产和消费方式逐步形成;二是随着工业化、城镇化、农业现代化进程和生态文明建设深化,温室气体排放量、化石能源和其他大宗资源的消费量达到峰值并进入稳定和下降状态;三是随着绿色低碳循环发展在各领域逐步落实,各种主要污染物排放量降至或小于"环境容量",被破坏的生态系统逐步恢复。根据相关研究预测,我国资源和污染密集型产业将在未来 5 到 15 年内相继达到峰值和平台期,这意味着常规污染物排放和主要资源原材料消耗在

2025 年前后相继达到峰值,但近期内资源环境压力依然较大;2020 到 2030 年,随着我国的人口总量达到峰值,传统意义上的工业化和城镇化基本完成,化石能源消耗和碳排放总量也将越过峰值进入平台期并开始下降,生态环境质量有望全面向好。

但是,要在今后 10 到 15 年内实现上述转变,显然不是自发的工业化城镇化进程所能实现,必须要有一系列重大体制机制变革和政策调整,使资源环境管理体制与发展阶段相适应,才能实现生态文明建设和可持续发展目标。正如习近平总书记所指出的,"解决这些问题,关键在于深化改革"。只有通过全面深化改革,解决经济管理与生态环保两方面的体制机制问题,才能够有效推动各个领域的发展转型,为我国实现中华民族伟大复兴创造良好的生态环境。这其中,从转变政府职能、完善现代市场体系、推进法治建设角度,破除生态文明建设在经济、政治、社会、文化等方面的体制机制障碍,是"五位一体"的具体体现,能够为生态文明建设和环境保护提供制度保障,但并不能取代生态文明体制改革本身的意义和作用。即必须将生态文明建设融入经济、政治、社会、文化建设之中,真正做到五位一体,同时,生态文明建设自身要与时俱进,不断完善。在这个意义上,应该超越传统环境管理体制,构建符合我国国情和转型时代特征的生态文明治理体系。因此,需要对这方面改革进行深入调研、整体谋划和充分讨论,积极鼓励各地各部门进行试点示范,在理论和实践互动的基础上系统推进。

二、对生态文明治理体系的理解及其内涵特征

生态文明治理体系首先是建立在世界各国环境保护实际做法和经验基础上。20 世纪 60 年代以后,在历经政府、企业和各种社会主体间长期的对立与合作互动后,西方发达国家普遍建立了比较完整的环境保护法律和制度体系,构建起由中央政府、地方政府和各种流域、区域机构所组成的政府行政管理体制,并逐步形成由政府、企业和社会团体共同参与环境保护的治理体系。其中值得关注的是,国际上环保市场专业化服务体系和民间公益组织体系已获得比较广泛的发展,各种市场主体和社会组织成为环境保护的重要支柱。多元化的

环境保护手段也获得比较广泛的应用,环境产权交易、特许经营、信息公开、公众听证、公益诉讼等各种市场和社会化手段成为行政管制措施的重要补充。

基于各国经验,我们目前尚难准确判断环境保护治理体系的具体模式和治理效果之间到底存在多大的相关性,但我们还是可以识别出实现环境"良治"的一些基本取向,即政府、市场和社会多元主体共同参与,行政、经济和社会管理等多元手段共同应用,强制措施、自愿行动与合作协商相结合等。这些已逐步成为完善环境治理体系的共识,并在实践中取得了显著进展。

综合来看,我们同样可以把生态文明治理体系理解为政府、市场和社会在法律规范和公序良俗基础上,依照生态系统的基本规律,运用行政、经济、社会、技术等多元手段,协同保护生态环境的制度体系及其互动合作过程。既强调体制、制度和机制建设,也强调治理能力、过程和效果;既重视普适的生态环境价值观,也重视特定的历史文化条件。与传统的以政府行政管制为主的环境管理体系相比,一个运转良好的现代生态文明治理体系应当具有以下基本内涵和特征。

治理主体上,形成政府、企业、社会共担责任、共同参与的格局。所谓治理主体,是生态文明建设的实施者和利益相关者,包括负责和参与制度构建、政策执行及监督的所有组织和公民。基于治理理念的要求,生态文明建设及环境保护要从政府主导的局面,转向"政府调控、市场推动、企业实施、公众广泛参与"的模式,治理主体通过合作互动、相互监督、相互制约,共同保护生态环境。在治理主体共同参与的情况下,需要在以下三点做出制度安排:第一,明确各治理主体在生态文明建设中的职责,处理好政府和市场、政府和社会的关系,并考虑各自的能力,循序渐进地推进改革进程;第二,实现治理主体之间的制衡,遵循法治的原则,实现相互监督、相互制约;第三,治理主体是各利益相关方,各方之间不仅要有制衡,更要有合作、协调和形成共识共赢的意愿和行动。

治理手段上,以法治为基础,采用多元手段,形成一整套相互协调、相互配合的政策工具。构建生态文明治理体系需要采用多元手段,综合运用法律、经济、技术和行政等手段,推动强制性、市场化、自愿性手段相结合,有效发挥各种手段的协同效应,以最小的治理成本获取最大的治理收益。采用多元化治理措施,还要避免利益相关方相互冲突,促进相互协调、相互配合,追求合作多赢。因此,在健全治理手段的过程中,要考虑不同群体的利益,建立健全交流互动机制,促进治理主体也就是利益相关方之间的平等民主协商。

治理机制上,基于法治的协商民主,实现多方互动,从对立走向合作,从管制走向协调。治理机制,可以理解为治理主体间互动、制衡、合作和达成共识的方式。这既包括传统"统治"或者"管理"要求的自上而下的管控和服从,也包括治理所要求的自下而上和横向互动,实现平等协商。在生态文明治理体系中,需要构建各利益相关方公平且相互依赖的主体间关系,因此他们之间的互动也应更加强调采用依法协商的方式,避免仅仅依靠自上而下或简单强制的方式寻求共识。这一过程中,将促进各方从相互对立走向相互合作,从自上而下的管制走向相互之间的协调。要保障各治理主体拥有充足、公平的参与机会和权利,形成共识,依法保护生态环境和促进形成绿色发展方式。

治理功能上,实现生态系统及其服务功能的整体保护,保证环境公共产品和服务的有效提供,并促进实现绿色转型和发展。理论上,生态系统的整体性、相互关联性和服务功能多样性,决定了只有从整体出发优化配置各相关要素,才能产生最优服务功能。实践上,只有在生态文明治理体系中充分考虑生态系统的完整性和关联性,以及绿色转型发展的渐进性、协同性和创新性,通过政府、市场、社会等各种政策措施的综合应用,才能保障生态系统的供给、调节、文化及支持服务功能作用的全面发挥,最大限度地提供规模化、优质化、多样化的环境公共产品和服务,满足社会日益提高的环境质量、安全健康和可持续发展的需求。

对照上述内涵特征,可以发现我国现行资源环境管理体系距离现代生态文明治理体系的要求还有较大差距,主要表现为:行政力量强大,但各部门职能有交叉重叠、中央与地方事权和支出责任不匹配,运行效率有待提高;社会组织与公众参与环保意愿不断增强,但参与能力、支付意愿、制度保障不足;企业的环保责任和义务逐步明晰,但环境守法意识不高、逃避环境监管的现象仍较普遍。由于治理主体力量不均衡,我国生态环保治理手段相对单一,治理机制仍以自上而下的管控为主,缺少从生态系统完整性保护的角度进行管理的体制安排。

三、当前生态文明治理体系
改革进展及存在的问题

针对我国资源环境管理体系存在的问题和不足,党的十八届三中全会将生态文明制度建设及体制改革纳入到国家治理体系和治理能力现代化进程中,在全面深化改革框架下形成了全面铺开、试点突破、面上拓展、统筹推进的良好局面,特别是随着 2015 年《生态文明体制改革总体方案》的发布,改革措施密集出台,亮点频出,成效显著。迄今为止,中央深改组审议通过了 40 多个生态文明建设领域的改革文件,为推进我国生态文明治理体系建设提供了重要的制度依据。

从进展和成绩看,生态文明治理体系方面的亮点具体包括:一是填补了一些基础性制度空白,并推动制度和职能整合,包括建立自然资源资产产权制度,实施不动产统一登记,以试点示范方式推动主体功能区空间规划、市县多规合一、国家公园体制改革等。二是逐步调整中央和地方事权,环境质量监测事权上收取得较大进展,提高了环境质量监测数据的可靠性;强化中央对地方环境保护的督察,2017 年中央环保督察将实现"全覆盖"省区市,目前问责人数已超过万人,有效遏制了生态环境破坏的行为和态势。三是市场机制作用得到进一步发挥,培育了一批环境治理市场主体。环境监测事权上收后,一些任务委托给企业来完成,推动了环保产业的发展;环境污染第三方治理在全国范围实施;绿色债券开始发行。

这一系列改革举措极大推动了生态文明建设的步伐和生态文明治理体系的建立和完善。但是,我们更应看到当前生态文明治理体系改革还存在不少问题与挑战,制约着生态文明治理体系和治理能力现代化进程。特别是由于顶层设计与部门和地方理解落实上的偏差、法律和现行管理体制制约、制度改革优先次序选择、操作运行成本高、激励政策不足等方面仍面临巨大挑战。综合来看,主要表现在以下三方面的问题:

第一,生态文明治理体系改革的顶层设计还有提升空间,部分改革内容存在一定交叉重复。环保机构监测监察执法垂直管理制度改革与新环保法强调的"地方政府对本辖区的环境质量负责"存在一定冲突;按流域设置环境监管和行政执法机构与河长制,以及现行的流域机构的关系尚未理顺。同时对社会参与的重视程度及基础性、程序性制度安排都还不够。

第二,部门职能交叉依旧严重,改革任务的部门间协调难度较大。例如《生态环境监测网络建设方案》确定的部门间环境监测数据互联共享等工作,因部门协调等因素进展较慢。由于缺乏跨部门协作的长效机制等原因,由"某部门牵头、会同其他部门实施"的机制,往往因"其他部门"责任不到位而实施不力。总体来看,因体制分割导致的制度碎片化问题依旧突出,行政效率仍有待改善。

第三,部分治理主体的能力不足,延缓了治理体系改革进程。中央改革意图的准确贯彻实施有待加强,一些地方对中央政策的理解出现偏颇,特别是近年改革文件密集出台,文件数量多、专业性强,一些地方有选择性地推动改革,或者简单地采取"一刀切"方式加以贯彻;一些地方短期内找不到兼顾发展和保护的新发展方式,普遍反映"不知道怎样做才能改善环境质量"。环保企业能力不足,在处理政府和市场关系方面存在"放得下、接不住"问题,如社会检测机构在水质监测方面的能力较弱。公众对生态环保的关注大多停留在与自身利益直接相关的领域,公众环境诉求高而自觉保护环境的实践相对滞后,做不到知行合一。

四、进一步攻坚克难,深化改革,推进生态文明治理体系改革与治理能力建设

生态文明治理体系改革既要尊重自然生态系统规律,也要尊重历史经验及发展改革的规律,抓准主要矛盾和关键问题,打通"中梗阻",还要统筹考虑各地方各部门的资源和技术经济以及能力条件,防止"一刀切"。

(一)推动综合、高效、协调的大部制改革,理顺部门关系

根据所有权和监管权相分离、开发与保护相分离的原则,进一步减少职能交叉,通过推动综合、高效、协调的中央大部制改革,形成以绿色低碳循环发展

综合管理、自然资源资产管理与监管、生态环境保护及监管为主的体制格局，为推动职能整合、改革分头设立的保护地、部门规划、监测标准等奠定体制基础，提高体制运行效率，改变制度体系碎片化的局面。

建议在中央层面：组建自然资源资产管理部门，负责具有战略意义的经营性自然资源所有权管理；组建资源环境的统一监管部门，负责公益性自然资源、污染控制和生态保护的统一监管工作；为实现能源革命和绿色循环低碳发展，建议在国家宏观调控部门下设立综合管理机构，强化绿色转型发展的政策统筹与协调管理；建议组建国家生态环境质量监测评估机构，该机构实行全面垂直管理，直接向国务院负责。加快国家公园管理体制改革，建立统一的管理机构，对以国家公园为代表的各类保护地进行统一管理，特别对其中的国家公园行使以中央事权为主的更严格保护。

抓紧建立发改、财政、住建、工信等各部门的环境保护责任清单，解决政府各部门生态环境保护责任不清、效率不高的问题。中央层面研究建立推进生态文明建设的协调机构，增强各部门间的协作水平，进一步加强各项改革任务之间的衔接。

（二）组建跨行政区域、流域管理机构，进一步理顺中央地方关系

建议在中央层面设立跨行政区域的决策协调机构，成员由相关部委、不同区域主管省级领导等利益相关方组成，负责区域性资源环境保护事务的决策、协调和监督职能，制定区域环境质量改善综合规划。建议整合区域环境管理派出机构，以六大环保督查中心为基础成立跨行政区的区域生态环境监管机构，将执法力量划归该机构进行管理；整合现有流域管理机构，探索实行流域综合管理，将流域作为整体大系统，统筹水质水量规划、保护，协调调度上下游、全流域生产生活生态用水，实现最有效保护和利用。探索和研究评估区域性、流域性环境综合管理立法的可行性，希望有关方面能研究和评估立法的可行性，并起草相关文本征求意见。

生态文明治理体制改革是系统工程，建议要结合地方政府能力推动改革进程。中央层面政策出台应注重政策解读，并加强试点示范推动改革深化，注重总结推广地方改革试点的经验。应建立严格的问责和激励机制，违法的严

厉追究责任,有成绩的大力奖励。建议采取指导、培训和完善立法咨询过程等多方面措施,加快有立法权的地方立法能力的培养和提高,各地应能根据本地区实际依法及时优化措施、调整标准,使地方生态环境保护工作有法可依,措施宽严适度。

继续加强对地方党委和政府及有关部门开展环保督察巡视,推动地方和部门落实保护生态环境、改善环境质量的主体责任,积极探索绿色转型发展的解决办法和出路。

(三)更多采用市场激励手段,合理区分政府和市场的界限边界

根据提升生态环境质量的核心要求,进一步推动制度整合,研究整合排放许可证、环境影响评价、总量控制、污染排放标准、排污收费、环境税等制度;研究整合建设项目的环境影响评价、防洪评价、水土保持评价、节能节水评价等跨部门的一些制度,科学制定节能环保的综合评价方法和考核机制,改变企业反复接受各行政部门审查审批的局面,提高政府监管效率。进一步健全环境保护的市场体系,激发企业活力。

(四)建立健全社会参与的渠道机制,促进社会参与

全面推进信息公开,倡导全民参与和多元共治,提高公民环境意识,让每个人都成为依法保护环境的参与者、建设者、监督者。一是完善社会组织与公众参与生态环境决策的机制,建立政府与社会各界的沟通协商机制,在政策周期中的各个环节,进行充分协商,尤其是发挥居委会、街道办事处等基层政府与公众沟通的作用。二是着力营造环境保护靠大家、保护环境人人有责的文化氛围和绿色时尚,对公众实施精准化宣传教育,创造公众依法参与环境保护的适宜条件。三是充分发挥大众传媒的作用,有效开展舆论监督,正确引导公众对生态环境问题的科学认识,形成有效解决"邻避效应"的舆论环境,缓解社会冲突和矛盾;同时结合宣传绿色发展的激励制度,倡导、培养和形成绿色生活方式。

持续深化环保体制改革
为建设美丽中国提供体制机制保障

何建中①

20世纪60年代以来,全球生态问题日益严峻,成为世界各国普遍关注的一个焦点。中国改革开放近40年来,经济社会发展取得了举世瞩目的成就,但环境污染问题也日渐突出。近年来,广大人民群众对生态环境问题表现出前所未有的关切。面对日益严峻的环境形势和人民群众对良好生态环境的期盼,党中央、国务院更加重视生态文明建设,党的十八大将生态文明建设纳入中国特色社会主义事业"五位一体"总体布局,十八届五中全会进一步明确提出了包括"绿色发展"在内的"五大发展理念",生态文明建设和环境保护工作进入到新的历史阶段。习近平总书记审时度势,鲜明地提出了"绿水青山就是金山银山"的科学论断,要求紧紧围绕建设"美丽中国",深化生态文明体制改革,推动形成人与自然和谐发展的现代化建设格局。美国后现代思想家大卫·格里芬表示:"中国政府是世界上第一个把建设'生态文明'作为主要目标的政府。通过提倡发展生态文明,中国已经显示了向这种后现代方向迈进的意图和决心。"

深化环保体制改革,推进环境治理体系和治理能力现代化,是生态文明建

---

① 何建中:时任中央编办副主任。

设的一项重要基础性工作。中央编办一直高度重视并积极支持环保体制改革,持续推动环保体制的发展完善。从1988年设立国家环保局,近30年来,我国进行了多轮环保监管体制改革,从调整完善职能、加强机构入手,不断提升环保部门的监管能力。现行环保体制的总体特征是,横向实行环保部门统一监督管理、相关部门分工协作的体制;纵向实行国家监察、地方监管、单位负责的分级体制,总的来看是基本适应环境保护工作需要的。

值得注意的是,长期困扰我国环境监管工作的两个难题仍然没有得到很好的解决:一是横向体制上,部门环保职责的落实机制不健全,保护与发展责任往往两张皮,难以实现职责的内在统一;二是纵向体制上,地方重发展轻环保的问题还比较普遍,缺乏有效的督察机制。为破解这些体制机制障碍,近年来,通过建立环保督察制度,开展跨地区、按流域设置环保机构,以及实行省以下环保机构监测监察执法垂直管理体制改革等政策举措,环境治理体系不断调整和优化。

一、在国家层面,积极构建环保督察体制, 探索跨地区、按流域设置环保机构

2006年,环保部陆续设立了6个区域环境督察中心,按照国务院授权对地方政府履行环境监管责任进行监督检查。2015年2月,在环保部环境监察局加挂"国家环境监察办公室"牌子,设置了8名国家环境监察专员。2015年8月,为贯彻落实《环境保护督察方案(试行)》,国家环境监察办公室更名为国家环境保护督察办公室,并作为国务院环境保护督察工作领导小组的办事机构单独设置。这一系列调整,为中央环保督察工作提供了有力支撑。按照工作计划,2017年中央将对全国各省(区、市)督察一遍,实现环保督察"全覆盖"。

环保监管的复杂性与监管对象的特殊性是密切相关的。水和大气这些环境要素具有很强的流动性,其环境污染和生态破坏往往以区域性、流域性的形式表现出来,空间分布和行政区划并不一致,因此建立跨行政区域的环保机构,实行符合区域和流域生态环境特点的防控措施,对改善环境质量至关重

要。目前,按照中央的改革部署,我们正配合环保部开展按流域设置环境监管和行政执法机构、建立跨地区环保机构试点工作,进一步强化区域联防联控,探索水、大气污染治理的新模式。

二、在地方层面,重点推进省以下环保机构 监测监察执法垂直管理制度改革试点

实行省以下环保机构监测监察执法垂直管理制度,是党的十八届五中全会作出的重要决策,2016 年 7 月,中央全面深化改革领导小组第二十六次会议审议通过了《关于省以下环保机构监测监察执法垂直管理制度改革试点工作的指导意见》,由环保部和中央编办作为共同牵头部门。目前,已经有 4 个省份的改革方案得到了批复,2 个省份的方案正在审核中,还有一些试点省份正在抓紧研究改革方案。

进行省以下环保机构监测监察执法垂直管理制度改革试点工作的核心是重构地方环境保护监管治理体系,强化地方政府及其相关部门的环境保护主体责任,重点是搞好环保行政体系、监测体系、监察体系和执法体系建设。一是调整现行的环保行政管理体制,将市级环保机构调整为以省级环保部门管理为主的双重管理,县级环保机构直接作为市级环保局的派出分局,实现省以下环境保护治理的集中统一管理,以避免地方保护主义的行政干预;二是调整现行的环境监测体系,市级环境监测机构调整为省环保部门驻市环境监测机构,人财物由省级直接管理,发挥好环境监测"千里眼"和"顺风耳"的作用;三是对应国家层面环保监察体制,由省级环保部门统一行使环境监察职能,探索建立环境监察专员制度;四是由市级环保机构统一指挥管理本行政区域内的环境执法力量,加强市县环境执法,把执法重心向基层一线下沉,强化环境执法。

生态环境的治理不是一朝一夕能够完成的,它受到社会发展阶段、经济实力、产业结构以及收入水平等方方面面因素的制约,是一个长期、复杂、艰苦的发展过程,不可能一蹴而就。我们推进地方环保机构监测监察执法垂直管理等制度一系列改革试点,就是为了积极稳妥地推进改革,更加注重改革的系统

性、协同性和整体性。总体来看,有关省份的改革试点效果是好的,也取得了初步成果和经验。但在试点推进中,也碰撞出一些带有共性的复杂矛盾问题,比如,如何确保地方基层政府的权力和能力相匹配,如何建立好区域环境监察制度,如何处理好环境专业执法与地方综合执法的关系等等。类似问题都需要开动脑筋,加大攻坚克难力度,在试点中寻找最佳解决路径。

就环境治理而言,体制改革也不是万能的,需要政府、市场、全社会共同推动,实现多元主体共治。英国思想家迈克尔·博兰尼在他的经济管理学说中提出"多中心"的概念,在行政管理的范畴,"多中心"就是多元社会利益主体,在互信、互利、平等基础上开展广泛交流与合作,共同处理公共事务、维护社会秩序。"吉登斯悖论"也说明,如果大家仅仅是知道破坏环境不好,却都不愿意改变自己的行为,那么环境质量改善也只能停留在口号上。环境治理体系的构建,不能是政府部门唱独角戏,需要压实企事业单位环保主体责任,承担环保社会责任;也需要畅通社会参与渠道,引导多元主体有效有序参与治理,鼓励企事业单位、社会团体、民间组织、人民群众积极参与环保体制改革和环境治理工作,通过宣传发动、政民互动、上下联动等形式,进一步增强环境监管的公开性和透明度,形成政府主导、多元参与、社会共治的环境保护治理新格局。

生态环境的改善关系我们每一个人的生活质量,人人都向往"青山清我目,流水静我耳"的美好生态环境。我们将更加关注民众期盼,按照中央要求不断努力地完善环境治理体制机制,为建设天蓝、地绿、水清的"美丽中国"做出应有的贡献。

完善环境保护治理体系
提升环境保护治理能力

赵英民[①]

　　环境保护部高度重视中国机构编制管理研究会连续三年举办的环境保护治理体系与治理能力研讨会，李干杰部长2016年参加了会议，2017年几次做出批示，指出这次会议十分重要，要做好充分准备。今天来了很多部门的同志，还有一些国际国内的专家和地方代表，我代表环境保护部欢迎大家，感谢大家为完善和提升环境保护治理体系和治理能力出谋献策。根据会议主题，我谈三点认识和体会，与大家交流。

一、环境保护治理体系与治理能力现代化意义重大

　　党的十八大以来，以习近平同志为核心的党中央把生态文明建设作为统筹推进"五位一体"总体布局和协调推进"四个全面"战略布局的重要内容，谋划推进了一系列基础性、开创性的工作，形成了科学系统的生态文明

---

　　① 赵英民：生态环境部副部长。

建设重要战略思想,认识高度、推进力度、实践深度前所未有,我国环境保护工作从认识到实践正在发生历史性、根本性、全局性的变化,美丽中国建设迈出重要步伐。

2017 年,党中央、国务院对生态文明建设和环境保护工作作出一系列重大决策部署。中央政治局围绕推动形成绿色发展方式和生活方式进行第四十一次集体学习时,习近平总书记发表重要讲话指出,必须把生态文明建设摆在全局工作的突出地位,让良好生态环境成为人民生活的增长点,成为经济社会持续健康发展的支撑点,成为展现我国良好形象的发力点。2017 年 7 月 26 日,习近平总书记在省部级主要领导干部专题研讨班上强调,要坚决打好污染防治攻坚战。近期,中办、国办印发《关于甘肃祁连山国家级自然保护区生态环境问题督查处理情况及其教训的通报》,明确要求深刻认识生态环境保护的重要性、紧迫性、艰巨性,切实把生态文明建设各项任务落到实处。这一系列举措,充分体现了党中央、国务院维护生态环境、建设生态文明的坚定意志和坚强决心。

环境保护部深刻学习领会习近平总书记生态文明建设重要战略思想,自觉践行"绿水青山就是金山银山"的理念,按照党中央、国务院安排部署,推动落实主体功能区制度,划定并严守生态保护红线,优化国土空间开发格局;扎实推进供给侧结构性改革,加快调整产业结构步伐,推动能源消费结构发生深刻变化;全面开展中央环保督察,狠抓排污许可、损害赔偿、监测网络、省以下环保机构监测监察执法垂直管理制度改革、环评制度等重大改革落地见效。新环境保护法等法律法规和大气、水、土壤污染防治三大行动计划全面实施,生态环境质量有所好转,长期以来困扰我国的资源消耗强度大、环境污染严重、生态系统退化的严峻局面得到初步扭转。

同时也要看到,当前环境保护形势依然严峻,完成环境质量改善的目标任务仍需要付出极其艰苦的努力。当前,中国正处于全面建成小康社会的决胜阶段、攻坚期,加强环境保护既是改善环境质量、回应人民群众期待、提高社会公众获得感的必由之路,又是中国转型发展、推进供给侧结构性改革、推动提高资源能源利用效率的重要手段。因此,必须充分认识做好环境保护工作、加强环境保护治理体系与治理能力建设的重大意义。强化环境保护治理体系与治理能力是落实党的十八大和十八届三中、四中、五中、六中全会精神的内在要求,是推进国家治理体系和治理能力现代化的重要内涵,是加快解决生态环境问题、改善环境质量、补齐全面建成小康社会突出短板的现实需要和基础保障,必须放在更加突出的位置,改革创新突破,抓紧抓实抓好。

二、环境保护治理体系与治理能力还存在诸多不足

应当看到,环境保护治理体系与治理能力存在不少短板和不足。2016年,我们已就区域流域环境治理体系、环境行政执法体系、环境监测体系存在的问题做了深入探讨,本次研讨会重点讨论区域大气环境管理体制、生态环保管理体制、农村环保管理体制等方面的问题,十分必要,这些领域已经取得积极进展,但与中央生态文明建设和生态环保的新要求还存在许多不适应的地方,亟待进行改革。

区域大气环境管理体制方面。目前,我国已建立了重点区域大气污染联合防控协作机制,在解决跨行政区大气环境问题方面取得了积极成效,但仍然存在不少问题。核心在于如何使现行以块为主、多部门参与的地方环境管理体制机制制度政策更好地适应区域性复合型大气污染传输、影响、削减、转换的客观规律。主要问题:一是法律、政策、制度上对区域性流域性等环境问题统筹调控解决授权不够,过去较多地围绕着地方政府对辖区环境质量负责制做文章,过分强化行政区主导和分级责任,难以适应统筹解决跨区域跨流域环境问题的新要求。二是一些区域大气污染防治工作往往停留在议事协调、信息交流、情况通报以及应对重污染天气或重大活动保障等层面,且机制较为松散,缺少强有力的执行机构和强制性执行手段,需要大力提升防控成效。三是推动区域内条块多主体协同发力的权威性不够。各成员利益冲突和分歧难以得到有效协调,区域内政策标准统一难,区域产业布局无法做到区域协同、统筹谋划、综合施策,部分大气污染综合治理根本措施难以落实,政策效果和治理措施难以持续。

生态环保管理体制方面。我国已形成"环保部门统一监管、有关部门分工负责、各级政府分级负责"的环保管理体制,但还存在一些突出问题。其核心在于生态文明建设融入经济建设、政治建设、文化建设和社会建设各方面和全过程尚不充分,生态文明建设和生态环境保护的基础地位和引领作用需要进一步巩固提升。主要问题:一是生态环保党政同责、一岗双责的体制制度政策不完善,没有实现管发展必须管环保、管生产必须管环保的客观要求,经济发展与环境保护综合决策机制不健全,有利于环保的经济政策不完善。二是职责分散交叉过多与权责不对等不统一等问题较为突出,政策效果不协同,自然资源开发监管与保护监管未能实现有效分离,中央和地方环保事权仍有模糊地带,地方环保责任落实传导还不完全畅通。三是适应"五位一体"和新发展理念的生态环保职能配置不到位,生态环保治理体系和治理能力与新定位新要求新目标新任务不匹配,事关公共利益长远利益和生态环境整体保护还存在一些空白、薄弱环节,环保机构队伍建设许多方面需要进一步规范和加强。

农村环保管理体制方面。随着农业现代化、城乡一体化进程的不断加快,我国农村环境问题日益突出,农村环保监管体制已难以适应形势发展需要。农村环境治理机制体制是环保管理的短板,其核心是需要探索创新适合农业农村环境保护特点与需求的体制机制政策制度体系。主要问题:一是农村环保法律法规政策体系尚不完善,要求不明确,管理制度不健全,部分农村环保职责关系不顺,权责不统一。二是在农业农村生产生活过程中解决环境保护问题的机制政策没有建立健全。农村更应推行绿色生产和生活方式,在农业现代化、新农村建设、脱贫攻坚等过程中一并解决环保问题,既费效好,也更长效。三是充分调动各方面各主体积极性不够。乡镇基层党委政府推动农村环保的作用发挥不够,压力传导层层衰减现象较为突出,村民自治组织的作用不够,村民主动参与度较低。同时,保护建设系统性、时序性和协同性方面统筹也不够。四是环境保护监督管理过去偏重城市,城乡统筹不够,农村镇街环保管理"最后一公里"没有完全打通。同时,与农村网格化管理、综合巡查相衔接的乡镇政府环境管理能力建设滞后,责有人担、事有人干的治理机制没有建立。

三、完善环境保护治理体系，
着力增强环境治理能力

改革是推进环保事业持续健康发展的动力，也是破解发展与保护难题的必由之路，必须通过改革来解决我国生态环保工作，特别是体制机制方面存在的突出问题。十八届三中、五中全会和《生态文明体制改革总体方案》均对区域大气环境管理体制、生态环保管理体制、农村环境治理体制机制提出了明确要求，特别是中央深改组审议通过的《设置跨地区环保机构试点方案》对于完善区域环保管理体制做出了具体规定，这些为我们深化环保领域相关体制改革、推动提高环境保护治理体系与治理能力，提供了基本遵循。

总的思路是，要深入贯彻习近平总书记系列重要讲话精神和治国理政新理念新思想新战略，统筹推进"五位一体"总体布局和协调推进"四个全面"战略布局，牢固树立和贯彻落实新发展理念，以改善生态环境质量为核心，实行最严格的环境保护制度，从改革环境治理制度入手，形成全社会共治的环境治理体系，提升环境治理能力。

就区域大气环境管理体制改革而言，重点是按照《设置跨地区环保机构试点方案》，在京津冀及周边地区开展试点，围绕改善大气环境质量、解决突出大气环境问题，遵循大气污染防治的客观规律，不断深化区域污染联防联控协作机制，理顺整合大气环境管理职责，探索建立跨地区环保机构，构建统一的跨地区大气环境管理的法规、政策和标准体系，实现统一规划、统一标准、统一环评、统一监测、统一执法，推动形成区域环境治理新格局。

就生态环保管理体制改革而言，重点是按照十八届三中全会和《生态文明体制改革总体方案》的有关要求，加强中央对生态文明建设工作的领导，科学把握自然资源经济属性监管和生态属性监管的关系，遵循管理者（所有者）与监管者分开、环境保护监管统一等原则，改革生态环保管理体制。同时，推动进一步理顺中央与地方的关系，加强环境治理能力建设，强化环保部门统一监管的法律授权，出台有利于生态环保的经济政策和强化基层环保队伍建设的指导意见，推进地方机构人员规范化建设。

就农村环保管理体制改革而言,重点是建立健全农村环保法律法规,调整完善农村环境污染防治和生态保护制度措施,强化法律责任。进一步理顺部门农村环保职能关系,细化县乡级党委政府的农村环保责任,建立农村环境保护"党政同责""一岗双责"工作机制,推动落实基层党委政府农村环保责任。更多运用市场手段和公众参与推进农村环保工作,建立健全政府主导、村民参与、社会支持的投入机制。结合省以下环保机构监测监察执法垂直管理制度改革,进一步强化农村基层环境监管执法力量,保障执法经费,加强城乡环境执法统筹。

全球环境治理及其对中国的启示

罗世礼（Nicholas Rosellini）[①]

2016 年研讨会上富有成果的讨论还历历在目，很荣幸再次参加 2017 年的环境保护治理体系与治理能力研讨会。我代表联合国以及联合国开发计划署驻华代表处向举办本次研讨会并为这一重大议题的研讨提供良好平台的中国机构编制管理研究会和中国环境与发展国际合作委员会表示衷心感谢。今天，在座各位都是中国和国际上环保领域内的翘楚，我期待与你们进行有趣而深刻的交流。

2017 年 6 月，美国宣布退出《巴黎气候变化协定》。该协定是首个具有法律约束力的环保协定，旨在将全球气温升高限制在 2℃ 以内。无疑，美国的决定使全球应对气候变化遭遇到挫折。因此，有必要强调建立让所有关键主体都参与进来的普遍接受的治理体系的重要性。所以，今天我要讲的是环境治理的重要性、最新趋势及其对中国的启示。

环境是一项公益事业，一项造福于所有人，但可能会因一小部分人的单方面行动而遭到破坏的事业。环境保护不应被视为零和博弈，即对一些人有利但对其他人不利，这有可能鼓励"搭便车"现象并妨碍合作。环境的可持续性需要全球治理，政府、企业和基层社区的每一个人都要参与进来。通过让所有

① 罗世礼：联合国系统驻华协调员、联合国开发计划署（UNDP）驻华代表。

人参与谈判并达成共识,以避免"搭便车"现象的出现并确保所有主体都在实现环境的可持续性进程中发挥其应有的作用,让所有人共享长远利益。

有人说全球治理难以实现。我们回顾一下过去 40 年中已经取得的进展就能发现,团结一致就能创造奇迹。环境治理就是让我们团结起来共同面对,从 1972 年联合国人类环境会议——专门探讨人类参与环保事业的第一次国际会议到最近举行的 2015 年联合国气候变化大会,都证明了这一点。1987年的《蒙特利尔议定书》就是全球合作的一个典范,该协议要求所有 197 个签署国家逐步淘汰 CFCs(氯氟烃)等臭氧消耗物质并采取措施支持臭氧层的恢复。这是环境保护众志成城的一个精彩案例。2015 年,各国通过了一系列可持续发展目标并将之作为全球可持续发展框架,其中重点强调了环境治理问题。

因此,鉴于这些已经在积极开展的工作,环境治理的总体趋势是向好的。尽管美国宣布退出《巴黎气候变化协定》,但中国、欧盟和印度等主要参与国家(区域)重申,愿意加大力度推动这一协定的实施,并表现出强劲的势头。这对中国的影响尤为显著,通过在环境治理方面做出表率,中国有可能填补美国退出后留下的空白。事实上,中国已经开始了这一进程。中国成为了世界上最大的可再生能源生产国并为到 2030 年实现排放零增长的巴黎目标做出巨大的努力。此外,作为最大 HCFCs(氢氯氟烃)生产国,中国正在努力实现《蒙特利尔议定书》中规定的到 2020 年使 HCFCs 消费量减少 35%的目标。2015 年,中国修订了环保法,严格了对污染者的处罚并明确规范地方政府负责实施相关环保政策;到 2016 年,中国煤炭消费量连续三年下降。2016 年底,中国进一步通过了《中华人民共和国环境保护税法》,规定对氮氧化物和二氧化硫排放征税,这是一项具有里程碑意义的立法。该法律 2018 年 1 月正式生效。

仅有国内政策还无法实现在国际上的领导地位。2016 年,中国主办 G20峰会,占领了国际舞台制高点,中国主导的绿色金融是 G20 峰会议程之首。此外,中国的领先地位还体现在知识交流、与其他国家分享环境污染防治领域的经验等。为促进中国和其他发展中国家的合作,中国和联合国开发计划署已经实施了一系列三方项目。例如,近两年,加纳和赞比亚利用中国的技术和联合国开发计划署的专业知识引进了太阳能发电和微型水力发电项目。最近,联合国开发计划署还与其他机构一起主办了促进应对气候变化南南合作的首届国际研讨会。该研讨会增进了中国与发展中国家之间的交流,共同探讨了南方伙伴国家提出的希望中国予以支持的项目计划书。中国以这种知识共享的形式为建立低碳社区提供支持并根据本国的经验和技术提出气候变化解决方案。

我所说的这一切,都是围绕一个中心,那就是我们正朝着正确的方向前进,联合国开发计划署一直致力于支持这一进程,支持前进的每一步。联合国开发计划署是执行《蒙特利尔议定书》多边基金的四大创办机构之一,该基金已为全球减少 CFCs 和 HCFCs 污染物的努力提供了超过 35 亿美元的资金。自 1979 年在中国设立代表处以来,联合国开发计划署已实施了近 1000 个试点项目,总价值超过 10 亿美元,其中许多项目涉及可再生能源解决方案、能效和一系列减缓气候变化的行动。联合国开发计划署还向中国提供资金支持,以帮助其实现《蒙特利尔议定书》设定的目标,其涉及 60 个相关的项目,总额超过 2.3 亿美元。

以史为鉴。关于有效环境治理,我想强调三点。第一,要建立牢固而广泛的伙伴关系。在未来 20 年中,世界人口将增加 12 亿多,粮食、水和能源需求将分别增长 35%、40%、55%。除非我们改变治理方式并共享资源,否则自然环境受到的负面影响将愈加显著,从而严重影响到我们的生活、健康幸福和安全。人们对粮食、水和能源的需求以及相关的环境压力(包括来自于生物多样性丧失和气候变化的压力)正以前所未有的速度增长。这些问题带来的挑战极其复杂,任何一个国家或机构都不可能独立解决。公共、私人和民间社会主体以及国内外机构之间的伙伴关系都是不可或缺的。只有团结一致,才能充分发挥集体的力量,构建起一个更可持续、更包容的国际社会。

第二,除增进伙伴关系外,创新是全面、系统和协调地解决环境问题的关键。机制和技术创新应融入到我们的未来行动中。这些创新涵盖了管理、研究、协调、通信、监控和评价网络、生态系统服务付费等社会经济工具等。近几年,联合国开发计划署一直在推动发展领域的创新。比如,电子废物回收计划提供一种通过高效的用户友好型信息技术将消费者、销毁者和生产者联系起来的创新模式。该模式有助于为电子产品创建从设计、生产、消费、处理到回收再利用的良性全生命周期。中国已成为积极推行电子废物解决方案最具潜力的国家之一。

第三,环境治理不仅仅是自上而下地解决大规模环境问题的活动,通过加强机构建设、促进有效法律法规的制定实施,我们能够进一步尝试创造一个清洁的环境。此外,还应该认识到自下而上的地方性解决方案在环境治理中的重要性。联合国开发计划署始终重视社区和公众在保护、恢复和可持续地管理环境资源方面的作用。社区是全球生态系统的主要使用者和守护者,能够创新而有效地解决当前正面临的各类挑战。在全球环境基金小额赠款计划的支持下,联合国开发计划署为许多民间组织和社区的环境保护和应对气候变化提供了直接支持。我们奉行综合性地解决气候变化挑战并管理灾害风险的理念。通过对环境基金小额赠款计划和其他资金,我们得以支持地方采取气候行动并提高当地人民的生活水平。

《巴黎气候变化协定》和可持续发展目标提出了创建一个绿色可持续世界的共同愿景。我们需要做的就是采取具体措施达成这一愿景。联合国开发计划署正在全面履行其职责。我们期望与在座的所有伙伴一起推动中国和全球实现建设有效环境治理体系的愿景。

可持续性环境治理体系能力
建设的经验及教训

吉尔特·波科特(Geert Bouckaert)[①]

可持续治理必须考虑经济、社会、环境三个底线。要确保可持续发展水平,可持续性环境治理体系的能力建设非常重要。由于多方面原因,公共治理和"治理逻辑"仍将是改革的重要内容。系统地分析治理的发展阶段和过程,可以形成五种治理类型,这也相应地需要五种能力建设的战略,还需要一个可持续环境发展的治理系统(见图5-1)。

机构治理(Corporate Governance)。涉及公共部门的管理。其核心是,私营部门能以何种程度进行调动,或在何种条件下能进行调动,从而形成一个稳定的公共部门管理体系。无论是在实际中,还是对于研究来说,稳定的机构治理都是必要条件而非充分条件。

权属治理(Holding Governance)。涉及管理一系列相互联系在一起的并且需要稳固的治理结构的组织。这些公共组织可能是出于不同的原因而聚合在一起:他们在一个确定的领域,例如所有的市政公共组织;或者他们共同形成了某个政策,例如教育、卫生、安全政策;或者他们都能帮助解决一个政策问题,例如减少贫困;或者他们在服务供给过程中相互关联,例如食品安全(从

---

①　吉尔特·波科特:国际行政科学学会主席。

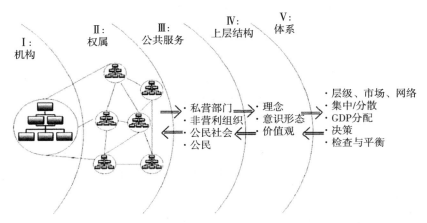

图 5-1 治理范畴的五种类型

食品生产到消费);或者他们都分享他们的数据集来帮助提供服务或政策,例如社会保障。无论是在实际中,还是对于研究来说,稳定的权属治理是必要条件而非充分条件。

公共服务治理(Public Service Governance)。公共部门主要承担提供公共服务的职责。这在所有国家都是一致的。在这个前提下,只有当私营部门、非营利部门和公民之间存在牢固的合作关系时,所提供的大多数服务才有效。这就意味着,对于公共服务供给而言,公共部门本身的运作是必要条件而非充分条件。此外,还需要对公共部门与私营部门、非政府组织之间的关系进行管理,也要确保私营部门和非政府组织具有治理能力。无论是在实际中,还是对于研究来说,稳定的公共服务治理是必要条件而非充分条件。

上层结构治理(Superstructure Governance)。一般指体制基础设施治理之外的治理。理念、意识形态、价值观和文化均是环境治理议程中重要的组成部分。这意味着,在理念、价值观和文化方面,组织和机构的硬件与软件之间存在一种双向互动关系。无论是在实际中,还是对于研究来说,上层结构治理是必要条件而非充分条件。

体系治理(System Governance)。具体指国家层面的制度设计。这种类型的宏观治理包括主要的检查和平衡、国内主要的分配机制、核心决策、社会中权力的分配。在这种体系治理的讨论之中,提出了 3 个额外问题,一是治理中没有民主参与会怎样？二是治理中政府没有发挥作用会怎样？三是经济发展如何影响治理？无论是在实践中，还是对于研究来说，国家层面上的体系治理都是必要的。

即使发展程度、文化、历史确实发挥了作用，在一个治理范畴中，这些组成部分对于各国所有公共领域都是相关的，并且是必需的。图 5-1 显示了治理范畴的五种类型。

一、公共部门的机构环境治理

机构治理是指把公共部门作为单个和自治体进行管理。假设公共管理是指将私营部门技术转移到公共部门机构，这是从公共行政到公共管理的转变中首先提到的事情之一。在 Perry 和 Kraemer 看来，"公共管理是传统公共治理的名义性导向和通用管理的工具性导向的融合"。[①] 这个逻辑非常简单，虽然简洁但逻辑强大。通用管理适用于私营部门和公共部门。对于把这些已经应用于私营部门的通用管理原则转化到公共部门来说，它是足够的，这样，就形成了公共管理。有关普通管理的论战激起了广泛的讨论，讨论的内容是有关公共管理和私营管理之间的区别和共性。

许多管理体系依赖于从私营管理部门向公共部门的转变，这是一个不争的事实。它适用于诸如 ICT、库存管理、会计、业务流程设计或再设计等技术管理体系，或者如何使用功能描述等人员管理的某些因素。

同时，非常明显的是，公共部门的一些管理因素与私营部门区别很大。除公共企业（Public Companies）、公共机构（Public Agencies）以及一些公私合营部门外，私营部门与公共部门的距离很远。在某些案例中，机构治理适用于所有类型组织的管理愿景，这也只是在理论层面的。总之，在所有不重要的事务管理中，私营管理和公共治理可能是相似的。

即使采取了相同的通用管理原则，公共管理仍然有别于私营管理，这样的

---

① Perry, J. and Kraemer, K. (eds) (1983) *Public Management: Public and Private Perspectives*. California: Mayfield. p.x.

例子表现在：制定预算的过程、政策评估的需求、行政和政治领导、另外的责任需求、区分公民及公共服务使用者的权利和职责需求等。

这也适用于在治理和公共法律体系中明显纳入了公共部门的机构管理规则，欧洲大陆的体系也是如此。

应该着力调整方法和技术来开发和加强内部控制体系、内部审计以及质量模型，从而改善机构公共治理的状况。

从上述分析可以看出，有可能制订一个由具体改革项目组成的清晰的改革计划，促进单个组织在环境政策领域的组织治理。这表明，环境领域出现了实施改革的强大组织。这涉及环境质量测量、监测的组织，还涉及到通过直接干预、检查和其他政策工具来改善我们生存环境的各个组成部分（如空气、土地、水）的组织。底线是：这些负责任的环境组织已经在管理的各个层面拥有了稳定的机构治理结构，包括人员、财务（预算、会计、审计等）、库存、战略、组织、沟通、领导等。实施这些项目已经是许多国家的一个主要改革挑战。

公共部门稳定的机构治理是必要条件，但不是充分条件，这点非常明了。公共部门不是一系列互不相连的单一组织，而是一个目标一致、相互关联的组织系列，所以需要进行权属治理。

二、公共部门的环境权属治理

环境权属治理涉及的管理属于环境政策领域的一系列组织，所以需要综合的管理方法。公共部门从来都不是单一的组织，它总是涉及相互协调的一系列组织。如果我们需要适量的水，那么我们就需要协同关注影响水的所有组织，而不仅仅是关注其中一个水净化组织或一个督查组织。为了使所有的环境组织和部门联合起来，也为了使各级政府联合起来，我们需要环境权属治理。权属不仅仅是各部分的总和。

Metcalfe 和 Richards 指出，"对组织之间的相互依赖性进行管理是公共管理的主要方面，例如，在服务供给中或预算过程管理中的相互依赖。公共管理涉及使整个组织系统发挥有效作用……明确地认识到要负责在各级系统中整体地应对结构性问题,这是公共管理与众不同的地方"①。所以,权属管理表明了单个(多个)组织体系表现的责任和担当。这几个关键词是非常重要的:责任、担当、表现、体系。

权属包括互动、协同、合作、协调、分工。只有协调性好,单个组织的自主性才有意义。自主性更多,那么就需要更多的协调性。体系的表现依赖单个组织的表现,但是可能更多地依赖这些组织之间的协调,这就需要在权属上进行巩固。

公共部门的团结可能出于不同的原因。权属可能涉及一个定义清晰的领域,比如像环境政策领域那样有了明确定义,需要从机构治理的单一性、团结性方面研究公共组织。它们之间的互联互通将形成有效性和效率。不同类型的协调将会有所区别:总的来说,协调有共同制定政策、横向和纵向协调、跨界政策、跨领域合作等多种形式。目前正在运用多种机制对一系列组织进行协调。层级模式机制(Hierarchy-Type Mechanisms)、市场类型机制(Market-Type Mechanisms)、网络类型机制(Network-Type Mechanisms)有很大区别,但是它们拥有共同的协调目标。

权属治理改革项目的内容包括:选择并实施层级模式机制(例如投入预算、顶层说明和控制线等)、市场类型机制(产出预算、招标、凭据等)、和/或网络类型机制(知识和人员交流、组织身份共享、投入资源)等具体机制。

权属治理一般是实施一些改革项目,确保治理的快速性,发展公共部门组织个体和集群的能力,环境领域的权属治理尤其如此。公共部门会受到国家公共部门内的条块分割和分散倾向的影响,这就需要采取一个强有力的环境权属方法。稳固的环境权属治理是必要条件而非充分条件。在这个层面,个体组织和权属仍然存在于公共部门之中,所需要的是公共服务治理,它包括私营部门和非营利组织。

三、环境公共服务治理

公共部门供给是公共服务供给的一部分,它包括公共部门与非营利部门、

---

① Metcalfe, L. and Richards, S. (1990) *Improving Public Management*. London: Sage/European Institute of Public Administration.

私营部门及公民之间的互动。皮埃尔指出："我们认为公共管理在国家与公民之间主要发挥产出连接的作用。但是,他们之间的相互关系像一条双向通道,包括公共政策实施以及私营部门行为者对决策者提出政策需求"。

谈论环境公共服务治理的前提是,环境公共部门作为提供环境公共服务供给重要部分。在这个前提下,只有当私营部门、非营利部门和公民之间密切合作时,所提供的非政府组织服务才有效。这就意味着,对于公共服务供给而言,公共部门本身的运作是必要条件而非充分条件。此外,还需要对公共部门与私营部门、非政府组织之间的相互关系进行管理,也需要确保私营部门和非政府组织具有充分的治理能力。

整个政策周期,包括政策设计、政策实施和政策评估,均是在一种公开的政府管理体制下进行的。如果利益相关者从一开始就参与其中,那么政策实施会更加顺利。因为拥有所有权会使得利益相关者更有动力去做出正确的行为。

很显然,在政策实施阶段,公共部门会与私营部门、非政府组织、公民之间存在合同外包关系、合伙关系和委托服务关系。在 OECD 范围内,为了确保在出现危机和发生公共投资活动时能够实现服务供给,我们建议公共部门与私营部门、非营利部门、公民建立这种合作关系;而对于中央政府,我们建议其与地方政府建立这种合伙关系。

面对合同外包关系、合伙关系和委托服务关系,公共服务治理的关键在于明确各种职责和责任。这也意味着,应对上述相互关系的机制和游戏规则进行界定:上述相互关系是应变得更加具有等级性,还是变得更加市场化,抑或是变得更加网络化? 如果环境公共服务治理很弱或欠佳,那么腐败风险就会变得很高,或者会出现代价由公共部门承担而利益由利益相关者享受的局面。

在公共部门改革方案中,各个计划项目的实质在于支持、调整和营造这样一种情形:即市场、非营利或非政府组织和公民的参与以适当方式进行。为提高私营部门治理和非政府组织治理的质量进行投入,对于稳固公共部门委托或外包的公共服务供给至关重要。

第二个主要的项目群旨在确保公共部门能够创造大量的与私营部门(包括市场和非营利部门)进行活动交流的机会。这种能力暗含了解相关领域和创建合伙关系的能力。此外,公共部门还需要具有一种稳固的、透明的且充足的外包能力,包括对上述合作关系和合同进行监督、检查和评估的能力。

稳固的环境公共服务治理是必要条件而非充分条件。到目前为止,所有治理,包括机构治理、控制型治理和公共服务治理,均涉及一定的机制、工具和手段的组织性和制度性基础设施。稳固的环境治理的驱动力还包括环境理念、文化和价值观。因此,有必要进行上层结构治理。

四、环境上层结构治理

上层结构治理为国家机器提供软件设施。上层结构治理是指体制基础设施治理之外的治理。其中,理念、意识形态、价值观和文化均是重要的组成部分。这就意味着,在理念、价值观和文化方面,组织和机构的硬件与其软件之间存在一种双向互动关系。正如某些研究者认为的那样,这不仅仅涉及一种治理"结果性逻辑",还涉及一种治理"适当性逻辑"。在前一种逻辑中,投入最终会有产出和结果;后一种逻辑包含治理的关键概念,例如价值观、完整性和透明性、理念以及职责感和责任感,这有助于治理变得具有合法性。因此,治理"不适当性逻辑"可被界定为腐败、欺诈、缺乏透明度、无责任感文化和缺乏责任。在这种情况下,公民和私营公司故意造成污染、浪费资源、破坏大自然、损害人类当前和未来的利益。

目前,有关公共价值的文献比较完整,而环境显然是一种主要的公共价值。但是,首先应当讨论的是公开社会环境下公众的价值,因为环境本身就是一种价值,它不受经济或社会平衡的影响。

文化也是一项很重要的条件。尊重环境的文化至关重要,它是指有必要建立一种可以满足"三重底线"(经济底线、社会底线和环境底线)的文化。就经济底线而言,经济繁荣可以通过减少浪费、提高效率和减少风险来实现;就社会底线而言,人力资源管理和社会公平可以通过考虑当地人们的关键需求来实现;就环境底线而言,要实现环境的可持续发展,对土地资源、水资源和空气资源进行控制非常必要。总之,要实现社会与国家的可持续发展,非常有必要遵守"三重底线"原则。

大量研究表明,领导能力对于促进上层结构治理非常重要。因此,在上层结构改革方案中,开发环境领导能力项目非常重要。

虽然改变文化需要花很长时间,但是如果假设人类迁移既不现实也不容易实现,那么对于改变整个社会的治理"适当性逻辑"来说,培训和教育就会成为一种有效的选择。

上层结构治理是必要条件但非充分条件。最终,在国家层面存在一种宏观治理。在这个层面上,主要的社会机制应整合在一起。此外,还需要进行系统性治理。

五、公共部门中的环境体系治理

环境系统性治理在国家层面包括微观治理和中观治理。König K.认为,"公共管理可以被解释为一种按照其自身秩序存在并运行的社会体制,但它同时又依赖于不断变化的复杂社会中的环境条件"①。

"整体政府"方法是一种统一型、合作型或整合型系统治理方法。Christensen 和 Laegreid 认为,"整体政府的范围非常广泛。人们既可以区分'整体政府'决策和'整体政府'方法实施,也可以区分横向联系和纵向联系(……)'整体政府'活动可涵盖政府的各个层面,并且牵涉政府以外的各个群体。'整体政府'方法包括顶层合作、基层合作、加强地方层面整合和建立公私合伙关系"②。

涵盖环境系统性治理改革的项目隐含着一种"整体政府"方法,该方法隐含"三重底线"概念。在该概念中,环境与经济、社会处在同一层面。

所有环境治理方面的改革都包含上述五种治理类型,它们都需要得到有效管理,任一环节的缺失都是社会所不能承受的。

---

① König K.(1996) *On the Critique of New Public Management.* Speyer,155,Speyerer Forschungsberichte. p. 4.

② Christensen Tom,Laegreid (2007) The Whole-of- Government Approach to Public Sector Reform. *In Public Administration Review* ,November/December,2007,1059−1066.

第六部分

区域大气环境管理体制改革

统筹、整合、责任、共治

——关于加强区域环境治理能力的几点思考

黄　路①

党的十八大以来，以习近平同志为核心的党中央站在中国特色社会主义事业"五位一体"总体布局和"四个全面"战略布局的高度，对生态文明建设提出了一系列新理念新思想新战略。2015 年中共中央、国务院印发的《生态文明体制改革总体方案》（以下简称《方案》）提出，生态文明建设要树立六大理念，即尊重自然、顺应自然、保护自然的理念，发展和保护相统一的理念，

绿水青山就是金山银山的理念，自然价值和自然资本的理念，空间均衡的理念以及山水林田湖是一个生命共同体的理念。六大理念从根本上打破了简单把发展与保护对立起来的思想束缚，带来的是思想认识和发展方式的深刻转变。生态环境保护作为生态文明建设的重要领域，也要从认识和实践层面顺应这种转变。按照中央决策部署，我们对加强区域环境治理能力进行了一系列思考，梳理归纳出统筹、整合、责任、共治四个关键词。

---

① 黄路：中央编办二局局长。

一、统筹——跨区域、流域制定环境保护方案

众所周知,环境问题的显著特点是具有较强的外部性,一个地区的空气、水等污染问题很容易扩散影响到相邻的其他区域,在处理此类环境污染问题时,要打破原有行政区划限制,在坚持生态系统完整性和区域整体性的基础上,统筹制定跨区域、流域环境保护措施。《方案》提出,要完善京津冀、长三角、珠三角等重点区域大气污染联防联控协作机制;在部分地区开展环境保护管理体制创新试点,统一规划、统一标准、统一环评、统一监测、统一执法,这是中央对做好区域环境治理工作提出的明确要求。目前,针对京津冀及周边地区大气污染严重的问题,正在该地区开展大气污染防治机构改革试点。试点内容主要包括:将区域内省级人民政府需要相互衔接和协调配合的环境管理职能、环境保护部涉及区域内环境管理的相关职能进行整合,交由新设立的机构承担。在职责划分上,新机构不代替有关部门和区域内各级人民政府履行环境保护责任,区域内各级人民政府依然对本行政区域内环境质量负责,承担本行政区域内环境保护工作,接受新设机构在相关领域的指导、协调和监督。通过在试点区域建立统一监管所有污染源、污染物和环境介质的环境保护管理制度,实现生态保护与污染防治、山水林田湖等的统筹管理。下一步将持续跟踪了解试点情况,总结试点经验,形成可复制、可推广的跨区域、流域环境管理机构设置经验。

二、整合——完善环境保护的体制机制

2008年国家组建环境保护部以来,职能配置和人员力量不断得到加强。与此同时,随着各资源管理部门的资源开发利用职能逐步削弱,更加重视对自然资源的生态保护问题,导致与环保部门的职能冲突日益突出。但由于部门间沟通协调不够,跨部门的合作难以有效展开,形不成生态环保合力。国务院赋予了环境保护部统筹协调的职责,但由于缺乏足够的权威和必要的手段,统筹不够,协调不到位。对此,必须通过要素综合、职能综合和手段综合,有机

整合分散的生态保护职能,切实做到区域内污染防治的全防全控,才能实现生态环境的整体保护与系统修复。《方案》提出,"将分散在各部门的环境保护职责调整到一个部门,逐步实行城乡环境保护工作由一个部门进行统一监管和行政执法的体制"。据此,需要在进一步梳理生态环境领域相关部门职能的基础上,合理界定环境保护职责体系,推动环境治理监管职能整合。

三、责任——落实政府企业的环境治理责任

目前我国生态环境治理领域实行"国家监察、地方监管、单位负责"的环境监管体制。根据这种制度设计,中央政府主要负责制定国家环境保护政策、法规、规划和标准,协调解决跨区域环境问题,对有关部门、地方政府履行环境保护职责情况进行监督检查;地方政府对本辖区内环境质量和环境监管负总责,按照属地管理原则,承担日常环境监管责任;企业等社会主体直接负责自身的环境污染防治工作。在实际运行中,一些地方和企业的环保行为还是处于中央政府管制约束下的"被动应付",自律意识弱、主体责任不到位。因此,一方面要促使企业树立环境污染防治主体责任;另一方面,要强化基层政府的监管责任,加大环保督察力度,监督各级各部门环境保护责任的履行。

四、共治——调动各方参与环境保护的积极性

实践证明,单一政府监管手段无法有效开展环境污染防治工作,还应当综合运用社会手段,全方位调动社会力量的积极性。这其中,首要的就是对政府、企业以及其他社会组织和公民的作用进行重新定位,改变环境治理主要依靠政府行政手段的现状。一是政府在充分履行法律法规制定与实施、环境执法等职责的同时,要更加注重发挥间接干预作用,履行宏观管理职责,特别是对社会主体的服务、协助和引导职能。二是要建立完善的产权界定与交易等制度体系,采用第三方治理、排污权交易等市场手段将资源环境成本的外部性

内部化,促使企业严格规范自身生产经营活动,认真履行社会责任和义务。三是要更好发挥社会组织和公民在环境治理中的作用,要支持群众依法成立公益性环保组织,鼓励环保组织和公民个人积极参与到环境治理工作中来,发挥其对政府和企业环境治理的监督作用。

我国区域大气环境管理的现状、
问题及下一步考虑

李　雪[①]

近年来,我国以细颗粒物($PM_{2.5}$)、臭氧(O_3)为主要污染物的区域性复合型大气污染问题突出,区域内城市间大气污染过程具有鲜明的同步性变化特点,迫切需要加强区域大气污染联防联控来共同推进环境空气质量改善。

一、我国区域大气环境
　　管理的现状

目前,我国大气环境保护实行环保部门统一监管、有关部门分工负责,地方政府分级管理的体制。在区域大气管理方面,经过长期的探索和实践,已初步构建起相应的法律法规、行政规章以及包括环境经济政策在内的区域监管政策体系和统一与分散相结合的区域协作工作机制,在防治区域性大气污染中发挥了积极作用。《中华人民共和国环境保护法》第二十条规定,国家建立跨行政区域的重点区域、流域环境污染和生态破坏联合防治协调机制,实行统一规划、统一标准、统一环评、统一监测、统一执法的防治措施。新修订的《中华人民共

---

①　李雪:生态环境部大气环境司副司长。

和国大气污染防治法》第八十六条规定,国家建立重点区域大气污染联防联控机制,统筹协调重点区域内大气污染防治工作。2013 年 9 月公布的《大气污染防治行动计划》(即《大气十条》),也明确提出了建立区域协作机制、统筹区域大气污染治理的要求。

在我国大气污染防治的重点区域,都先后建立了区域大气污染防治协作机制,已形成了较为成熟的运行模式。如珠三角区域早在 2008 年就建立了区域大气污染防治联席会议机制,《大气十条》发布后,珠三角区域进一步完善协作机制,由广东省省长作为第一召集人,统筹珠三角区域大气污染防治工作。2013 年以来,北京市、上海市分别牵头,建立了京津冀及周边地区、长三角区域大气污染防治协作机制,区域性的预警会商、信息共享、执法联动等工作机制不断完善。近几年来,大气污染防治区域协作机制为区域联合防治工作提供了重要保证,取得了明显成效。一方面,重点区域空气质量显著改善,2016 年,京津冀、长三角、珠三角区域 $PM_{2.5}$ 平均浓度分别为 71、46、32 微克/立方米,与 2015 年相比分别下降 7.8%、13.2%、5.9%,与 2013 年相比分别下降 33.0%、31.3%,31.9%,其中珠三角区域已达到国家二级年均浓度标准;另一方面,在重污染天气应急联动、重大活动空气质量保障工作中,都发挥了重要作用。

二、区域大气污染防治协作机制存在的主要问题

虽然大气污染防治重点区域在建立联合防治协作机制、解决跨行政区大气环境问题方面取得了一些成效,但仍然存在不少问题。

一是协调乏力、效率不高,协作机制各成员单位地位平等,利益冲突和分歧难以协调。目前,京津冀、长三角、珠三角区域大气污染防治协作机制较为松散,有关工作任务和安排都是通过"一事一议"的会商形式进行,难以达成协议并实施。小组办公室也不是实体机构,且由于其级别较低难以有效协调各省市区联合开展工作。如京津冀及周边地区在重污染天气应对工作中,出于地方利益考虑,预测预报的污染等级偏低、启动应急预案不及时、应急措施不实等问题普遍存在。

二是缺乏强制性执行手段,区域转型发展、综合治理大气污染的措施难以落实。在京津冀等大气污染治理重点区域,区域产业布局的"邻避现象"、高耗能高排放的产业结构、以煤为主的能源结构和不合理的交通运输结构等问题突出,也是造成严重大气污染的根本原因,必须统筹施策,通过产业布局科学化、产业发展绿色化、能源使用清洁化、治污设施高效化、交运结构优良化等综合治理措施来解决。在这些区域环境保护已成为优化经济发展的硬抓手,但是由于缺少强有力的区域执行机构,难以做到区域协同、统筹布局、综合施策,无法有效推进区域转型发展和环境质量改善。

三是协作内容不深入,长效机制尚未建立。目前,区域性大气污染联防联控在联动内容、联动措施、联动执法等方面的长效机制都还很不完善。区域协作的重点,主要是重污染天气应急联动和重大活动保障等短期污染应对方面,虽在短时间内取得较好效果,但这种受中央政府直接干预下的应对型和运动式的政策协调难以持续,待保障措施结束后,空气质量仍会反弹,公众的日常生活也会受到影响。

四是政策标准难统一,区域大气污染防治政策体系有待完善。为深入贯彻落实《大气十条》,相关部门分别针对能源结构调整、煤炭质量管理、环境经济政策等方面出台了若干配套政策措施,对区域大气污染联防联控起到有力推动作用。但由于区域内的地区差异,地方政府诉求不同,在区域环境准入、区域高架源一体化管理、能源消费政策、机动车统一管理政策、信息通报机制、区域环境执法、跨区域突发环境事件应急联动机制、区域生态补偿机制、区域重污染天气监测预警、污染源监测信息共享、政府间环境合作治理的监督和约束机制等方面,都难以实现环境目标的协调一致和环境政策的有效衔接。

三、下一步考虑和工作安排

党的十八大以来,党中央加快了生态文明体制改革步伐。2015 年 9 月,党中央、国务院印发《生态文明体制改革总体方案》,提出"完善区域大气污染防治联防联控协作机制""在部分地区开展环境保护管理体制创新试点,统一规划、统一标准、统一环评、统一监测、统一执法"等要求。党的十八届五中全会提出"探索建立跨地区环保机构",2016 年中央要求开展跨地区环保机构试点。按照中央确定的改革任务,环境保护部部会同中央编办制定了"设置跨地区环保机构试点方案",该方案已在 2017 年 5 月 23 日召开的中央全面深化改革领导小组第三十五次会议上审议通过,并明确要求在京津冀及周边地区开展设置跨地区环保机构试点,要围绕改善大气环境质量、解决突出大气环境问题,理顺整合大气环境管理职责,探索建立跨地区环保机构,深化京津冀及周边地区污染联防联控协作机制,实现统一规划、统一标准、统一环评、统一监测、统一执法,推动形成区域环境治理新格局。2017 年 7 月 31 日召开京津冀及周边地区大气污染防治协作机制第十次会议,要求落实好跨地区环保机构试点工作,在区域大气污染防治工作中切实发挥作用。

在京津冀及周边地区开展跨地区大气环境管理机构试点,正是考虑到严重的大气污染已经成为这一区域最大的短板,成为社会各方面关注的热点问题。长期粗放的发展方式不仅给生态环境带来严重后果,而且对人民群众身体健康造成负面影响。改善环境空气质量,是人民群众的强烈呼声,也已经成为一项政治任务。因此,必须从推进供给侧结构性改革的战略决策出发,牢固树立创新、协调、绿色、开放、共享的发展理念,促进区域发展转型升级,坚决打好蓝天保卫战,为人民群众提供新鲜的空气。

试点工作必须充分借鉴国际上的成熟经验,遵循大气污染防治的客观规律,构建统一的跨地区大气环境管理的法规、政策和标准体系,理顺区域环境保护职责关系,保障跨地区大气环境管理机构运行良好,不断深化重点区域污染联防联控协作机制,为改善重点区域环境质量提供体制机制保障。

加快能源结构调整
支撑大气污染防治

王思强[1]

　　能源是经济社会发展的重要物质基础，攸关国计民生和国家战略竞争力。党的十九大报告把对能源工作的要求放到"加快生态文明体制改革，建设美丽中国"的重要位置予以重点阐述，意义重大，影响深远，凸显了党中央对新时代能源转型和绿色发展的重大政治导向。当前，全球范围内，以清洁低碳和智能高效为主要特征的新一轮能源转型蓬勃兴起，世界能源格局正在发生深刻变化。作为世界上最大的能源生产国和消费国，随着我国进入新时代、步入新常态，能源消费增速趋缓的同时发展质量和效率问题仍然突出，推动能源结构调整和发展转型，既是顺应世界潮流的必然选择，更是实现可持续发展的内在要求。新时代能源发展必须按照构建清洁低碳、安全高效的能源体系的总要求，摒弃传统的粗放型、高消耗、低效率、高排放的能源生产、输送和消费方式，树立尊重自然、顺应自然、保护自然的生态文明理念，走能源绿色发展道路。

　　党的十八大以来，在以习近平同志为核心的党中央的坚强领导下，我国能

---

①　王思强：国家能源局能源节约和科技装备司司长。

源转型步伐明显加快,能源生产和消费方式发生深刻变化。2013—2016年短短四年间,能源结构调整取得显著成效。一是可再生能源快速发展,发电装机占比提高了4个百分点,发电量占比提高了5.3个百分点,目前水电、风电、太阳能发电均位居世界第一位。二是能源消费结构明显优化,天然气和非化石能源消费比重提高了4.2个百分点,煤炭消费比重下降了5.4个百分点。三是能源效率显著提高,单位GDP能耗累计下降约14.6%,成为我国能源结构调整力度最大、能耗下降速度最快的时期。

2017年上半年,我国能源结构进一步优化。一是能源生产方面,可再生能源装机快速增长,约占全部新增装机容量的70%,风电、光伏、核电发电量同比分别增长21%、75%、19.6%。二是能源消费方面,清洁能源比重持续提高,天然气消费量同比增长约11.7%,非化石能源和天然气消费比重比去年底提高了0.3个百分点,煤炭消费比重比去年同期下降0.6个百分点。

"十三五"时期是推动能源革命的蓄力加速期,我国要实现非化石能源消费比重提高到15%以上、天然气消费比重力争达到10%、煤炭消费比重降低到58%以下、单位GDP能耗比2015年下降15%等一系列能源结构调整目标。2017年是"十三五"承上启下的关键一年,任务尤其艰巨,国家能源局将坚决贯彻习近平总书记能源发展"四个革命、一个合作"战略思想,牢固树立创新、协调、绿色、开放、共享的发展理念,着力优化能源结构,深入推进能源革命,重点做好以下五个方面工作:

一、大力推动传统能源产业转型升级

一是不折不扣开展煤炭去产能工作和防范化解煤电产能过剩风险,分解任务、加强督查,确保去产能煤矿11月底前退出,完成全年淘汰、停建、缓建煤电机组5000万千瓦以上的任务。二是积极推进煤炭清洁高效利用,完成煤电机组超低排放改造8000万千瓦、节能改造6000万千瓦。三是加快推进油品质量升级,9月30日起率先在京津冀及周边地区"2+26"城市提前供应国六标准车用汽柴油,11月1日起在全国全面供应与国五标准车用柴油相当的硫含量不高于 10ppm 的普通柴油。四是深入落实《加快推进天然气利用的意见》,着力扩大天然气在城镇燃气、工业燃气、燃气发电、交通运输四大领域的应用。

二、大力推动非化石能源发展

一是在全国范围内扩大生物燃料乙醇生产,推广使用车用燃料乙醇汽油,力争 2020 年前全国全面实现封闭运行。二是以提升新能源消纳能力为着力点,推进风电、太阳能发电发展。加强电力系统调峰能力建设,继续实施煤电机组参与调峰灵活性改造。推进抽水蓄能电站等优质调峰电源建设。积极做好电力辅助服务市场试点工作。三是坚持生态优先、统筹规划、梯级开发水电,继续做好西南水电基地等清洁能源重大工程建设,完成新增装机规模 1000 万千瓦的年度任务,持续发挥水电在清洁能源供应中的基础性作用。四是坚持安全高效发展核电,在采用我国和国际最新安全标准、确保万无一失的前提下推动一批核电项目建设。密切跟踪 AP1000 项目首堆建设进展,确保年内并网发电。

三、大力推动重点地区用能方式变革

一是落实习近平总书记在中央财经领导小组第十四次会议上有关推进北方地区冬季清洁取暖的重要指示精神,按照企业为主、政府推动、居民可承受的方针,宜气则气、宜电则电,尽可能利用清洁能源,会同有关部门,尽快出台《北方地区冬季清洁取暖规划(2017—2021 年)》,制定配套支持政策。二是加快推进"煤改电"替代工程。加大投入,优先将"煤改电"地区可能出现电网"卡脖子"的线路纳入电网改造计划,力争年内完成投资 215.8 亿元,支撑京津冀重点地区 60.3 万户居民电采暖的用电需求。三是着力做好"煤改气"气源保障工作。研究编制《北方地区冬季清洁取暖"煤改气"气源保障总体方案》,明确京津冀及周边地区六省市年度用气需求和配套设施要求。突破管道输送能力瓶颈,对陕京四线、中卫-靖边联络线等重点保供工程开展稽查,确保今年冬季取暖期发挥作用。增强储气调峰能力,积极推进文 23 地下储气库、唐山 LNG 储罐等建设。四是因地制宜开展风电、生物质能、地热能等清洁能源供热,力争一批项目年底前发挥作用。

四、大力完善有利于能源结构
调整优化的体制机制

一是落实油气体制改革总体方案,有序推进油气勘探开发、管网运营等领域市场化改革,促进油气管网设施无歧视开放。二是制定实施《节能低碳电力调度办法》,优化调度运行机制,明确新能源优先发电的实施细则。三是研究推动可再生能源电力配额制,落实各省(区、市)责任,并对跨区输电线路中新能源电量占比开展监测考核。四是探索完善绿色电力证书交易机制,推动完善新能源补贴机制,研究补贴"退坡"的具体办法。

五、大力推动促进能源绿色高效的
新模式新业态发展

一是加快推进能源互联网建设,按照《国家能源局关于公布首批"互联网+"智慧能源示范项目的通知》要求,推动第一批 55 个示范项目尽快落地,以项目为依托实施能源智能生产、传输、消费和能源系统集成、能源大数据应用等创新行动。加快电动汽车充电设施建设,完成全年 90 万个充电桩建设计划。二是大力发展分布式能源、微电网,开展多能互补集成优化示范,出台《关于促进储能技术与产业发展的指导意见》,加快储能技术创新,推动储能试点示范。三是因地制宜推广供能用能新模式,鼓励采用 PPP 等有效方式,建设电力、热力、燃气等智能终端供能设施。积极推行合同能源管理、综合节能服务等市场化机制。

党的十九大全面开启了新时代中国特色社会主义建设的新征程,从现在起到 2035 年,是全面建成小康社会、基本实现社会主义现代化的决胜阶段,也是深化能源结构调整和发展转型、全面实现能源生产和消费革命的攻坚期,任务艰巨、责任重大。国家能源局将深入贯彻党的十九大精神和习近平总书记系列重要讲话精神,贯彻落实党中央、国务院系列决策部署,深入推进能源生产和消费革命,建设清洁低碳、安全高效的现代能源体系,加快能源结构调整,支撑大气污染防治,为实现中华民族伟大复兴的中国梦做出应有贡献。

（注:作者在党的十九大之后对本文作了调整）

我国大气污染防治区域协作机制

贺克斌①

一、我国大气污染面临的问题和挑战

全世界的公众都非常关心 $PM_{2.5}$。从 2012 年、2013 年时段里全球范围的情况看，中国东部和印度北部处于最高值（见图 6-1）。从 2013 年我国及重点区域 $PM_{2.5}$ 浓度来看，京津冀地区是我国现行空气质量标准的 3 倍左右，重点城市（74 个城市）平均是现行空气质量标准的 2 倍左右（见图 6-2）。而且 $PM_{2.5}$ 浓度分布呈现出强区域性（见图 6-3、图 6-4）。京津冀、长三角、珠三角和四川盆地是重点区域，每一个重污染的过程，特别是冬季，都表现突出。所以，根据区域性的属性，治理 $PM_{2.5}$ 要特别重视区域协作机制的建设。特别是在《大气十条》实施以来，我国开展了积极而富有成效的工作。从 2002 年开始，珠三角地区是国内最早实施区域协作的区域，后来在其他区域陆续实践，比如以 2008 年北京奥运会和残奥会为标志，这是第一个作为重大活动保障实施的区域之间联动，随后，上海世博会、广州亚运会、2016 年杭州 G20 峰会、厦门金砖会议，都涉及跨省的联动，这些探索为我们提供了生动的案例和

---

① 贺克斌：清华大学环境学院院长、教授。

研究基础。

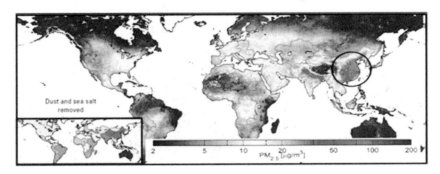

图 6-1　全球范围 $PM_{2.5}$ 浓度

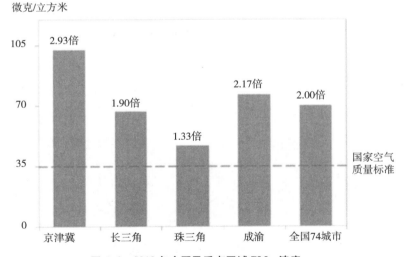

图 6-2　2013 年全国及重点区域 $PM_{2.5}$ 浓度

二、区域协作机制建设与《大气十条》实施

国务院办公厅转发了《环境保护部等部门关于推进大气污染联防联控工作改善区域空气质量指导意见的通知》（国办发〔2010〕33 号），2012 年环保部会同重点区域 18 个省（区、市）编制了《重点区域大气污染防治规划（2011—

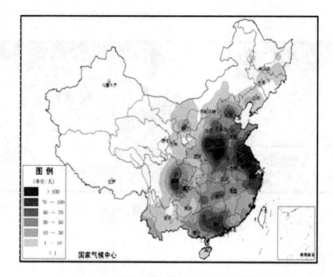

图 6-3　2013 年我国霾日数分布示意图

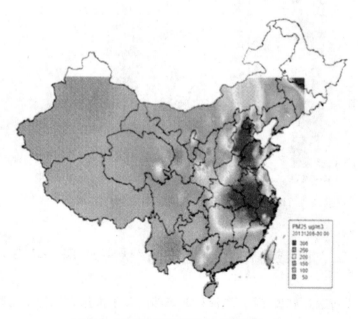

图 6-4　2013 年 12 月东部地区严重污染过程

2015 年)》,提出在"三区十群"深入推进大气污染协同控制工作。这两个重要文件,为推进联防联控机制建设提供了基础。2013 年实施的《大气十条》第八条明确提出要"建立区域协作机制,统筹区域环境治理",具体要求建立京津冀、长三角区域大气污染防治协作机制,由区域内省级人民政府和国务院有关部门参加,协调解决区域突出环境问题,组织实施环评会商、联合执法、信息共享、预警应急等大气污染防治措施,通报区域大气污染防治工作进展,研究确定阶段性工作要求、工作重点和主要任务。从京津冀和周边地区大气污染防治协作机制和长三角区域大气污染防治协作机制对比看,两者遵循的工作原则是相同的,即共同责任、信息共享、磋商协商、联防联控;运行方式都是协作机制会议、协作机制办公室会议,承担日常的组织工作,不定期召集,负责区域层面决策(见图 6-5)。

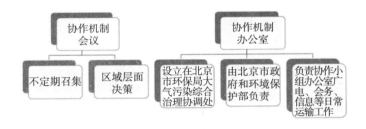

图 6-5 京津冀及周边地区大气污染防治协作运行方式

京津冀及周边地区大气污染防治协作机制在推动区域大气污染防治方面取得了重大进展。包括:初步建立了京津冀环境执法联动工作机制;建立了京津冀环评会商机制;建立了京津冀空气质量预报共享机制;建立了区域空气重污染预警会商和应急联动长效机制;成立了京津冀以及晋鲁蒙六省区市机动车排放控制工作协调小组;统一实施了区域挥发性有机物(VOCs)排放标准。

此外,还强力推进京津冀"2+26"城市大气污染防治工作。2015 年 8 月,京津冀及周边地区大气污染防治协作小组第四次工作会议审议通过了《京津冀及周边地区大气污染联防联控 2015 年重点工作》,将北京市、天津市以及河北省唐山市、廊坊市、保定市、沧州市 6 个城市作为京津冀大气污染防治核心区,并创新建立了大气污染防治结对合作模式,京津两市重点在资金、技术方面支持河北省四市。2015 年至 2016 年,北京市分别对口支持廊坊、保定两市专项资金各 2.3 亿元和 2.5 亿元。

三、区域大气污染防治取得的进展

强力推进了联防联控机制,与 2012 年、2013 年空气质量对比,2016 年发生了什么变化? 监测数据表明,京津冀及周边、长三角、珠三角和成渝等几大区域 $PM_{2.5}$ 浓度都分别降低了 30% 以上,显然这与区域联防联控机制有着非常重要的关系。2013 年至 2016 年六要素浓度的变化情况,也证明了这一点。从图 6-6 可以看出,2013 年至 2016 年,京津冀等 13 个城市,除最北边的秦皇岛、承德和张家口三市空气质量一直比较好外,深紫色是重污染的,绿色的是蓝天,可以看到,整个空间范围年平均浓度是在变化的,且往好的方向变。但是在冬季,联防联控的机制发挥作用还有一定的潜力可挖,还存在不少的问题。

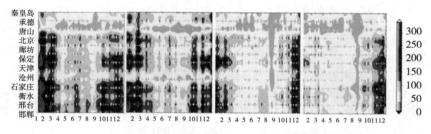

图 6-6　2013—2016 年京津冀城市 $PM_{2.5}$ 浓度变化

四、完善我国大气污染防治区域协作机制的建议

第一,进一步强化和明确协作工作机制。因为协商毕竟还是一个会议性质的,处在起步阶段,没有形成长效的制度保障,这样,局限性就非常突出了,建议进一步强化和明确京津冀及周边地区大气污染防治协作的具体工作内容和职能范围。第二,进一步强化地方的主观能动性。目前,京津冀区域的联动

大部分还是由中央政府推动的,地方和区域间的合作主动性还没有完全调动起来,需要有新的机制。建议更加强化城市间、区域间的合作。第三,进一步强化经济政策的作用。建议在未来强化经济激励和惩罚政策在区域协作机制中的作用,并建立转移支付和生态补偿的经济制度,在推动各地主动作为的同时,减少管理成本,取得更好的环境效益。

加州大气质量管理系统的结构和筹资

凯瑟琳·威瑟斯彭(Catherine Witherspoon)[1]

一、基本情况

分工/管理机关。加州空气资源委员会(ARB 或 CARB)和 35 个地方大气污染控制区(APCDs)承担加州空气污染控制的职责。空气资源委员会负责机动车辆、燃料和消费品领域的空气污染控制工作,而地方大气污染控制区则负责工业设施的空气污染控制工作。空气资源委员会对大气污染控制区拥有监管权力。加州和联邦政府的关系是互惠的。空气资源委员会受美国国家环保局管理,必须遵守环保局的指令。但是,加州是美国国家环保政策的试验田,负责进行污染控制措施方面的创新。加州也依靠联邦政府来履行其辖区以外污染源有关的职责(如机动车辆、飞机、海洋船舶等)。所以,在监管方面,存在垂直的监督关系和水平的伙伴关系(见图6-7)。

跨政府合规。《清洁空气法》要求,所有主要的建设和交通项目要遵守清洁空气计划。从法律意义上来说,必须全面考虑这些项目的排放状况,而且排放的后果必须由其他减排措施进行抵消。

---

① 凯瑟琳·威瑟斯彭:美国加州空气资源局前局长。

图 6-7　垂直和水平的空气质量管理系统

对工业设施来说,在许可程序中一个设施某一时间点的抵消规模是相对固定的。对于交通污染源来说,合规的要求意味着各州、市、县、区域规划部门等必须协调一致地工作。他们需要使用相同的人口预测结果、经济模式、排放模式,也需要制定综合战略来管理经济增长、交通拥堵、大气污染。长期以来,加州其他主要政府部门已经被纳入到大气质量管理进程之中。例如,加州能源委员会负责照明并保证燃料供应充足。其与加州空气资源委员会以及地方大气污染控制区一起,协同制定电厂改造工作时间表来避免断电。在炼油厂进行清洁燃料改造中,能源委员会也会提供类似的援助。

如果州和地方部门没有成功地协同工作,而且由此导致空气质量规划未能实现其目标,美国国家环保局将给主要工业污染源下达禁止建设令,而且还会扣发联邦高速公路基金。

环保卫士。加州目前的大气污染控制相关工作人员超过 3400 人。这个数字包括州、地区、地方各级的所有政府空气质量工作人员,不包括研究员、认证实验室和独立污染源测试公司的工作人员、为私营企业工作的环保人员、大气质量领域的咨询师和律师等。总的来说,加州大气质量领域的实际工作人员数量可能是以上数量的 2—3 倍。

联邦政府的职责。2016 年美国国家环保局 80 亿美元的预算中有 12% 投向了空气质量领域,其余分别投向了水质(52%)、土地保护(23%)、健康社区(例如有害废弃物管理,约 7%)以及环保执法(6%)。在同一财年中,美国国家环保局有大约 2500 人从事大气质量工作,相当于平均每个州 50 人。他们主要的工作是制定国家标准,提供技术指导,评估各州表现,指导流动污染源和燃料污染的管理工作。美国国家环保局并不按比例分配资源。相反,联邦政府环保人员的工作精力主要留给了优先级最高的工作,目的就是为了满足污染最严重的州的需求,或解决这些州的缺口。

预算增长趋势。自 20 世纪 60 年代以来,空气质量预算资金保持了稳定增长趋势,这与法定授权任务的增加相符。随着各项目成熟运行,空气质量预算资金在 20 世纪 90 年代保持了平衡。从那时开始,加州每年预算中有 1.2% 投入到了环保领域。空气质量资金占环保领域总预算的 1/3,或相当于最近加州 1800 亿美元预算的 0.04%。过去 20 年间,空气质量管理的运营成本相对稳定。但是,根据经济健康状况或选民批准的债券发行量,每年联邦和加州的洁净空气津贴环比区别很大。2017—2018 年加州未决预算包括一次性投入 4.13 亿美元用于建设新的、先进的机动车污染排放测试设施。与不太富裕的州不同,加州并不依赖美国国家环保局的大气质量资金(加州的占比在 5% 以下),加州的地方空气质量控制区大部分是通过收取污染源费用和年度机动车注册附加费来实现财务上的自给自足。

向多种手段框架转型。加州空气资源委员会原作为单一职能部门运行,后来,被合并到了加州环境保护局,表明美国正向多种手段控制污染转变。除加州空气资源委员会外,加州环境保护局还包括负责水质、农药监管、有毒物质、健康风险评估、废弃物管理和回收的州一级的机构(见图 6-8)。加州环境保护局长直接向州长汇报,负责执行州长的指令。但是,加州空气资源委员会仍然保留着其作为管理委员会的职能,独立地实施联邦和州的空气质量授权任务。加州空气资源委员会作为委员会独立运作的最大的价值是,提高了被任命的 14 名成员的整体专业水平,并且在其所有的监管工作中引入了公开听证的程序。

在日常运营方面,多种手段框架增强了分析结果的完整性,并促进了与其他部门的沟通和交流。例如,水质部门不再通过向空气中喷洒污水来"剔除"污染性的挥发性有机化合物(VOCs),并且大气质量控制区能确保地下燃料罐不会把有害材料泄漏到土壤或周边地下水之中。同样,"生命周期"(Life Cycle)分析也成为一种标准的操作程序,能应对所有相关的环境风险。虽然这种机制通常很繁杂,但是多种手段评估成为加州空气质量管理工作的主要程序。

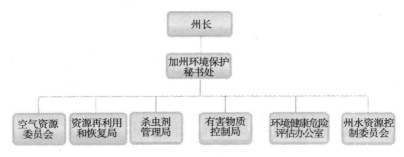

图 6-8　加州环境保护局的结构

二、推动资源分配的原则

加州空气质量工作的总支出随着法定职责的增加而增长。但是为何形成了这种特别的态势？这与以下几个原则有关。

平等保护。美国的每一个公民都有权要求净化他们居住区的空气。美国国家环保局通过发布标准、规则、指南以及通过进行例行的监督和执法活动来保证净化的效果。如果各州不愿意或不能履行他们的职责，那么美国国家环保局必须"从他们的角度"（stand in their shoes）来保护公共卫生。除位于华盛顿特区的总部、实验室、位于北卡罗来纳州三角研究园的机动车测试中心以外，美国国家环保局还有 10 个地区办公室来履行这些职能。

国家主权。联邦大气质量法律适用于各州的州长。相应地，每个州长有权执行其认为合适的国家要求。各州只能更严格地执行。加州的大气质量管理系统就是在这些"国家权力"的庇护下建立起来的，并且不是由美国国家环保局来进行外部实施。每个州都有自己的系统。虽然休斯敦市和哈里森县积极地制定了大气质量管理规划和措施，但是污染第二严重的州得克萨斯只拥有唯一一个州级空气质量部门。

地方自治。1947 年，加州的立法机构授权各县设立自己的空气污染控制区。大部分的县充分利用了这个条款。其中有一些大气污染控制区携手合作以共享资源；其他的大气污染控制区在法律的要求下，才不得不加入进来，管理彼时的地区（而并不纯粹是本地的）问题。加州大气污染控制区目前的数量是 35 个。

特权与权利。商业经营应受环境许可要求的制约。政府也承担责任。在与任何产权所有人交涉之前,每个许可部门必须确保业主的权利没有被限制到构成"管制性剥夺",也要确保重要的公共目标不受到威胁。在这方面,目标就是公共卫生保护。

污染者付费。自 20 世纪 70 年代开始,美国和欧洲就一直奉行"污染者付费"的原则。它可简单地定义为,污染消除的成本由污染者承担,而不是政府。这个原则初期仅限于应对伤害。随着时间的推移,这条原则包括了大气污染控制项目运行的行政成本。污染者支付人员和大气污染监测、实验室样本分析、大气质量管理规划制定、大气质量法规执行等产生的成本。在市场经济中,这种成本被污染者附加到其生产成本之中,进而以更高价格的形式转嫁到消费者身上。污染者付费以更高年度机动车执照费的形式,延伸到公民个人污染者(机动车主)。

三、加州大气质量管理工作的演变

制定阶段。美国大气质量管理系统是逐步形成的,分别为问题确认阶段(20 世纪 40 年代)、科学研究阶段(20 世纪 50 年代)、州和地方实验阶段(20 世纪 50 年代至 60 年代)。联邦政府在初期认为大气污染是地方的事情,所以工作上并不积极。但是,经济的增长和汽车保有量的上升在全国城市产生了令人窒息的雾霾。国会因而通过了《清洁空气法》,与美国国家环保局一起在顶层建立了国家空气管理系统。自此,美国大气质量标准越来越严格,每次修订都反映了最新的卫生研究成果。法规的实施也更加严格,在排放控制方面的规定更加清晰,其中增加了减少有害空气污染物暴露、细微颗粒物、碳排放的授权任务。

新的复杂性。随着大气质量要求更加严格,州和地方空气质量部门的规模也扩大了。第一批空气区大部分的工作是控制干扰性物质(烟和臭味),形成了初期的许可项目。同大气污染控制区一样,他们是目前行使"双重责任"的州政府,他们所起的作用是监管。科研和工程外包给了特别的委员会和/或专家型研究员。在大气质量系统第二波扩张浪潮中,诞生了专业的科学部门,吸纳了化学家、气象学家、生物学家、物理学家,民用机构、化学工程师,城市、空气质量和运输规划者,计算机编程人员以及其他信息技术专家,公共卫生专家和毒理学家等。大气质量系统的第三波扩张反映了大气质量政治倾向的增加,吸纳了经济学家、律师、监察员、媒体专家。

稳定平衡的状态。在最后一次扩张潮之后,州和地方大气质量工作人员基本稳定下来。从那个时间节点开始的最大变革是引入了柴油净化津贴。那些津贴根据每年可得资金的量来决定,是年度空气质量管理预算的两倍、三倍甚至四倍。但是,自从柴油津贴以大规模赠款的形式通过加州空气资源委员会和空气区转到公共和私营部门的柴油引擎车主和运营者手里之后,产生了核算异常的情况。

特别的车辆豁免权。联邦《清洁空气法》第209(a)部分规定,如果加州的车辆排放标准跟国家标准至少具有同样的保护性,那么加州可采用自己的标准。相对于《州际商务条款》禁止任何州管理跨越州界的产品,并且禁止向外国政府出售而言,那是一个特别的豁免权①。鉴于加州极高的雾霾水平和在车辆排放控制方面的带头作用,这项豁免权于 1967 年纳入。早在 1954 年,加州就通过卫生部的空气卫生局开始进行汽车控制。1960 年,加州将这些职责移交给了新的、技术更专业的机动车污染控制委员会。在 1967 年以前,加州超过 150 万辆的汽车就已经安装了污染控制装备。1968 年,加州立法委通过了 Mulford-Carrell 法案,将空气卫生局和机动车污染控制委员会整合到新的加州空气资源委员会。

富裕州与贫困州。各州大气质量管理系统能力的发展并不平衡。在过去,加州是一个早期领导者,其他州的能力增长要迟缓得多,并且有一些州目前仍然落后。投资情况也差别很大。1947 年洛杉矶空气区(目前的南岸空气质量管理区的前身)的起始预算为 17.8 万美元(以 2017 年美元指数计算为 200 万美元),在 1948 年到 1957 年,洛杉矶空气区额外投入了约 1800 万美

---

① 其他州可选择美国国家环保局标准(49 州的汽车)或加州空气质量管理委员会的标准(50 州的汽车),但是也可采用他们自己的管理系统。

元。其他州,特别是贫困的州,严重依赖美国国家环保局进行投资来开展广泛的技术支持。

四、公民抗议和非政府组织的作用

公众需求。大气质量管理起初不是一个"好的政府"倡议。最早的抗议来自于 20 世纪 40 年代晚期和 50 年代早期的"涉事母亲们"。在 1954 年 10 月,6000 多人聚集在洛杉矶帕萨迪纳市市政厅前,要求立即采取行动,该事件因经历了 18 天的雾霾天气而引起。那场雾霾天气导致了抢劫、过早死亡和 1500 多起交通事故。加州的公众也围攻了时任州长古德文·奈特,请求采取一些措施来应对。在整个 20 世纪 50 年代和 60 年代之间,公众抗议继续进行,直到 1970 年 4 月 15 日的第一个"地球日"达到顶峰。那一天,2000 多万美国人进行游行,洁净的空气和水是他们的诉求。美国国家环保局那年晚些时候成立了。1970 年还通过了《清洁空气法》和《洁净水法》。

非政府组织的兴起。环保非政府组织于 20 世纪 70 年代诞生,并且自那个时候起迅猛发展。如自然资源保护委员会。非政府组织在起草环保法律、规定、政策中发挥了主要作用。除参与常规工作外,在空气质量工作进展缓慢或因为一个政府部门工作停滞时,非政府组织发挥了关键作用。在工作停滞时,非政府组织会提起诉讼,再次推动工作向前发展。

五、进展评估

根据《清洁空气法》,未达标的州必须通过每年至少降低 3% 的绝对排放量(净增长量,必须完全抵消)来表明取得了"合理的工作进展"。加州《清洁空气法》也有类似的要求——每年降低 5% 的排放量,或如果不能实施减排 5%,则应用最大的可行性排放控制量。这是法律上的检验。而大部分是内部工作,由政府部门监督,并且向政府部门汇报。除空气质量标准本身应在相应的截止日期之前达成以外,并没有环境污染浓度目标。

六、建立成熟的空气质量系统

目前,加州发展形成了许多支持大气质量工作的组织、聚集了有环保专业人士的教育培训系统。最高的两个要求是融资和政治愿望,紧接着的是技术专长。大气质量管理的主要工作是各种各样的数据系统,包括收集信息所需要的设备。最后,独立的专家和实验室也是保证整个质量所必需的。

七、未来的挑战

继空气质量管理工作取得优异成果后,加州空气资源委员会被安排了最艰巨的任务:制定加州经济去碳综合路线图。由于加州空气资源委员会接近零排放技术的目标——达标的终极状态——可能也是低碳化,所以这个路线图看起来与加州空气资源委员会的初衷并没有很大的不同。而且,加州空气资源委员会已经在根据以前的监管职能来管理黑碳、氨、氟化温室气体。目前加州正要求"将一切电气化",同时减少能源消耗,把发出来的电转化为可再生资源。在电气化不可行时,加州希望使用生物质燃气等在内的可循环燃料。因为加州也一直在努力实现 8 小时臭氧标准:2013 年 0.75ppm 和 2037 年 0.70ppm,所以每一年环比取得进展是很重要的。达到那些目标所需要完成的氮氧化物(NOx)减排量,也会让燃烧源实现全部转换。

珠三角大气环境管理机制建设

张永波[①]

珠江三角洲地区（以下简称珠三角）从20世纪90年代中后期开始系统研究大气污染治理问题。由于关注早、预防早、行动早，目前已初步形成一套有效的区域大气污染防治机制，推动区域空气质量持续改善，2015年和2016年率先实现区域空气质量整体达标，创建了国家重点城市群空气质量达标改善的成功模式。

一、重统筹、强支撑，不断完善区域协调机制

珠三角大气污染防治依靠的是区域整体统筹部署和科学决策。一是建立顶层协调机制。2008年在全国建立首个分管副省长召集（后为省长），各地市和省直相关部门等27个单位参加的珠三角大气污染防治联席会议制度，率先实施区域联防联控。目前，由省长挂帅，省委省政府专题会议研究和部署，已成为珠三角大气污染防治工作的常态。各城市也建立了市领导

---

① 张永波：广东省环境科学研究院副院长。

牵头的联席会议等相应议事协调机制。二是提升科学决策支撑能力。在观测分析方面,2005 年粤港在珠三角率先建成国内首个区域空气质量监测网,开展六要素常规业务监测;2012 年珠三角率先全面实施空气质量新标准,并建成国际领先的大气超级监测站;2015 年率先构建了区域大气复合污染成分监测网,广州、深圳还建设了空气质量垂直观测平台,区域监测网络全国领先。决策咨询方面,珠三角率先建立了我国首个大气质量科学研究中心,为区域大气污染防治提供科研和技术支持;成立广东省环境咨询专家委员会,组织大气污染防治专家专题研讨,进一步强化科学决策。三是完善法规政策支撑体系。珠三角率先实施我国首个由省人大常委会审议通过的区域性环保规划——《珠江三角洲环境保护规划》,提出"红线调控"的空间管控战略,控制了中科炼化等高污染项目在珠三角的布局建设。主体功能区规划发布实施后,广东省制定主体功能区配套环境政策,并在国内率先实施差别化环境准入政策,进一步加强了产业布局引导。新环保法实施后,广东省在国内首个配套制定省级地方性环保法规——《广东省环境保护条例》,增加按日连续计罚的环境违法行为种类,进一步完善了环保法规制度。

二、重联动、促融合,不断强化城市联动机制

粤港澳三地及省内城市间的合作也在不断深化。一是持续深化粤港澳合作。早在 1999 年,粤港两地就联合开展全国第一个区域空气质量研究项目"粤港珠江三角洲空气质量研究";2002 年粤港政府发表联合声明,2003 年双方通过了我国第一个跨境大气质量管理计划——粤港《珠江三角洲地区空气质量管理计划(2002—2010 年)》,取得显著成效。2014 年 9 月《粤港澳区域大气污染联防联治合作协议书》签署,"粤港澳珠江三角洲区域空气监测网络"(23 个站点)正式开始公开发布实施监测与评价结果,区域大气污染防控正式推进到三边合作。二是区域实施一致行动。2010 年《珠江三角洲环境保护一体化规划》实施,以大气复合污染防控为重点全面推进区域联防联控。2010 年 6 月,珠三角 9 市统一对轻型汽油车提前执行国四排放标准;2015 年

12 月,珠三角在全国率先实施全区域黄标车跨地市闯限行区联合电子执法; 2016 年 1 月,珠三角 9 市统一提前执行机动车国五排放标准,一系列一致行动有力地推动了区域污染减排。三是城市圈融合不断加强。广佛肇、深莞惠、珠中江等城市圈把环保合作作为重要议程,不断推进大气污染防控合作。深莞惠三市通过签署《深莞惠大气污染防治区域合作协议》,共同制定方案,连续多年联合开展高排放车辆整治、挥发性有机化合物(VOCs)源头治理等专项行动。当前,城市圈合作纷纷扩容,深莞惠与珠三角外围的汕尾、河源共同建立了深莞惠经济圈(3+2)大气污染联防联控会议机制;广佛肇与珠三角外围的清远、云浮、韶关建立了广佛肇清云韶经济圈环保专责小组,跨城市大气污染防治合作进一步强化。

三、重协同、勇创新,不断深化部门协作机制

珠三角地区的跨部门合作顺畅高效。一是联合制定政策方案推进重点领域治理。2010 年 2 月,环保、发改、经信、公安、财政、质监 6 部门联合印发国内首个区域性大气污染防治的行动计划——《广东省珠江三角洲清洁空气行动计划》,率先开展跨领域、多部门协同的大气环境系统治理。在具体工作中,广东省环保与公安部门联合印发《关于进一步加强黄标车闯限行区电子警察执法工作的通知》,共同推进黄标车及老旧车淘汰;广东省环保与财政部门共同印发《关于进一步做好黄标车提前淘汰补贴工作的通知》,扩大黄标车补贴范围;广东省环保、发改、经信、质监 4 部门共同制定《广东省锅炉污染整治实施方案(2016—2018 年)》,全面强化锅炉治理和监管;广东省环保部门和省委维稳办共同研究制订关于预防和化解建设项目"邻避"问题指导意见,各部门的通力合作有效推进了大气污染综合防治。二是联合监管执法强化问题查处。2015 年初,广东省环保厅会同公、检、法等部门建立了环保与公安联合执法机制、环保与公检法部门联席会议、信息共享机制和环境恢复性司法机制,推动环保行政执法与刑事司法的高效衔接;佛山、顺德、广州、肇庆、江门等城市还成立"环保警察""环保巡回法庭",进一步加强行政司法合作,加大环境污染违法犯罪行为打击力度。仅 2016 年,全省共立案 1.8 万宗,其中移送

行政拘留案件 284 宗,移送涉嫌环境污染犯罪案件 383 宗,新环保法得到有力落实。省环保和公安部门还在机动车监管方面开展全区域跨地市闯限行区联合电子执法,超额完成国家下达的黄标车淘汰任务。三是联合会商分析强化污染应对。环保、气象部门牵头,统计、经信、交通等部门参与,联合开展空气质量会商,形成日、周、月、季度会商机制,加强空气质量预报预警、污染天气过程科学分析和空气质量变化趋势研判,及时提醒、督促有关地市加强污染天气应急应对。地方各级部门更是以夏秋季臭氧污染和秋冬季颗粒物污染为重点,组织会商分析,开展环保、住建、城管等多部门联合专项督查和污染应急应对。2016 年秋冬季,佛山市环保、住建、交通、国土等多部门联合开展专项督查和应急督查,查处问题污染源 6342 个,责令停工停产 1739 个,完成整改4918 个;惠州市环保局与各县(区)政府及市直有关部门联合建立气象不利条件空气质量保障工作联动机制,2016 年开展 3 次污染天气应急,出动 2300 多人次,有力减缓了污染过程。

四、重长效、抓落实,不断夯实责任机制

珠三角建立了相对完善的任务分解落实机制。一是狠抓任务落实。广东省委、省政府领导高度重视大气污染防治工作落实,多次采取现场办公、约谈地方政府负责人等方式,督促环境空气质量有恶化趋势、淘汰黄标车等重点工作进度滞后的地市深化大气污染防治工作。在落实中央环保督查整改方面,省环保厅、省纪委、省公安厅等部门联合组成 8 个案件督办组,滚动督导各地案件办理和问题整改情况。肇庆市创新开展空气质量改善第三方评估,对各县(区)和各部门的大气污染防治年度任务落实情况和空气质量改善成效进行梳理评估,督促落实,推动改进。二是强化责任追究和激励。落实"党政同责、一岗双责",省市、市县及部门层层签订大气污染防治责任书,建立责任清单,压实各地各部门责任。佛山、肇庆等城市更是建立专项奖励或环保责任制考核保证金制度(如肇庆市各县区每季度缴纳 200 万元保证金),依据空气环境质量改善及各项污染防治工作落实情况等考核结果,实施奖优罚劣,有力激励了地方强化大气污染防治。

五、重引导、聚共识，积极构建社会共治机制

珠三角的大气污染防治也依靠社会各界参与。一是重视发挥行业协会作用。珠三角环保标准及技术规范的研究制定重视听取行业协会等社会组织意见，并依靠协会加快各项污染防治工作的推进。广东省《集装箱制造业挥发性有机物排放标准》的制定实施就得到了中国集装箱行业协会及有关企业的大力支持，不仅在广东省内得到有效落实，更推动了中国集装箱行业协会绿色环保行动宣言暨 VOCs 治理自律公约的签署，也推动了全国集装箱制造行业的绿色化发展。二是加强社会监督和企业自律。广东省环保厅连续聘任了 5 届环保社会监督员，加强环保社会监督。2007 年佛山市南海区实施环境保护信用管理，该机制对推动企业自律发挥着重要作用。广东省每年对国家重点监控企业开展环保信用评级，向社会公布，并每季度公布环境违法企业"黑名单"，给企业套上"紧箍咒"，促使企业自觉落实污染防治措施。三是引导推进公众参与。广东省环保厅出台了《关于进一步培育引导环保社会组织健康有序发展的意见》，在广东省环保宣教中心设立社会合作与联络部，积极培育引导环保社会组织；建设广东环保官方微信公众号，利用主流媒体和新媒体加强信息公开和宣传；打造"粤环保粤时尚"宣教新品牌，开展"环保公众开放日"等活动，积极推进公众参与。此外，还借助民生热线解答公众疑问，通过环保督查和环境公益诉讼解决社会关心环保问题，营造了全民参与，社会共治的良好氛围。

为保障和持续改善空气质量，珠三角地区正围绕着实施精确分析、精准施策和精细管理，积极推进管理机制改革创新。一是强化精确分析。完善空气质量监测网络，升级复合污染成分监测网并实现业务化运行，强化大气污染在线来源解析和预报预警。加强大气科学中心建设运行，以质量变化精确分析、污染机理科学认知、本地排放精准把握和管理决策全面支撑为重点，建设大气环境科研和管理决策支撑智库平台。继续深化环保、气象、统计等多部门的大气形势联合分析会商。二是坚持精准施策。充分发挥环境咨询专家委员会大气专家组的技术指导作用，定期组织专题研讨，加强决策咨询。全面加强省部

合作,深化广东省环保厅与中国环科院、环保部环境规划院和环保部卫星中心的合作交流。加强跨部门及与行业协会的协作,大力实施《广东省大气污染防治强化措施与分工方案》。三是推进精细管理。充分利用大数据、信息技术等技术手段,完善监督管理机制,狠抓重点地区、重点行业、重点企业的深入治理和精细化管理,在区域大气污染联防联控、推动产业转型升级、系统推进VOCs污染防治,推广应用电动车和加快老旧车辆淘汰更新等方面探索出更好的经验。

京津冀及周边地区大气污染
防治协作机制建设

阎育梅[①]

京津冀协同发展是当前我国三大国家战略之一。京津冀大气污染问题,因其影响范围广、与群众生活关系密切,成为协同发展生态环保领域率先突破的重要的一环。近年来,京津冀区域大气污染治理从各自为政的模式逐步转向联防联控模式,京津冀大气污染联防联控工作机制不断深化,区域空气质量取得整体改善。

一、建设并不断完善京津冀大气
污染联防联控工作机制

按照《大气污染防治行动计划》有关要求,2013 年由北京市牵头,天津、河北、山西、内蒙、山东六省区市和国家发展改革委、财政部、环保部、工信部等七部委共同成立了京津冀及周边地区大气污染防治协作小组(以下简称协作小

---

① 阎育梅:北京市生态环境局区域协调处处长。

组),北京市委书记任组长,环保部和京津冀三地政府主要负责同志任副组长,小组办公室设在北京市环保局。京津冀三地按照"责任共担、信息共享、协商统筹、联防联控"的原则,共同推进区域大气污染联防联控工作。2015年5月,随着河南省政府和交通运输部的加入,协作小组成员单位扩大到八个中央部委和七个省区市。目前,协作小组共召开了10次全体会议,部署区域大气污染联防联控重点工作、协调解决区域污染治理难题、联合保障国家重大活动期间空气质量等。

一是进行了京津冀环境保护合作顶层设计。按照《京津冀协同发展规划纲要》有关要求,京津冀三地环保厅(局)于2015年11月签署了《京津冀区域环境保护率先突破合作框架协议》,确定在已开展的大气污染联防联控及省市间环保合作的基础上,进一步深化协同合作,以大气、水、土壤污染防治为重点,提出率先做好十项重点工作,包括联合立法、统一规划、统一标准、统一监测、信息共享、协同治污、联动执法、应急联动、环评会商、联合宣传。

二是建立完善京津冀联动执法机制。京津冀三地环保部门于2015年3月和11月,陆续建立了京津冀环境执法联动工作机制、京津冀及周边地区机动车排放控制协作工作机制等,共同打击燃煤散烧、焚烧秸秆等区域性环境违法行为,在销售市场联合开展新车环保一致性及在用车符合性抽查工作,利用北京市机动车排放管理中心车辆排放实验室对区域抽查车辆进行检测。每年在京津冀三地轮流召开联席会议,共同研究部署重点领域、重点地区、重要时段的区域联合执法行动,共同开展环境监察,形成了有部署、有行动、有标准,相互支持、共同配合的区域环境监察执法格局。

三是不断深化"2+4"结对合作机制。京津冀大气污染防治核心区设立后,北京市与保定市、廊坊市,天津市与唐山市、沧州市分别建立了大气污染治理结对工作机制。2015年至2016年,北京市、天津市分别支持河北省四市大气污染治理资金9.62亿元和8亿元,促进了河北省相关地市燃煤锅炉改清洁能源和深度治理工作。据初步统计,河北省四市两年来共完成燃煤锅炉淘汰和清洁能源改造7900余台1.57万蒸吨,削减煤炭消费量约320万吨,完成燃煤锅炉脱硫脱硝除尘治理163台5800多蒸吨,推广洁净型煤

151 万吨。2016 年京津冀核心区 $PM_{2.5}$ 较 2015 年同比下降了 10.8%,较 2013 年下降 31.5%,SO_2 较 2015 年同比下降 19.2%,较 2013 年相比下降了 54%。

四是建立完善区域空气质量预报预警及应急联动机制。从最初的简单电话沟通,到视频连线共同会商空气质量形势,从日常会商到重大活动期间随时会商,会商结果准确性不断提升。APEC 会议、纪念抗战胜利 70 周年等重大活动期间,各地密切沟通,紧密合作,准确预报预警,为科学启动区域应急减排措施,成功保障活动期间空气质量提供了有力支撑。2016 年京津冀三地率先统一了空气重污染应急预警分级标准,修订了重污染天气应急预案,规范了预警发布、调整和解除程序,在区域性大范围重污染时,可及时组织实施应急联动,有效遏制了空气重污染过程。2017 年,按照协作小组第八次会议要求,"2+26"通道城市要完成新预案修订工作,夯实各级别应急减排措施,细化到具体企业、工地和单位生产工序,确保措施可统计、可监测、可核查。

五是深入开展大气污染治理科研合作。成立了京津冀及周边地区大气污染防治专家委员会,由 30 位不同领域的环境保护专家组成,科学指导区域大气污染治理。北京联合津冀的科技、环保、气象等部门,统筹国家和三地 16 家科研团队,组织实施了国家科技支撑计划项目"区域大气污染联防联控支撑技术研发及应用",开展了立体监测、排放特征分析等研究,努力为区域大气污染防治提供科技支撑。组织国际及研究机构、高校和七省区市科研单位共同开展京津冀及周边地区深化大气污染控制中长期规划研究,探索区域空气质量改善总体方案和应对措施。积极寻求国际合作,利用世界银行、亚洲银行支持项目,组织开展京津冀区域大气污染防治技术、政策、规划等不同主题的研讨会,邀请七省区市环保厅(局)共同参加,促进了区域环境管理能力建设。

六是统一区域排放标准。积极开展区域一体化标准体系研究,努力推动实施区域重点行业大气污染物特别排放限值。2017 年 5 月环保部印发《关于京津冀及周边地区执行大气污染物特别排放限值的公告(征求意见稿)》,明确了特别排放限值执行时间。2017 年 4 月 12 日京津冀三地联合发布首个环保统一标准《建筑类涂料与胶粘剂挥发性有机化合物含量限值标准》，对建筑类涂料与胶粘剂生产、销售、使用进行全过程管控，从而减少其挥发性有机化合物（VOCs）排放，2017年9月1日起该标准在三地同步实施。

二、出台相关政策

一是加强大气统筹治理顶层设计。按照国务院《大气污染防治行动计划》要求，2013年环保部印发了《大气污染防治行动计划（2013—2017年）》，明确了第一阶段工作目标。协作小组以此为依据，统筹抓好京津冀及周边地区大气污染联防联控工作，陆续出台了《京津冀及周边地区落实〈大气污染防治行动计划〉实施细则》《京津冀及周边地区大气污染联防联控2014年重点工作》《京津冀及周边地区大气污染联防联控2015年重点工作》，明确区域联防联控重点任务。为确保实现《大气十条》任务目标，2016年环保部联合京津冀三地政府出台《京津冀大气污染防治强化措施（2016—2017年）》，确定了"2+18"传输通道城市，明确了重点治污范围。2017年，又出台了《京津冀及周边地区2017年大气污染防治工作方案》，将传输通道城市范围扩大至"2+26"，进一步加大共同治理力度。

二是加强重点领域污染治理。在燃煤污染治理领域，国家发改委出台了《重点地区煤炭消费减量替代管理暂行办法》《京津冀地区散煤清洁化治理工作方案》《煤电节能减排升级与改造行动计划（2014—2020年）》等文件，对区域散煤减量化与清洁化作出统一部署，推动煤电行业升级改造。国家能源局发布《煤炭清洁高效利用行动计划（2016—2020年）》，就煤炭质量控制、禁燃区建设等工作提出要求。环保部印发《关于加强燃煤质量管理减少大气污染物排放的通知》，对区域煤炭质量做出明确要求。在机动车污染治理方面，环保部印发实施《加强"车、油、路"统筹，加快推进机动车污染综合防治方案》，统一区域机动车和油品标准，推动流动源系统减排。协作小组办公室印发了《京津冀及周边地区机动车排放污染控制协同工作实施方案（试行）》，尝试突破省区市限制，互传异地超标车辆信息，进行跨区域的机动车超标处罚联合执法。在降低机动车使用强度上,京津等大城市已统一实施工作日五日制限行措施。

三、推进共同治理

一是持续推进落后产能淘汰。京津冀及周边地区七省区市不断深化供给侧结构性改革,继续加大压减过剩产能力度,2013 年至 2016 年,共完成淘汰炼铁产能 5616 万吨,炼钢 5881 万吨,焦炭 2275 万吨,水泥 10068 万吨,平板玻璃 8247 万重量箱;关停退出高污染企业 3500 多家。

二是不断强化燃煤污染治理。京津冀及周边地区七省区市 2013 年至 2016 年完成压减燃煤消费 4681 万吨,淘汰燃煤锅炉 15 万台,完成燃煤机组超低排放改造 22958 万千瓦。其中,北京市燃煤消费总量已由 2012 年的 2300 万吨削减到 1000 万吨以内,提前一年实现国家下达的五年煤炭消费总量控制目标;天津、河北、河南煤电机组超低排放改造全部完成。

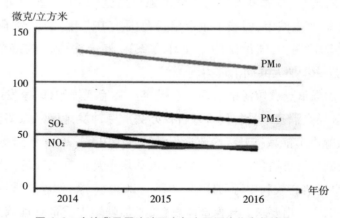

图 6-9 京津冀及周边地区大气主要污染物变化情况

三是共同加大机动车污染控制。京津冀及周边地区七省区市 2013 年至 2016 年共完成淘汰黄标车、老旧车 800 万辆,推广新能源车 21.6 万辆。京津冀及周边地区全面供应符合国五标准的汽柴油。北京、天津、河北、山东、河南所有进口、销售和注册登记的轻型汽油车、轻型柴油客车、重型柴油车全面实施国家第五阶段排放标准。天津港码头自2017年5月1日起全面停止接收公路货车运输集港煤炭，实行煤炭海铁联运，每天减少进出运煤货车6000余辆，全年减少200多万辆次，减少公路运输煤炭6000多万吨。

四是强化区域内督查与执法。环保部牵头组织开展了在京津冀大气污染传输通道"2+26"城市范围内为期一年的强化督查。此次督查从传统的"督企"转向"督政"与"督企"相结合，突出县级党委、政府大气污染防治工作责任落实情况，强化压力传导，对发现的问题依法处罚，对责任人追究责任。在执法方面，河北省、北京市已先后成立了环保警察队伍，强化了严重环境污染行为的刑事问责。

第七部分

生态环保管理体制改革

推进省以下地方环保垂直管理改革中需要重点关注的几个问题

王龙江①

党的十八届五中全会提出牢固树立并贯彻创新、协调、绿色、开放、共享的发展理念，为加快推进环保体制改革指明了方向。近年来，我们在此前不断调整环保管理体制的基础上，进一步按照中央要求，配合环保部探索实行省以下环保机构监测监察执法垂直管理制度。2016年9月中共中央办公厅、国务院办公厅联合印发了《关于省以下环保机构监

测监察执法垂直管理制度改革试点工作的指导意见》，这是党中央在生态环保领域做出的一项重大决策，是改革完善环境治理基础制度、实现国家环境治理体系和治理能力现代化的一次重大改革。改革的主要目的是理顺现行环保体制"条块关系"，解决地方政府在环保监测监察执法中"既当运动员又当裁判员"的问题。推进改革试点，关键是要处理好几个关乎改革成败的核心问题。

一、如何确保地方政府的权力和能力相匹配

市县政府特别是县级政府是环境治理的基础环节。县级政府环境监测和

---

① 王龙江：中央编办三局局长。

环保执法机构上收后,仍然要承担环境治理的主体责任,还要加强"党政同责、一岗双责"。在这种情况下,有的县级政府提出,环保机构监测监察执法垂直管理制度改革把他们手中的"显微镜"和"杀威棒"都上收了,一旦发生环境污染事故,板子却要打在地方政府身上。如何采取有效措施,保证这项重大改革后环保监测执法力量仍然能为当地政府履行环保职责服务,需要妥善的制度设计。比如明确要求各级政府建立环境保护委员会、领导小组等议事协调机制,办公室设在同级环保部门;加强地方政府对环保机构队伍的管理,环保部门主要负责人的任免和考核需要听取当地政府意见;通过编制权责清单清晰界定地方政府和派驻环保机构的职责关系等。这些举措能否起到实际作用,还要在实践中进一步检验。

二、区域环境监察制度如何建立

改革试点由省级环保部门统一行使环境监察职能,加强环境监察内设机构建设,确有必要的可探索设立跨行政区域的环境监察专员办公室,受省级环保部门的委托,负责对管辖范围内的多个城市环境保护工作进行监察。如何有效发挥环境监察机构的作用,需要建立和完善一系列配套制度来保障。比如,可以探索考虑参照国土监察体制,环保监察专员可以列席地方政府关于环境治理方面的会议,参与市县环境保护的重大决策,对可能造成生态环境破坏的建设项目有建议权甚至否决权,对地方政府开展的环境整治工作、落实环保责任进行督导等。

三、如何处理好环境专业执法与
地方综合执法的关系

当前,地方政府按照中央要求,正在推进综合行政执法体制改革,在农业、城管、海洋、交通等领域内整合执法资源,开展综合执法。有的地方整合更多领域,实行跨领域综合执法。从地方实践来看,综合执法有效解决了多头执法、多层执法、重复执法和执法扰民的问题。环保执法具有较强的专业性,很多时候需要化验取证,用数据说话。体制改革后,要与其他领域综合执法统筹协调,做到执法信息共享、执法数据互通、执法裁决互认,降低执法成本,提升执法效能。同时,针对汽车尾气、淘汰落后产能、建筑工地扬尘、秸秆综合利用等具体环境污染问题,要主动牵头或者积极配合其他执法部门,实行综合检查、专业执法。

四、如何更好发挥社会各方面作用

我们共同生活在一个由大气、土壤、水等要素组成的生态环境中。优质的生态环境为人人共享,生态恶化则人人遭殃。体制机制的改革,只是环境治理体系中一个环节,并不能解决所有问题,推动多元主体共同参与,才是推进生态文明建设的必由之路。从近年来的实践看,许多好的环保理念多是由非政府组织、社会团体自发倡导的,许多环保公益活动多是企业自觉担负社会责任而开展的,许多良好的环保风尚和习惯多是广大群众自愿形成的,还有许多环境隐患,多是通过群众举报引起政府和社会重视的,许多环境问题多是群众参与治理的。因此,在整个环境治理体系的构建和完善工作中,如果各级政府能够善尽其责,所有企业能够勇于履行社会责任,广大非政府组织能够大力发挥生态公益正能量,全体公民能够积极参与并形成科学、文明、健康的生活方式,那么生态文明建设的相关法律法规和制度就能得到有效贯彻和落实,生态文明体制改革就能取得突破性进展。

国家公园体制改革的进展与展望

彭福伟[①]

一、建立国家公园体制的背景

新中国成立以来,特别是改革开放以来,我国的自然生态系统和自然文化遗产保护事业快速发展,取得了显著成绩,形成了以自然保护区、风景名胜区、自然文化遗产、森林公园、地质公园等为代表的保护地体系,基本覆盖了我国绝大多数重要的自然生态系统和自然文化遗产资源,各类保护地约占我国陆地国土面积的18%,其中国家级保护地约占12%。具体来看,国家级自然保护区446处,总面积97万平方公里(不含最近批复的17处),约占我国陆地国土面积的10%,国家级风景名胜区225处,总面积10万平方公里(不含最近批复的19处),约占我国陆地国土面积的1%,国家森林公园、国家地质公园等约占我国陆地国土面积的1%。

但同时,也应该看到还存在不少问题。一是仅按照生态要素设立了各类保护地,但国家层面尚没有相关顶层设计,特别是从主体功能角度进行的统筹规划。二是各类保护地缺乏科学完整的技术规范体系,保护对象、目标和要求没有科学的区分标准。三是同一个保护地部门割裂、多头管理、碎片化现象严

---

① 彭福伟:国家发展和改革委社会发展司副司长。

重,同一类保护地分属不同部门管理。四是社会公益属性和中央地方管理职责不够明确。五是土地及相关资源产权不清晰。六是保护管理效能低下,盲目建设和过度利用现象时有发生。特别是违法违规采矿开矿、无序开发水电等屡禁不止。

经过 40 年的发展,中国取得了巨大的成就,经济体量成为世界第二,但同时也付出了相当沉重的代价,生态环境受到重创也许是最为沉重的代价。针对上述问题,2013 年 11 月党的十八届三中全会决定提出建立国家公园体制,改革完善我国保护地体系。

二、建立国家公园体制的总体安排

建立国家公园体制就是要树立问题意识,坚持问题导向,这是国家在新时代条件下开创事业发展的必然要求。建立国家公园体制必须坚持从解决中国保护的实际问题出发,既要坚持长远目标方向,又要立足我国基本国情和发展所处阶段性特征,认真处理好体制转换过程中的衔接,量力而行,有步骤、分阶段推进。主要有三步:

第一步:2014—2017 年,开展建立国家公园体制试点,总结经验。推进三江源(青海省)、东北虎豹(涉及吉林省、黑龙江省)、大熊猫(涉及四川省、陕西省、甘肃省)、祁连山(涉及甘肃省、青海省)、神农架(湖北省)、武夷山(福建省)、钱江源(浙江省)、南山(湖南省)、长城(北京市)、香格里拉普达措(云南省)10 个国家公园体制试点。

第二步:2017 年底前,研究提出建立国家公园体制总体方案。按照中共中央、国务院印发的《生态文明体制改革总体方案》要求,在总结 3 年试点经验的基础上,结合重大问题研究和国际经验借鉴,制定建立中国特色国家公园体制的总体方案。目前,《建立国家公园体制总体方案》已由中办、国办正式印发。

第三步:2020 年前,整合设立一批国家公园。按照"十三五"规划纲要的有关部署,根据建立国家公园体制总体方案明确的国家公园功能定位和相关程序规范,在具有国家代表性的重要自然生态系统,整合相关自然保护地,设立一批国家公园。

现阶段,相关部门和试点省(市)要按照中央统一部署,扎实推进试点工作,确保各项试点任务落实落细,真正在体制机制创新上取得实质性突破。为避免引起混乱,有关部门和地方不得自行挂牌设立国家公园试点。

三、下一步考虑和设想

2017年7月19日,习近平总书记主持召开中央全面深化改革领导小组第37次会议,审议通过了《建立国家公园体制总体方案》。建立国家公园体制要坚持"科学定位,整体保护""合理布局,稳步推进""国家主导,共同参与"基本原则,坚定不移实施主体功能区战略和制度,严守生态保护红线,以加强自然生态系统原真性、完整性保护为基础,以实现国家所有、全民共享、世代传承为目标,理顺管理体制,创新运营机制,健全法治保障,强化监督管理,构建以国家公园为代表的自然保护地体系。

科学定位,整体保护。坚持将山水林田湖草作为一个生命共同体,统筹考虑保护与利用,对相关自然保护地进行功能重组,合理确定国家公园的范围。按照自然生态系统整体性、系统性及其内在规律,对国家公园实行整体保护、系统修复、综合治理。

合理布局,稳步推进。立足我国生态保护现实需求和发展阶段,科学确定国家公园空间布局。将创新体制和完善机制放在优先位置,做好制度转换过程中的衔接,成熟一个设立一个,有步骤、分阶段推进国家公园建设。

国家主导,共同参与。国家公园由国家确立并主导管理。建立健全政府、企业、社会组织和公众共同参与国家公园保护管理的长效机制,探索各方面社会力量参与自然资源管理和生态保护的新模式。加大财政支持力度,广泛引导社会资金多渠道投入。

(一)以树立正确理念为核心,明确国家公园发展方向

1.树立正确的国家公园理念。坚持生态保护第一。建立国家公园的目的是保护自然生态系统的原真性和完整性,始终突出自然生态系统的严格保护、

整体保护、系统保护,把最应该保护的地方保护起来。国家公园坚持世代传承,给子孙后代留下珍贵的自然遗产。坚持国家代表性。国家公园既具有极其重要的自然生态系统,又拥有独特的自然景观和丰富的科学内涵,国民认同度高。国家公园以国家利益为主导,坚持国家所有,具有国家象征,代表国家形象,彰显中华文明。坚持全民公益性。国家公园坚持全民共享,着眼于提升生态系统服务功能,开展自然环境教育,为公众提供亲近自然、体验自然、了解自然以及作为国民福利的游憩机会。国家公园鼓励公众参与,调动全民积极性,激发自然保护意识,增强民族自豪感。

2.明确国家公园定位。国家公园是我国自然保护地的最重要类型之一,属于全国主体功能区规划中的禁止开发区域,纳入全国生态保护红线区域管控范围,实行最严格的保护。国家公园的首要功能是重要自然生态系统的原真性、完整性保护,同时兼具科研、教育、游憩等综合功能。与一般的自然保护地相比,国家公园的自然生态系统和自然遗产更具有国家代表性和典型性,面积更大,生态系统更完整,保护更严格,管理层级更高。为此,可将国家公园定义为:由国家批准设立并主导管理,边界清晰,以保护具有国家代表性的大面积自然生态系统为主要目的,实现自然资源科学保护和合理利用的特定陆地或海洋区域。

(二)以自然资源资产产权制度为基础,建立统一事权、分级管理体系

1.设立统一管理机构。在国家层面,要整合相关自然保护地管理职能,结合生态环境保护管理体制、自然资源资产管理体制和自然资源监管体制改革,由一个部门统一行使国家公园自然保护地管理职责。对于单个国家公园,也要整合组建统一的管理机构,履行国家公园范围内的生态保护、自然资源资产管理、特许经营管理、社会参与管理和宣传推介等职责,负责协调与当地政府及周边社区关系。可根据实际需要,授权国家公园管理机构履行国家公园范围内必要的资源环境综合执法职责。

2.分级行使所有权。统筹考虑生态系统功能重要程度、生态系统效应外溢性、是否跨省级行政区和管理效率等因素,纵向上实行两级行使所有权,部

分国家公园由中央政府直接行使所有权,其他的由省级政府代理行使。条件成熟时,逐步过渡到国家公园内全民所有的自然资源资产所有权由中央政府直接行使。

3.建立协同管理机制。合理划分中央和地方事权,构建主体明确、责任清晰、相互配合的国家公园中央和地方协同管理机制。中央政府直接行使所有权的,地方政府根据需要配合国家公园管理机构做好生态保护工作。省级政府代理行使所有权的,中央政府要履行应有事权,加大指导和支持力度。国家公园所在的地方政府行使辖区(包括国家公园)经济社会发展综合协调、公共服务、社会管理和市场监管等职责。同时,要以事权划分为基础,建立财政投入为主的多元化资金保障机制。中央政府直接行使所有权的国家公园支出由中央政府出资保障。委托省级政府代理行使所有权的国家公园支出由中央和省级政府根据事权划分分别出资保障。加大政府投入,推动国家公园回归公益属性。

(三)以系统保护理论为指导,强化自然生态系统保护管理

1.健全严格保护管理制度。统筹制定各类资源的保护管理目标,着力维持生态服务功能,提高生态产品供给能力。

严格规划建设管控,除不损害生态系统的原住民生活生产设施改造和自然观光科研教育旅游外,禁止其他开发建设活动。

国家公园区域内不符合保护和规划要求的各类设施、工矿企业等逐步搬离,建立已设矿业权逐步退出机制。

2.实施差别化保护管理方式。编制国家公园总体规划及专项规划,合理确定国家公园空间布局,明确发展目标和任务,做好与相关规划的衔接。按照自然资源特征和管理目标,合理划定功能分区,实行差别化保护管理。

重点保护区域内居民要逐步实施生态移民搬迁,集体土地在充分征求其所有权人、承包权人的意见基础上,优先通过租赁、置换等规范方式流转,由国家公园管理机构统一管理。

其他区域内居民根据实际情况,实施生态移民搬迁或实行相对集中居住,集体土地可通过合作协议等方式实现统一有效管理。探索协议保护等多元化

保护模式。

3.完善责任追究制度。强化国家公园管理机构的自然生态系统保护主体责任,明确当地政府和相关部门的相应责任。严厉打击违法违规开发矿产资源或其他项目、偷排偷放污染物、偷捕盗猎野生动物等各类环境违法犯罪行为。严格落实考核问责制度,建立国家公园管理机构自然生态系统保护成效考核评估制度,全面实行环境保护"党政同责、一岗双责",对领导干部实行自然资源资产离任审计和生态环境损害责任追究制。

对违背国家公园保护管理要求、造成生态系统和资源环境严重破坏的要记录在案,依法依规严肃问责、终身追责。

(四)以社区协调发展制度为依托,推动实现人与自然和谐共生

1.建立社区共管机制。根据国家公园功能定位,明确国家公园区域内居民的生产生活边界,相关配套设施建设要符合国家公园总体规划和管理要求,并征得国家公园管理机构同意。

周边社区建设要与国家公园整体保护目标相协调,鼓励通过签订合作保护协议等方式,共同保护国家公园周边自然资源。引导当地政府在国家公园周边合理规划建设入口社区和特色小镇。

2.健全生态保护补偿制度。建立健全森林、草原、湿地、荒漠、海洋、水流、耕地等领域生态保护补偿机制,加大重点生态功能区转移支付力度,健全国家公园生态保护补偿政策。鼓励受益地区与国家公园所在地区通过资金补偿等方式建立横向补偿关系。

加强生态保护补偿效益评估,完善生态保护成效与资金分配挂钩的激励约束机制,加强对生态保护补偿资金使用的监督管理。

鼓励设立生态管护公益岗位,吸收当地居民参与国家公园保护管理和自然环境教育等。

3.完善社会参与机制。在国家公园设立、建设、运行、管理、监督等各个环节,以及生态保护、自然教育、科学研究等各个领域,引导当地居民、专家学者、企业、社会组织等积极参与。

鼓励当地居民或其举办的企业参与国家公园内特许经营项目。建立健全志愿者服务机制和社会监督机制。依托高等院校和企事业单位等建立一批国家公园人才教育培训基地。

（五）以国家公园立法为基础，保障国家公园体制改革顺利推进

在明确国家公园与其他类型自然保护地关系的基础上，研究制定有关国家公园的法律法规，明确国家公园功能定位、保护目标、管理原则，确定国家公园管理主体，合理划定中央与地方职责，研究出台国家公园特许经营等配套法规，做好现行法律法规的衔接修订工作。

制定国家公园总体规划、功能分区、基础设施建设、社区协调、生态保护补偿、访客管理等相关标准规范和自然资源调查评估、巡护管理和生物多样性监测等技术规程。

着力构建绿色发展制度体系
和环保督察、干部考核评价新机制

四川省生态环境厅

党的十八大以来,四川省认真贯彻习近平总书记关于生态文明建设和环境保护的新理念新思想新战略,以生态文明体制改革为统领,着力构建绿色发展制度体系,有效落实"党政同责、一岗双责",有力地推进了四川省生态文明建设和环境保护工作。

一、以生态文明体制改革为统领,
着力构建绿色发展制度体系

近年来,四川省始终把生态文明建设和环境保护工作放在事关全局的重要位置来抓,四川省委十届八次全会作出《关于推进绿色发展建设美丽四川的决定》,将生态文明建设和环境保护工作融入治蜀兴川的各方面全过程。先后出台《四川省加快推进生态文明建设实施方案》《四川省生态文明体制改革方案》《四川省党政领导干部生态环境损害责任追究实施细则(试行)》等14个改革文件,印发《四川省"十三五"环境保护规划》,取消了57个重点生态功能区县和生态脆弱贫困县的 GDP 考核,将政府年度绩效考核中的环保指标权重由8%提高到13%,在全省2800余条河流全部建立河长制,建设完善生态环境监测网络,已初步建成生态文明制度体系的"四梁八柱"。尤其是通过重点推进环境保护督察和干部考核机制改革,进一步明晰了各级党委政府和相关部门的环境保护责任,推动了突出环境问题整改,四川全省环境质量得到有效改善。

二、开展省级环境保护督察，
切实解决突出环境问题

环境保护督察，是党中央、国务院关于推进生态文明建设和环境保护工作的一项重要制度安排。中央出台了《环境保护督察方案(试行)》后，四川省出台了《四川省环境保护督察方案(试行)》，启动了环境保护督察工作。从2016年6月至2017年3月，分三批对21个市(州)集中开展省级环保督察，实现了省级环境保护督察全覆盖。督察期间，由21个省级领导带队，对每个市(州)的督察时间不少于1个月，采取听取汇报，查阅资料，找市(州)级领导谈话，开通举报电话、举报邮箱，开展下沉督察，深入现场检查，分析问题，查找原因，追责问责等方式，共发现问题8924个，对1349名党政领导干部进行个别谈话，给予765名党政领导干部党纪政纪处分，立案查处各类环境违法企业1533家。中央通报祁连山生态环境问题后，四川省迅速组织由42位省领导带队的督导组，对21个市(州)开展专项督导，并对全省自然保护区开展专项督察，同时选出10个突出环境问题由省领导挂牌督办。截至2017年底，10个突出环境问题整改已基本完成。1252个自然保护区的生态环境问题整改完成率已超过70%。2017年9月22日，省人大常委会修订出台了《四川省环境保护条例》，将建立省级环保督察制度纳入法规条款。这些做法努力将环保督察这一强有力的环境管理措施制度化、常态化。

三、健全党政领导干部生态环保考核机制，
进一步落实环境保护主体责任

四川省紧紧抓住领导干部这个关键少数和考核内容中的少数关键，在落实领导干部环保责任、健全考核体系上着力。第一，明晰环境保护责任。四川省委省政府出台了《四川省环境保护工作职责分工方案》，将分散在各类环保法律法规和政策文件中的环保职责进行分析梳理，落实到各级党委政府和省

直部门,进一步厘清环保责任,推动形成齐抓共管的环保新格局。第二,健全"党政同责"目标绩效考核。在强化各级政府年度目标考核的基础上,四川省委省政府出台了《四川省党政同责工作目标绩效管理办法(试行)》和《四川省环境保护党政同责工作目标绩效管理实施细则(试行)》,并印发《关于2017年度市州和省直有关部门环境保护、安全生产党政同责工作目标任务及考评细则》,在环境保护党政同责方面重点考核组织领导、重点工作、考核问效三方面内容,同时对如下两种情形实行"一票否决":一是受到省级以上环境保护行政主管部门区域限批的;二是辖区内发生重大及以上突发环境事故,党委、政府负有领导和管理责任的。考评结果按照市(州)和省直部门分别排位,对排位前三分之一的通报表扬,并在年度目标绩效考核综合得分中予以加分,对考评结果后五位的由省领导约谈。考评结果作为领导班子和领导干部综合考核评价及干部选拔任用、奖惩、评先评优的重要参考。连续3年未完成环境保护年度目标任务的,将启动问责程序。第三,开展领导干部离任生态审计。着眼领导离任"审天""审地""审空气",制定出台了《四川省领导干部自然资源资产离任审计试点实施方案》,2013年先在绵阳市开展试点,2017年将试点范围扩大到1个地级市和3个县;审计对象主要是市(州)、县(市、区)党委和政府主要领导干部,审计结果向省委组织部通报,与干部选拔任用工作挂钩。第四,强化领导干部认真履行环境保护职责。省委组织部出台了《关于组织工作服务生态文明建设的实施意见》和《关于在干部选拔任用工作中进一步体现和落实环境保护、安全生产相关要求的暂行规定》,将各级党政干部履行环境保护职责情况作为干部选拔任用和进一步使用的重要参考,规定环境保护工作成效明显的3类情形应予以优先提拔、8类工作不力情形不予提拔。第五,严肃领导干部生态环境损害责任追究。出台了《四川省党政领导干部生态环境损害责任追究实施细则(试行)》。2017年8月7日—9月7日,中央第五环保督察组入驻四川省开展环保督察工作,截至2017年底,共对1345名党员干部进行了追责问责。

全球环境可持续发展的趋势与机遇

迪恩·内尔(Deon Nel)[1]

我们的世界在未来会越来越充满不可预知的变数。

在过去一万年里,人类享受了非常稳定的地球环境条件。过去50多年人类活动激增,所造成的影响快速破坏了这些地球环境条件。科学家认为我们已经越过了九道地球"红线"中的四道,导致我们的未来越发不可预知与不稳定。

人类要想获得一个稳定而光明的未来,面临着三大挑战,即最晚在2050年前稳定以下三个方面的环境形势:一是气候稳定;二是停止破坏大自然,逆转大自然消亡的趋势;三是稳定人口和消耗。

这三大挑战息息相关,必须同时应对这三大挑战才能稳定我们的地球。若未能应对其中任何一项挑战,将意味着我们所有的努力均告失败。

虽然2050年看起来很遥远,但我们面临多个环境挑战。我们需要在10年左右的时间(即2030年)采取紧急措施,这些措施将决定我们能否从根本上稳定环境形势。要实现这一目标,我们需要在2020年前的关键政策方面获得坚定的政治承诺。

---

① 迪恩·内尔:世界自然基金会全球环境总监。

一、积极应对气候变化的势头

近年来,稳定气候方面的政治承诺和应急措施数量明显增加,这是全球应对气候变化取得的丰硕成果。2015 年通过的《巴黎协定》使应对气候变化成为不可逆转的潮流。碳排放已经连续三年达到峰值(见图 7-1)。由于可再生能源解决方案的价格竞争力日益提高,几乎就没人怀疑我们向可再生能源过渡的可行性。现在全球的重心应该是确保加快碳减排的速度,避免严重的气候影响。另外,还要确保社会和生态体系具有足够的恢复能力,以适应当前无法避免的环境变化影响。

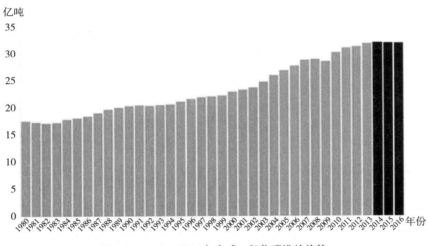

图 7-1　1980—2016 年全球二氧化碳排放趋势

二、急需做出更大的政治承诺, 逆转自然环境丧失的态势

与碳排放不同的是,全球的自然状态特别令人担心。过去 40 年里,大自然因遭受破坏而不断消亡。

世界自然基金会的《生命行星报告》显示,截至 2012 年,几乎 60% 的野生动植物已经消亡。按照现在的预测,2020 年可能有超过 67% 的野生动植物消亡。如果这种趋势继续持续到 2030 年,将严重损害支撑地球上所有生命、社会和经济活动的生态系统的功能,从而严重影响我们实现 2030 年可持续发展目标的能力。例如,大约有 10 亿依赖珊瑚礁生活的人将因为珊瑚礁恶化而受到影响;最贫穷国家直接依靠内河湖泊捕鱼为生的 1.6 亿人也将受到严重影响。越来越多的被迫迁移、不稳定和安全问题都是生态系统恶化引起的。预计几千万的人口将因为生态系统恶化而被迫迁移。未来几十年,这一数字将增加到两亿以上。不幸的是,与自然消亡相关的全球主要公约——《生物多样性公约》——并未获得其应有的政治支持和承诺。《全球生物多样性展望4》(2014 年)显示,《生物多样性公约》不可能实现最近十年战略计划中确定的 2020 年大多数目标,所以必须采取措施扭转这种糟糕的形势。

三、稳定人口和消耗

根据联合国人口模型的预测结果,在较为客观的预测状况下,全球人口将于 2050 年达到峰值,约为 92 亿,并在 2100 年前稳定保持在约 90 亿的水平。但是,如果人口继续高速增长,全球人口将于 2100 年前增长到 126 亿。可持续性地满足全球 90 亿人口的需求和满足 126 亿人口需求之间的差别巨大。

然而,人口稳定的关键是社会发展。随着各国不断发展和教育投入(尤其对年幼女孩的教育方面的投入),生育率降幅和人口都将趋于稳定。很显然,社会发展和环境是相互依存的。健康的生态体系为几乎所有可持续发展目标的实现打下坚实的基础。如果不在社会发展方面投入,我们无法减轻大自然所面临的持续压力。

但是,到 2050 年,社会经济发展也有可能额外产生 20—30 亿中产阶级消费者,60% 以上的中产阶级消费者将来自亚洲。这些中产阶级消费者的选择,尤其是对食品和肉类消费的选择,会对世界的可持续发展产生深远的影响。

四、2020 年左右出现的"临界点":为扭转自然环境消亡趋势做出更大政治承诺的良机

2020 年前(及之后)的几年提供了许多机会,让我们能为稳定并扭转自然环境消亡趋势而实现全球政治承诺。这些机会主要源自 1992 年里约会议之后出现的三大环保公约,即《联合国气候变化框架公约》《联合国防治荒漠化公约》《生物多样性公约》。

相关机会如下:

1. 在《联合国气候变化框架公约》的《巴黎协定》下,所有国家都承诺了各自的国别自定预期贡献(NDCs),以实现将气温升幅控制在 1.5℃ 以内的目标。即使在最乐观情况下,我们仍有可能面临气候变化导致的严重不良后果,那么各个国家要积极应对不可避免的气候影响而发展适应能力,解决生态系统作用的问题。

2.《生物多样性公约》将于 2020 年在中国举办的第十五届缔约方大会(COP)上更新其十年期战略计划(爱知目标①的后续目标)。该战略计划建立在《联合国气候变化框架公约》模型之上,需要在 2030 年前遏制并扭转生物多样性丧失态势方面,制定一个支配性的、清晰的、可测量的全球目标;一个令人信服的紧急行动案例,展示不作为引起的代价;确定主要全球战略,为实现全球目标做出最大贡献;制定一个透明的机制,使各国能设定可测量的国家贡献,评估国家承诺与全球目标之间的差距。

3.《联合国防治荒漠化公约》就为在 2030 年前实现土地退化零增长(LDN)而制定了一个清晰的全球目标,该目标已经被纳入到可持续发展目标之中。在这一过程中,110 个国家承诺将制定其土地退化零增长国家目标。第十三届《联合国防治荒漠化公约》缔约方大会于 2017 年 9 月在中国鄂尔多斯召开,会上讨论"土地退化零增长"国家目标。国家目标的制定以及迅速准

---

① 2010 年,《生物多样性公约》缔约方大会第十次会议在日本爱知县举办,会议通过了 2011—2020 年《生物多样性战略计划》,战略中的五个战略目标及相关的 20 个纲要目标统称为"爱知生物多样性目标",简称"爱知目标"。

实施,都将对陆地生态系统恶化、生物多样性及其提供的生态系统服务的稳定产生重大影响。

4.这些公约需要明确将其工作与实现2030年可持续发展目标结合起来,并最大限度确保社会发展与可持续发展议程之间的相互依存。其间确定的积极决策和目标能够在2030年前后建立一个行动机构,为在2050年之前稳定自然环境消亡趋势、恢复重大生态系统打下坚实的基础。

五、打破限制:气候、土地、生物多样性方法的结合

全球生物圈的稳定需要发挥这三个公约的协同效益。这三个公约的目标是相互联系的,一个公约目标的无法实现将导致三个公约均无法取得成功。

目前,全球环境可持续发展方面的努力由于太过分散而无法获得所需的政治支持。为了有效地创造一个可持续发展的世界,我们需要团结在一个共同纲领之下,这个纲领应包括一整套清晰、科学、可测的目标(见图7-2)。

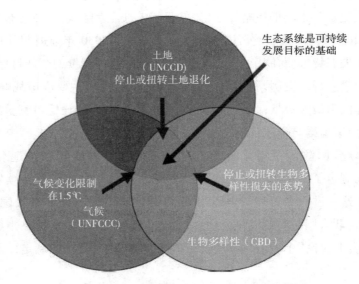

图7-2　获得认可的气候、土地、生物多样性全球目标

综合看来,急需为实现这些目标而行动起来。根据《土地退化经济倡

议》,因土地退化问题导致的生态系统服务损失每年高达 6 万亿—10 万亿美元,或者占全球 GDP 的 10%—17%。另一方面,土地修复所花的每 1 美元平均能够带来 5 美元的回报。同样,2014 年《斯特恩报告》评估结果显示,对气候变化不作为所造成的经济成本可能高达全球 GDP 的 20%。

我们需要优先开展那些可能实现这些目标的最重要的工作,并对这些全球目标提供支持。政府间气候变化专门委员会最初支持采用"楔子"法降低碳排放。最近,这种方法也被用于优先采取行动以稳定生物多样性丧失的态势。

六、有关 2020 年政策的结论

总之,2020 年之前我们还有机会赢得稳定全球生物圈急需的政治支持,可通过以下方式实现:

1. 全球团结一致去实现下列清晰、可测、相互依赖的全球目标:将气候变化限定在气温比工业化之前的水平高 1.5°C;2030 年遏制并扭转生物多样性消亡趋势;2030 年实现土地退化零增长;

2. 针对这些目标制订切实可行的紧急行动计划;

3. 清楚理解实现这些目标的最重要战略(如有助于实现这些目标的最重要"楔子");

4. 清楚国家减排贡献如何累加以实现这些目标、还有多少差距,以及我们如何齐心协力消除差距;

5. 在全球、地区、国家层面上优化三大公约的协同效应。

七、中国的作用与实现全球"生态文明"的可能性

2030 年,50 亿中产阶级消费者中的 60% 以上将产生于亚洲。这些群体的选择对全球可持续发展具有深远的影响。中国作为其中最大的经济体,发挥着关键作用,我们已经看到中国的减排承诺对全球碳排放产生的积极影响。

中国向生态文明转变的承诺,在国内甚至在全球范围都具有广阔的前景。

生态文明为三大公约目标的融合提供了一个概念性框架。例如,可以优化空间规划以便协调实现这些公约的目标。这些目标也可以纳入到指导中国经济发展的国家经济、社会发展规划之中。但是,真正的考验是生态文明的宏伟计划如何转化为清晰的操作目标。另外一个考验是,生态文明将在多大程度上指导中国的发展以及中国的对外政策和对外发展,它将以"一带一路"项目的形式以一种有形、可观的方式展示出来。作为世界上最大的基础设施投资项目,如果"一带一路"项目中纳入了生态文明,那么它可能会开拓出一种新的发展模式。

中国也将在这些事务中发挥日益重要的全球地缘政治领导角色。最显著的是,中国将在未来三年主办《联合国气候变化框架公约》和《生物多样性公约》缔约方会议。这些都是塑造全球环境可持续发展承诺的重大政治时机,就如同《巴黎协定》为全球气候行动提供一个全球拐点一样。

聚焦人居大环境　力促绿色新发展

华金辉①

一、改革背景

　　在加快推进工业经济发展的过程中,大部分地方政府和企业注重经济效益,忽略了对生态环境的保护,造成环境不断恶化,严重影响了人们的生产与生活。随着社会的进步,人们意识到增长不等于发展,希望在经济增长的同时,实现"天更蓝、树更绿、水更清、城更美"。党的十六届五中全会明确提出"建设资源节约型、环境友好型社会"的目标,要求生态保护和建设的重点要从事后治理向事前保护转变,从源头上扭转生态恶化趋势。党的十七大强调要深入贯彻落实科学发展观,坚持节约资源和保护环境的基本国策,提出建设生态文明的新要求,基本形成节约能源资源和保护生态环境的产业结构、增长方式、消费模式,增强可持续发展能力。

　　与新形势新要求相比,深圳市在环保体制上尚存在诸多不适应的地方,如环保工作"单兵作战",部门职能配置不系统,环保规划缺乏刚性,管理分散,环境保护与城市建设管理、水污染治理之间不能有机衔接,环境保护手段有限

---

　　①　华金辉:深圳市编办副巡视员。

等,与科学发展要求相去甚远。为适应时代发展要求,解决好体制机制存在的问题,切实改善生态环境,2009年深圳市在推进大部门制改革进程中,大力探索环保体制机制改革新思路、新做法。

二、环保大部门制改革的主要特点

围绕建设"两型社会"新目标,按照"精简、统一、效能"的原则,改革重点是在加快政府职能转变、优化政府运行机制、健全行政责任体系方面取得新突破,创新建立决策权、执行权、监督权既相互制约又相互协调的运行机制。

(一)进一步提升环保机构定位

在原市环境保护局的基础上,组建市人居环境委员会,按照"大环境"的目标,不仅调整了机构名称,而且将其定位由"三废"治理转向全面加强生态建设,强化其统筹、协调、指导及牵头作用,突出其促进人与自然和谐,建设生态文明,实现与国民经济和社会发展规划、城市总体规划衔接,促进经济社会发展与环境保护、生态建设统一的功能。

(二)进一步强化生态文明建设职能

为强化综合治理,从源头上防治污染,全面提升人居环境质量和水平,改革时整合划入原市国土资源和房产管理局、市建设局、市水务局、市气象局、市水污染治理指挥部办公室等相关环保职责(同时,取消环保行业等级评定、科技成果鉴定、排污费缓缴审批及水库路段车辆通行证审批等职责)。充分发挥人居环境规划、政策标准的导向作用,促进生态修复,进一步突出预防为主,切实抓好资源节约,从根本上改变重建设轻环保、先污染后治理、边治理边污染的状况;同时,大力推进环境影响评价工作,强化人居环境政策对经济社会发展、城市规划建设的有效约束等职能。

(三)进一步建立健全归口联系机制

综合运用与生态文明建设相关的管理手段,形成治理合力。市人居环境委在运作上归口联系市住房与建设局、市水务局和市气象局等部门,三个部门的"一把手"兼任该委的党组成员,这种特殊的新体制,整合形成了大人居环境工作板块和系统,统筹环境治理、水污染防治、生态保护、建筑节能、污染减排和环境监管等工作,既有利于发挥整体优势,又能更好地确保决策协调、执行协作。

改革后,形成了大环境、大服务特色,为生态文明建设提供了体制机制保障。

在"大部门"上,建成了较为完整的人居环境工作系统,在体制上形成了"1+3"的管理格局,并实行决策、执行、监督既相互制约又相互协调的机制,通过多部门、跨领域综合协调,有利于更大限度地促进经济发展与人口、资源、环境相协调,切实推进生态文明建设。

在"大环境"上,拓宽了传统环境保护工作的外延,从人的生存发展的生产环境、生活环境与生态环境三个方面进行统筹,覆盖住所、社区、城市、区域四个层面,将生态建设、环境保护、住房发展、绿色建筑、宜居城市纳入工作重点,突出"以人为本"的价值观念,着力改善民生。在"大服务"上,进一步转变政府职能,取消了不必要的审批,突出加强公共管理和公共服务职能,着力解决群众最关心、最直接、最现实的人居环境问题,不断提升环境公共服务水平,打造服务型政府。

三、改革的成效

改革以来,市人居环境委既推动了环境保护观念的转变,又实现了职能重点的转移,既增强了统筹协调力度,又加大了环境建设和环保执法力度。

(一)体制优势显现

为有效发挥规划、政策、标准的导向作用,系统开展人居环境规划政策和法规体系的顶层设计,出台了《深圳市人居环境工作纲要》,明确了"绿色增长、服务发展、生态优先、环境建设、城市宜居、联防联治"六大理念与举措。从更高层面、更宽领域开展人居环境保护规划的编制,全面改善人居环境。

（二）生态补偿机制有效推行

为进一步促进大鹏半岛生态保护,充分调动辖区居民生态保护的积极性,近年来,市政府明确通过转移支付的方式,在大鹏半岛实施生态补偿政策,截至 2016 年以来,累计发放补助资金 13.5 亿元。生态补偿政策实施以来,大鹏半岛生态区得到了很好的保护,空气质量优良率达 99%,近岸海域水质也全面提升到国家一类标准。

（三）碳排放交易系统逐步完善

2010 年 9 月,深圳市作为首批低碳试点城市,设立了碳排放交易所。通过给碳排放定价,对碳排放表现好的企业实行经济奖励,对表现不好的进行约束,用经济成本、市场规则进行节能减排,推动整个产业结构走向绿色低碳。目前,已将 636 家重点工业企业和 197 栋大型公共建筑纳入碳排放管控范围,建成多层次的碳交易市场。同时,以"低碳理念、低碳科技、低碳服务"为核心,在深圳市龙岗区建设了全国首个低碳城,充分运用绿色理念、市场化机制促进生态文明建设。

（四）环境污染责任险试点运行

深圳市将环境污染责任保险纳入保险创新发展试验区建设内容之中。建立《深圳市环境污染强制责任保险企业名录》,构建基于环责险的环境风险评估制度,实现环境风险评估等级与企业投保档次挂钩,进一步增强了企业环境风险防控意识和风险应对水平,发挥第三方机构在防治等方面的积极作用,提高了企业防范和处置突发环境事件的能力。2016 年,共有 332 家企业投保,占广东省的 60%。

（五）环境执法不断加压

"十二五"以来,淘汰低端落后企业 1.84 万家,对 8.9 万个建设项目进行环评审批和备案,否决 4900 个,占项目总数的 5.5%。2016 年,查处环境违法行为 1688 宗,罚款金额 1.52 亿元;移送行政拘留案件 49 宗,移送涉嫌环境污染犯罪案件 36 宗。开展环境执法"查管分离"改革和"点菜式"随机抽查执法,推行有奖举报,创设违法者主动公开道歉承诺激励制度,有 137 家违法企业在媒体承诺道歉。

(六)宜居生态创建扎实推进

积极开展生态创建,在国内率先划定基本生态控制线。建成 3 个市级自然保护区,规划面积 228.32 平方公里,占深圳国土总面积的 11.5%;建设绿道 2400 公里,公园总数达 921 个。建成区绿化覆盖率 45.1%,人均公园绿地面积 16.45 平方米,森林覆盖率 40.92%。

四、下一步改革工作考虑

深圳市环保工作虽然取得了一定的进步,但与党的十八大以来强调的加强生态文明建设的新要求,与新的发展理念和建设美丽中国的目标要求相比,仍有相当大的差距,需要依据坚持人与自然和谐共生的基本方略,加大深化改革。

(一)全面发挥好统筹协调作用

进一步按照"突出重点、上下联动、全面推进"的总体思路,积极与国家和广东省的改革要求对接,建立生态文明体制改革台账,明确任务、安排进度、创新举措、统筹推进。同时,不断完善系统内部门之间的协调,构建齐抓共管的环境工作格局;进一步强化改革的协同性、决策的协调性、运行的有序性,更好地履行生态文明建设职能。

(二)健全生态文明建设长效机制

加快构建生态环境保护"党政同责、一岗双责"制度体系,健全生态文明建设目标评价考核制度,积极推进领导干部自然资源资产离任审计、生态环境损害责任追究,构建完善生态环境保护分责、定责、追责的制度体系,树立鲜明的绿色发展导向,全方位全领域地协调推进生态文明建设。

（三）持续加大环保执法力度

实施最严格的标准、最严厉的监管和最严肃的问责，一要以零容忍的态度严厉打击环境违法行为，依法使用查封扣押、限产停产、吊销排污许可证、关闭停业、移送司法等执法措施，按日连续处罚等经济制裁手段和媒体曝光等舆论监督方式，对违法企业形成强大震慑；二要通过实施排污许可制压实企业主体责任，要求企业按证排污、主动守法、自证清白，推动、引导更多企业由被动守法向主动守法转变，不断增强企业的主体责任。

（四）深入推进环保机构监测监察执法垂直改革

根据中央、广东省的部署和要求，在中央及省的框架方案内，进一步完善区级环保机构大部门制，实行以区为主的双重管理模式。深圳市 10 个区（新区）自 2012 年均已实现环保、水务或环保、建设的合署办公，运行情况良好，对整合资源、集中力量开展水污染防治工作作用明显。下一步，我们将依据新要求，结合实际，积极构建更加合理、完善的环境治理体系。

同时，将进一步探索生态文明建设共治模式，充分发挥市场机制作用，积极鼓励、引导社会组织参与环境保护、生态文明建设，不断探索环境保护新路。

将环境保护工作的重心下移到县乡层面

夏　光①

目前,环境保护工作已进入攻坚期,担负着全面建成小康社会进程中克服最大短板、保障顺利实现目标的重任,因此,认真谋划环境保护工作,积极推进环境治理体系现代化,至关重要。

一、认清环境保护两大命题

当前,环境保护督察紧锣密鼓,压茬推进,环境领域的各项改革不断深化,水气土污染防治三大战役逐次展开,这些都是在国家经济面临一定困难的形势下进行的,打破了以往"经济比较困难的时候环保要求会低一些"的传统认识,这说明,一方面,国家将采取重大措施解决严重的生态环境问题(绿水青山);另一方面,国家也要求用环境保护来支持和推动经济稳增长调结构(金山银山),这是环境保护攻坚期所处的特殊背景。

因此,当前环境保护必须要同时回答两个重大命题:一是如何满足人民群众不断提高的对良好环境质量的需求? 二是如何以有限的环境承载力支撑更

---

① 　夏光:时任环境保护部环境与经济政策研究中心主任。

大规模和更高水平的经济发展？

当前对环境保护工作的认识，主要集中在回答第一个命题（改善环境）上，而对第二个命题（支持经济）未予以足够的重视。有观点认为，如何改善经济发展，是经济发展领域应该考虑的事情，不是环境保护应该担负的职责。这种看法具有一定的代表性，是环境保护领域长期以来的习惯思维。事实上，目前环保工作处在"两头受挤"的境地：人民群众渴望碧水蓝天，各地又必须保持经济发展。环境（包括环境容量和生态承载力）作为一种资源，既要满足人民群众生活需要（生存性功能），又要承载经济发展活动（生产性功能）。在过去经济发展水平不高的时候，这两种功能各有空间，相安无事，但在"环境承载能力已经达到或接近上限"的新常态下，这两种功能发生了内在冲突，其外在表现形式就是日益突出的环境问题和环境事件。

环境保护始终与经济发展紧密联系在一起，二者互为前提。环境是发展的物质基础，发展也是必须实现的硬目标，环境保护从来不能通过放弃经济发展来实现。从中央到地方，都要对环境质量负责，也都有发展经济的底线，只有能够支持和保障经济发展的环保要求才能得到各级党委政府的真诚支持。

二、将环境保护工作的重心下移到县乡层面

长期以来，我国环境保护工作的重心一直在大中城市和工业领域，主要开展了城市环境综合整治和工业污染减排。形成这种格局是有原因的，因为过去我国环境问题的焦点和难点确实是在大中城市和工业领域，环境保护的主战场必须在大中城市和工业领域。随着环保工作不断发展，现在大中城市的环境治理体系已有较大改善，机构比较健全，各种软硬条件大为改善，基本能够应对当地环境保护工作的需要。

发展与保护的两难处境体现得最明显的地方是县乡。在城市环境问题得到一定缓解的同时，县域和乡镇层面的环境问题却变得突出和尖锐起来：大量工业企业建在县级城市或乡镇，城市中转移出来的很多产业来到农村，农村还新办了畜禽养殖等工厂以满足城市扩张的需求，同时大量农民集聚到县城或

集镇上生活却没有及时建设污水处理和垃圾清运系统。这些地方没有大城市的集聚优势，不得不依赖落后产业搞发展，一旦这些产能形成，尽管环保不合法或不达标，但也难以取缔。这一切都使很多过去被认为"环境好"的县域和乡镇，现在变成污染严重、环境脏乱的典型代表。绝大部分环境污染问题和风险出现在县乡，大量的环保任务集中在县乡，保障环境质量的责任也主要在县乡。然而，县乡又是我国环境治理体系中最为薄弱的环节，环保机构非常薄弱，工作条件十分缺乏，环境监管难以实施，环境治理失效情况突出。

"郡县治，天下安。"应重新认识县乡环境治理在我国环境保护全局中的地位，把环境保护工作的重点向县域和乡镇倾斜。加强县乡环境治理需要国家和省级层面伸出援手。

下移环保工作重心，加强县乡环境治理，应着重做好以下工作：一是研究制定县乡环境保护的特殊政策，重在帮助县乡加快推进经济结构调整和绿色产业发展，特别是进行工业重组和建立产业园区，缓解当地发展经济与保护环境之间的矛盾。二是加强对县乡各种企业的环境风险排查，在一时无法关停超标排放企业的情况下，优先做好防范污染事故发生的措施，避免出现重大污染事件。不出事是底线。三是对县乡环境保护采取利益激励机制，将县乡环保守法情况与省市财政转移支付挂钩。四是加强对县乡企业达标治理的监督管理，制定分区域的县乡企业达标目标，对到时不达标的企业坚决关停一批，并帮助企业进行转产或退出。五是帮助加强县乡环境治理能力建设，对县乡环保机构进行人员清理，加强人员培训和设施配备。

三、县乡环境治理的四项要务

一是掌握信息，为环保决策和管理提供可靠的基础。目前，环境信息缺失和失真问题突出。这又分为两个方面：首先是能力不足带来的环境信息缺失，主要是对环境质量的监测点位代表性不够和指标不全，不能真实反映环境质量状况。与其他发达国家的环境监测体系相比，我国的环境监测取样点位过于稀疏，北京也只有数百个大气监测采样点。水体环境监测指标数量也比较少,还有很多城市不能进行 $PM_{2.5}$ 的监测。基层的环境监测能力缺口就更大了。其次是环境信息收集机制带来的信息失真,主要是全国性的环境状况数据或环保工作信息依赖地方上报数据汇总,而这些信息又反过来作为评价地方环境状况或工作状况的依据,这就导致信息准确性出现偏差。现在,国家已经开始实施环境质量监测事权上收,对地方环境监测机构进行省级垂直管理等,这对于保障环境信息的真实性十分关键。

二是严格执法监管,树立强势环保形象。环境保护是公共利益的代言者,与那些侵占公益而谋其私利者的对立是必然和尖锐的,环保法律法规必须成为刚硬的"撒手锏",才能起到为人民群众护好碧水蓝天的作用,因此环保执法监督不能温情脉脉、网开一面。新《环境保护法》《党政领导干部生态环境损害责任追究办法》《环境保护督察方案》等为树立环保威权给予了法定授权。现在来看,约谈政府负责人、停产治理等强硬措施已经初步形成了强势环保形象,取得了环境改善的初步成效。

三是加快改革,建立和完善环境保护制度体系。用制度保护生态环境是生态文明建设的基本方针之一。环境保护制度体系可以分为约束和激励两类,前者强调限制,后者强调引导。到目前,以约束和限制为目的的环保制度体系,包括法律法规标准等,已经相对比较丰富和成熟,而以激励和引导为目的的制度体系还比较欠缺,需要加强改革和发展。改革的方向,主要是体现"智慧环保"的精神,通过制定适当的制度引导全社会走绿色发展道路,例如,对于一定的用于承载经济发展活动的环境承载力,如何使它产出更大的经济价值?用行政手段配置这些环境承载力,往往不是效率最高的,市场才是有效配置资源的手段,因此,可以在明确环境承载力的全民所有权性质前提下,进一步对这些环境承载力进行必要的使用权界定(确权),成立"国家环境资产经营总公司"和地方环境资产经营公司,通过市场拍卖和交易的制度,使那些不能高效利用环境承载力的产业或企业退出这个地区,由能够更好地利用环境承载力的企业来进行生产,这样就达到了人民群众基本生活环境需求和经济发展环境需求都得到满足的双赢局面。

四是进行环境社会建设,开创生态文明新时代。长期以来,现实中环境监督管理工作十分困难,原因是社会守法意识比较薄弱,有意违规违法现象普遍,环境执法监管成为猫鼠式强迫行政行为。环保攻坚期应该在改善环保的社会基础方面有所前进。必须培养一代新人,塑造新的社会,否则即使通过大量投入能够收到一些环境改善的效果,也难以稳固,还会陷入再恶化再治理的循环。提高全社会的环境守法意识应该成为环境保护攻坚期的目标而不是手段。

第八部分

农村环保管理体制

农村环境保护要坚持政府主导
和群众自治相结合

陈　峰①

有一句话大家记忆犹深，"让居民望得见山，看得见水，记得住乡愁"，这是 2013 年 12 月习近平总书记在北京举行的中央城镇化工作会议提出来的。我们可以设想一下，如果山不绿，望见的是光秃秃的山；水不清，看见的是臭气熏天的水，恐怕这样的情形和环境难以勾起这份乡愁。所以，乡愁要在青山绿水间，一定是依附在美丽的风光、整洁的环境、优美的田园上。党的十八大以来，中央

高度重视新农村建设，提出了"生产发展、生活宽裕、乡风文明、村容整洁、管理民主"五大要求，其中的"村容整洁"，就是对农村环境保护的一个非常具体、明确的要求。

改革开放以来，我国经济社会迅速发展，取得了举世瞩目的成就，然而，农村环境污染和生态破坏等问题也日益引起社会各方面的关注。有句俗话，"垃圾靠风刮，污水靠蒸发"，就是形容农村环境"脏、乱、差"的状况，这种面貌不仅使我国农村地区成为环境保护的短板，也是造成城乡环境差距的主要原因之一。当前，部分农村地区环境方面的突出问题集中体现在五方面：一是生

---

① 陈峰：中央编办三局副局长。

活垃圾乱堆乱放,二是生活污水乱排乱放,三是畜禽棚舍乱搭乱建,四是农村厕所卫生状况总体比较差,五是农村地区日益受到工业化进程的污染。因此,重视农村环境的治理、修复和重建,进一步加大农村环境保护力度迫在眉睫。环境保护是我国经济社会发展中的短板,而农村地区环境保护更是短板中的短板,必须把这块短板尽快补上、补好。

农村环境保护的目的,我理解,从效果上讲,就是要实现农村生态环境的"三化",即净化、绿化、美化,这是一项涉及面广、任务重的系统工程,需要引入一个核心理念"治理"。无论是从其他国家的经验还是教训来看,单靠政府的努力是远远不够的,为此,要发挥好政府的主导作用,做到"两个明确",即明确职责分工,明确工作重点;同时,又要发挥好群众自治的作用,建立好"一个制度",即建立和完善农村环保自治制度,以此作为政府在环境保护和监管上的补充。

从发挥政府的主导作用看,一方面,要明确农村环境保护的职责分工。县级政府要承担起本区域内的农村环境保护管理工作职责,尤其是在环境保护有关垂直管理体制调整后,要及时建立农村环境保护方面的新型关系,确保有效对接和无缝衔接。县环保部门要加强对农村环境保护工作的组织、指导、协调、督查等职能,切实履职到位。县级相关部门,包括卫生、农业、林业、住建、水利、交通、工商等部门,要按照各自职责,做好农村环境相关管理和指导工作。乡镇政府要把农村环境保护纳入本地经济社会发展总体规划,加大农村环境的综合治理,普及农村环境保护知识。此外,乡镇政府驻地、集镇要按照城镇化、社区化管理的要求,统一规划、完善环卫设施,做到镇容镇貌干净整洁。另一方面,政府开展农村环保工作要统筹兼顾,突出重点,找准切入点。一是科学规划,做到规划先行,立足本地实际,结合农业产业结构调整、农村供给侧结构性改革、镇村布局编制农村环境综合整治规划,以此推进环境综合整治。二是清洁水源,把饮用水水源保护作为重中之重,因地制宜地探索符合农村实际的低成本、高效率的污水处理方式,比如人工湿地、地埋式生活污水净化池、生物沼气技术等,加快建立健全农村生活污水处理系统。三是整洁村庄,主要涉及三种垃圾的处理:对农村生活垃圾进行分类收集,并实现生活垃圾集中收集处理全覆盖;将农村中小企业产生的工业废物纳入当地危险工业废物集中收集处理系统;将农村医疗废物统一纳入城乡医疗废物收集处理系统。尤其是后两种垃圾的处理一定要引起高度重视。四是干净生产,要开展农业面源污染的防治。比如,按照农业技术生态化、农业生产清洁化的要求,大力发展高效、生态和安全农业。积极实施农业标准化,引导农民科学使用化肥、农药、饲料等农业投入品。推动无公害农产品、绿色食品和有机食品的规模化生产。需要重点关注的是,必须加强农村畜禽养殖污染的防治工作,在重点流域区域及饮用水水源地等生态敏感区划定畜禽禁养区,确保畜禽养殖场的选址、布局达到环境保护的要求。五是优化布局,推进乡镇企业加快向工业园区和工业集中区集中,实行污染集中控制、集中处理、集中监管,避免"村村点火、处处冒烟"现象。

加强农村环境保护,除了政府要加强监管、履职到位外,还要根据农村环保工作特点,建立和健全农村环保自治制度,让农民自己管理适宜的农村环保事务。在农村地区,不少村民仍然存在环境卫生整治是政府的事,与自己没关系的思想观念,造成农村环保"干部操心、村民不关心","干部扫地,群众旁观"等情况。据了解,目前我国一些农村以乡规民约为章程成立的环保自治组织已初见雏形,积极主动管理起当地一些生态环境保护事务,对政府环保工作起到了重要的补充作用,效果也不错。比如,湖南省浏阳市金塘村推行的农民环保学校、环保促进会的"农村环保自治模式",浙江省桐庐县的生态保护协会和"无保洁员村"等。要在这些探索的经验基础上,积极鼓励和支持农村建立符合本地实际、务实管用的农村环保自治制度,尤其是在当地政府引导和环保部门的业务指导下,根据现行法规规定和地方特点建立自我组织、依法建章、积极作为的农村环保自治组织。这个组织可由当地农村企业代表和农民自愿组成,聘请人大代表、政协委员或有声望的社会贤达担任自治组织的监督员,以调动各方面力量加强农村环保工作。

农村环保自治组织也要突出自己的工作重点,比如,宣传国家环境保护法规、政策,向村民普及环境保护知识;监督本地工矿企业的排污情况和动态,积极主动向环保部门报告;管理本乡本村的生态环保事务,如护林、饮用水水源保护等。此外,还要依法合理维护农民环境权益,积极向政府提出环保工作建议等。

为激励农民参与环保自治工作,需进行配套制度安排,比如建立环保激励奖励机制,乡镇政府根据本地财力,加大对农村环保自治组织的资金支持。同时,农村环保自治要与现有村民自治衔接起来,把村民自治中的"民主选举、民主决策、民主管理、民主监督"运用到农村环保自治工作中,引导农民平等协商、理性参与农村环保治理工作。

改善农村人居环境工作情况

王旭东[①]

一、农村建设的一般规律和我国的现状

目前,中国农村建设基本符合农村建设和发展的一般规律。农田基本设施建设阶段已基本完成,当前正处于基础设施建设阶段,只有部分(约 20%)的地方进入了田园风光建设阶段。总的判断是:中国农村基础设施建设至少还需要 20 年才能完成。
上述三个阶段的划分,是基于对我国农村大量调查的基础之上得出的。从2014 年开始,我们连续三年对全国的每个行政村进行逐村跟踪和调查。我们设定了 34 项指标,每一大类指标如果能达到标准就赋予 1 分,从数据结果看,全国的农村人居环境平均得分只有 5.73 分,还不及格。东部地区平均分是中西部地区的 1.5 倍,这也反映出东西部地区人居环境差距十分明显。图 8-1、图 8-2 数据显示,目前全国有 53%的行政村还处于基本生活条件得不到保障的阶段,40%的行政村处于环境设施不足的阶段,只有约 7%的行政村处于美丽乡村建设的阶段。所以,农村环境治理的任务依然十分繁重。

---

① 王旭东:住房和城乡建设部村镇建设司副司长。

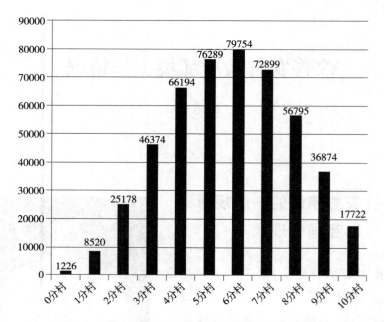

图 8-1　2015 年全国村庄人均环境得分(按分数分层)

　　近年来,特别是 2000 年以后,随着中央和各地对改善农村人居环境力度的不断加大,农村人居环境取得了显著成绩,包括水、路、电、房、环境、卫生等方面都有了非常大的进展。例如,农村饮水安全工程受益人口达 3 亿;涉水重病区村的饮水安全全部解决;集中供水的行政村比例达 70%。2015 年全国通公路的行政村比例为 99.8%。2017 年无电人口基本消除。2008 年以来累计改造农村危房 2311 万户。2015 年农村卫生厕所普及率 75%,26 万多个村庄环境面貌改善。当然,仍存在一些问题亟待解决。相当一部分农村地区环境还比较差。部分村庄基本生活条件还不能保障,如危房改造的任务依然十分繁重,还有 1200 万贫困人口住在危房中;城乡环境差距巨大,改善的愿望也特别迫切;农村地区还存在较多的安全隐患;乡村建设混乱,传统村落大量消失。分析原因,首先是制度上存在空白,包括法律制度、基层管理制度、乡村治理制度。其次是投入严重不足(见图 8-3)。数据显示,农村人均市政公用设施建设投入仅相当于城市的约 5%。最后乡村建设理念存在偏差。不少地方热衷

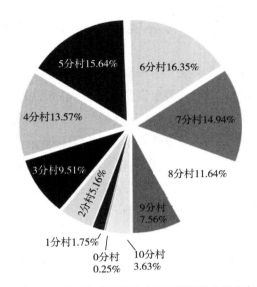

图 8-2　2015 年全国村庄人均环境得分比例分布

于照搬城市小区模式建新村;农村各类建筑布局杂乱无章,毫无美感;农民建房贪大求洋、设计粗糙,乡村风貌破坏严重。

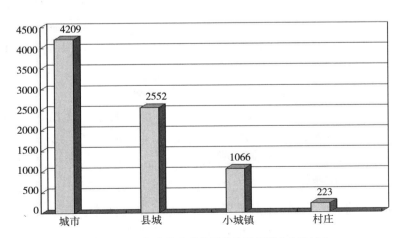

图 8-3　2014 年人均市政公用设施建设投入(元/人)

二、改善农村环境工作的总体情况

近年来,从中央到地方都建立了一套推进农村环境比较有效的工作机制。住建部、中农办、环保部、农业部等负责全国改善农村人居环境组织协调工作。15 个部门共同编制了全国改善农村人居环境"十三五"规划,并联合开展监督检查,督促和指导地方工作。地方建立了一个以县级政府为主体、农民广泛参与的工作体系。其中,30 个省成立省级领导牵头的工作领导小组;地方财政相关投入平均每年增加 20%;30 个省将改善农村人居环境纳入工作考核;23 个省制定了省级改善农村人居环境规划。

三、改善农村人居环境重点工作的开展情况

第一,村镇规划。村镇规划的主要问题有两个方面:一是乡村无规划,乡村建设无序;二是沿用城市规划的方法,实用性差。2015 年印发了《关于改革创新、全面有效推进乡村规划工作的指导意见》,推动实用性的乡村规划编制和实施。具体有四个方面的创新:一是树立建设决策先行的乡村规划理念,二是确立县(市)域乡村建设规划先行及主导地位,三是建立相关部门统筹协调的乡村规划编制机制,四是推进以村委会为主体的村庄规划编制机制。

第二,农村垃圾治理。住建部牵头农村垃圾治理工作。2015 年,10 个部门印发了《关于全面推进农村垃圾治理的指导意见》,提出 5 年治理目标,第一次提出将农村生活垃圾、工业垃圾、农业生产垃圾统筹治理。同时,提出了"五有"标准,即有齐全的设施设备、有成熟的治理技术、有稳定的保洁队伍、有长效的资金保障、有完善的具体制度。其中,四川、山东、江苏、上海、北京五个省(市)已经达到了 90% 的治理标准。图 8-4 显示了全国农村生活垃圾治理的成果,2016 年对生活垃圾进行处理的行政村比例达到 65%。

第三,农村污水治理。这项工作的投入特别大,如果要实现农村 50% 的

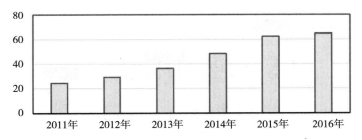

图 8-4　全国农村生活垃圾治理进行处理的行政村比例(%)

污水治理率,大概要投入 1.5 万亿元,平均每户 1 万元。因此,当前阶段全面推进并不现实。目前推进的方式是先推动厕所污水治理,我们提出了 2020 年实现全国 70% 的厕所污水治理的目标。

(注:本文是根据作者会议上的发言进行整理而成)

日本保护农村环境的经验

染野宪治（Someno Kenji）[①]

一、日本的农村

日本的农村是从事农业生产的场所，还发挥着保护国土、涵养水源、保护生物多样性、形成良好景观等多种作用。

直到江户时代（1603—1868 年）末期，日本都是以农业为基础的社会，农民占人口的80%。从 17 世纪初到 18 世纪初，日本不断开发新田，耕地面积扩大到原来的 1.5 倍，人口也从 1200 万人增至 2800 万人。然而，在经济发展中随之而来的自然破坏和乱砍滥伐引发了森林破坏等环境问题，加上地震等灾害的发生，使得"开发一边倒"的发展濒临极限，需要通过改良农具和精进农业技术的方式增加收成，提高生产效率。这推动了农民教育（读写算）的普及，促进了区域内的互帮互助，增强了自治功能，从而形成了现在农村社会的形态。

进入近代以后，日本经济迎来高速增长期，农村也出现了各种环境问题。例如，为追求农业生产效率而滥用化肥和农业塑料等。这成了河流和地下水

① 染野宪治：日本国际协力机构（日本环境省）、中日友好环境保护中心建设友好型社会项目首席顾问。

等的水质污染和富营养化、土壤劣化、产生温室气体 NO_2 等一系列环境问题的根源。随着饮食结构的变化，畜产业愈发兴旺，而家畜排泄物引发了水质污染和恶臭问题。此外，在野外燃烧稻草和麦秆也引发了大气污染问题。农村地区居民生活中排放的污水、处理不当的垃圾也会对水质和土壤造成环境影响。这些环境问题不仅会降低生物生息繁育环境的功能，还会不断恶化自然生态。

二、日本的行政组织机构

在介绍日本农村地区的环境问题之前，先对比一下日本和中国（大陆）的行政组织机构。

中国的行政区划分为 5 级，分别是国家；省、自治区、直辖市；市级区划；县级区划；乡镇级区划。中国平均一个区划的面积和人口分别为 240 平方公里和 3.4 万人（2014 年底的数据）。与此相比较，日本的行政区划分 3 级，分别是国家、都道府县、市町村。日本的国土面积约为 38 万平方公里，人口为 1.3 亿人，市町村（包括东京都特别区）的数量为 1741 个，平均一个区划的面积和人口分别为 217 平方公里和 7.3 万人（2016 年底的数据）。

从面积来看，中国的乡镇级区划和日本的市町村在面积上相差不大。但中国的乡镇级区划处在第五级，而日本的市町村处在第三级，因此在财政和组织机构上存在很大的差异。

日本地方政府普通的年度会计收入包括 34% 的地方税、19% 的地方交付税（国家为调整地方政府财政实力差距而设置的财政转移收入）、14% 的国库支出金（国家已规定用途的国家财政转移收入）、15% 的地方债等（2003 年）。1900 年，地方年度收入中，60% 是地方税，而现在来自国家的财政转移比重较大，这样，即便是农村地区多、税收基础弱的地方政府，当地民众也没有过重的税收负担，因此，有能力提供某种程度和水准的公共服务。

特别是农村地区多的地方政府，其特点是：（1）人均地方税收与城市相比，相对较低，但人均年度收入规模是城市的 2—3 倍，特别是公共事业的比重和规模较大;(2)年度收入方面,地方税的比重较低,依赖地方交付税的程度较高;(3)形成于20世纪六七十年代。

这种地方交付税和公共事业的定位是调整城市和农村的经济差距。除了建设道路、港口等产业基础设施,促进农村招商引资外,还注重建设供水排水管道、文化和福利设施等生活基础设施,提高农村居民生活的便利性。此外,地方交付税除了支持公共事业之外,还为农村居民在教育、福祉、保健、卫生、道路交通设施等方面享受到一定水平的服务(国家最低标准)提供保障。

如今,日本农村在很多领域已经达到了国家最低标准,政府也在致力于调整地方财政结构并引进 PEI 等民间资金。但是,日本农村地区的良好环境是在经历了依靠财政建设基础设施的阶段后形成的。

三、生活引起的环境问题

日本在处理生活污水和生活垃圾方面有全国统一的法律和标准依据。表 8-1是日本农业环保相关的法律。各行政区划(国家、都道府县、市町村)承担相应的职责,城市和农村要遵守的环境标准并没有差别。然而,人口密度小的农村在设施建设情况和实现达标的污水处理方式等方面存在差异。

表 8-1　日本农业环境保护相关的法律

	基本法	水　质	废弃物	其　他
环境省	环境基本法(1993)	净化槽法(1983) 水质污浊防止法(1970) 濑户内海环境保全特别法(1973) 湖沼水质保全特别法(1984) 水道水源水质保全特别法(1994)等	废弃物处理法(1970) 容器包装再生利用法(1995) 家电再生利用法(1998) 汽车再生利用法(2002) 小型家电再生利用法(2012)等	农用地土壤污染防止法(1970) 恶臭防止法(1971)等

	基 本 法	水 质	废 弃 物	其 他
农林水产省	食料·农业·农村基本法(1999)		家畜排泄物法(1999)	农药取缔法(1948) 肥料取缔法(1950) 持续农业法(1999)
国土交通省	水循环基本法(2014)	河川法(1964) 下水道法(1968) 海洋污染防止法(1970)		建筑基准法(1950) 都市计划法(1968)

(一)生活污水处理

日本生活污水处理设施的建设步骤是,先由都道府县制定"都道府县构想"设定建设区域、建设方法、建设安排等,然后由地方公共团体(都道府县和市町村)基于这一构想开展高效而富有成果的建设工作。

2016年3月底,全日本的污水处理设施服务人口为1.15亿人,污水处理人口普及率(占总人口的比例)为89.9%。虽然比2006年3月底的比例增长了9个百分点,但仍有大约1300万人未能利用到污水处理设施。此外,大城市和中小市町村存在差距,人口不足5万人的市町村的污水处理人口普及率在77.5%左右。

污水处理设施分为下水道(日本国土交通省主管)、农业村落污水设施(日本农林水产省主管)、净化槽以及社区成套设备(日本环境省主管)四类。其中,下水道主要针对日本城市规划中的市中心,即城市人口集中区域;农业村落污水设施主要针对市中心以外的农村地区村落;净化槽以及社区成套设备主要针对除上述两种情况之外又位于人口密度极低地区的单户住宅。

从各种处理设施对应的服务人口来看,下水道服务9926万人,农业村落污水设施等服务358万人,净化槽服务1167万人,社区成套设备服务23万人(见表8-2)。

表 8-2　日本各种处理设施的服务人口普及状况（2016 年 3 月底）

处理设施	服务人口（万人）
下水道	9926
农业村落污水设施等（包括渔业村落污水设施、林业村落污水设施、简易污水设施）	358
净化槽	1167
社区成套设备	23
合计（A）	11474
总人口（B）	12766
污水设施服务人口普及率（A/B）	89.9%

注：数据来源于《2015 年度末污水设施服务人口普及状况》，日本环境省报道发布的资料（2016 年 9 月 5 日）

下水道主要分为市町村管理的公共下水道和都道府县管理的从两个以上的市町村承包下水道并加以处理的流域下水道。下水道根据《下水道法》的规定建设，通过下水管从各户家庭收集污水，然后在净化厂进行处理。

农业村落污水设施是处理农业村落的粪便、生活排水等污水或雨水的设施，基本针对 1000 人规模以下的村落。主要由市町村建设，由污水处理厂及管道、公共污水井等组成，类似设施有渔业村落污水设施、林业村落污水设施等。

农业村落污水处理是主要在农村地区开展的项目，而下水道项目中也有在农村地区开展的特定环境保护公共下水道（以下简称"特环下水道"）项目。如此，下水道和农业村落污水处理似乎有所重合。但是，从各个项目建设的处理设施的处理规模来看，农业村落污水处理方面，处理量在 300m³/天以下（对应 1000 人）的处理设施占总体的 60%，90% 左右的处理设施是处理量在 500m³/天以下（对应 2000 人）的设施。而在特环下水道方面，处理量在 300m³/天以上的占总体的 95%，处理量在 500m³/天以上的占 80% 左右，处理规模存在一定程度的区别。

与之相比,净化槽主要针对单户住宅,以设置在住宅区内作为建筑物一部分的专门处理设施为主。现在主要适用于集中处理不经济的山区等平地少且散布着单户住宅的地区。

净化槽分为只处理粪便的单独处理净化槽和综合处理粪便、杂排水的合并处理净化槽,日本现在禁止设置新的单独处理净化槽,并正逐步向合并处理净化槽转变。采用的机制是,当个人需要设置和改建净化槽时,由市町村资助所需的费用。此外,还有市町村自行针对群体(多个家庭)建设净化槽的社区成套设备项目。

《建筑标准法》对农业村落排水以及净化槽的性能和结构等做出了规定,制造、施工、维护管理由《净化槽法》规定。

(二)生活垃圾处理

日本的《废弃物处理法》将废弃物分为家庭、企业排放的一般废弃物和工厂等排放的产业废弃物两大类。一般废弃物由市町村负责处理,进行收集、搬运和处置的废弃物处理,原则上需要市町村长的许可。产业废弃物由企业负责处理,进行收集、搬运和处置的废弃物处理,原则上需要都道府县知事的许可。

一般废弃物中,家庭排放的生活垃圾多由市町村自行收集和搬运。但近年来,为了降低行政成本,委托获得市町村许可的民营企业的案例也越来越多。此外,生活垃圾中的罐、瓶、塑料瓶等容器由市町村按照《容器包装再生利用法》分类回收,然后由企业进行再生利用。

2015 年,日本的垃圾总排放量为 4398 万吨,垃圾总处理量为 4170 万吨,其中通过焚烧、破碎、分选等进行中间处理的量为 3920 万吨,直接搬入再生企业等的量为 203 万吨,两者合计占垃圾总处理量的 98.9%。中间处理量中,直接焚烧的为 3324 万吨,占垃圾总处理量的 79.7%。

市町村等通过分类回收直接资源化的量和中间处理后再生利用的量合计为 661 万吨,通过民众团体等集体回收实现资源化的量为 239 万吨。两者合计的资源化总量为 900 万吨,循环利用率为 20.4%(见图 8-5)。

2015 年,日本每人每天的生活垃圾排放量为 939 克,而人口低于 1 万人

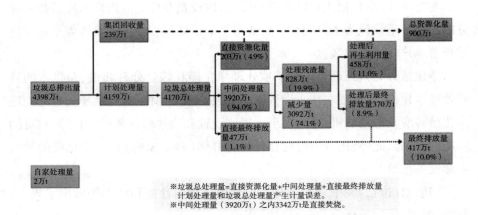

图 8-5 日本的一般废弃物处理状况（2015 年）

注：数据来源于《一般废弃物处理事业实态调查结果》，日本环境省报道资料（2017 年）

的市町村为 882 克，越小的市町村排放量越少。此外，全日本生活垃圾的平均再生利用率为 20.4%，而人口不足 10 万人的市町村中，生活垃圾再生利用率排前三位的市町村（鹿儿岛县大崎町、德岛县上胜町、鹿儿岛县志布志市）分别为 83.2%、79.5%、76.1%。人口在 10 万至 50 万之间的市町村中最高（冈山县仓敷市）为 51.6%，人口超过 50 万的市町村中最高（千叶县千叶市）为 32.6%，由此可见，人口少的地区循环利用率明显更高。

大崎町的面积为 101 平方公里，人口约为 13000 人，农业人口约为 1300 人；上胜町的面积为 110 平方公里，人口约为 1500 人，农业人口约为 300 人；志布志市的面积为 290 平方公里，人口约为 31000 人，农业就业人口约为 2300 人。与大崎町和志布志市相比，上胜町的老年人（65 岁以上）占人口的 50%，是典型的老龄化程度不断加剧的农村地区。

这些地区循环利用率高的原因是，大崎町有 28 类彻底分类回收的废弃物，志布志市有 27 类，上胜町有 34 类。之所以能够实现彻底的循环利用，除了源于民众保护当地优美环境的热切诉求之外，财政有限导致需要控制处理废弃物的费用也是主要因素。日本全国处理一般废弃物的事业经费为人均 15200 日元（2015 年），而推算结果显示，上胜町约为 10000 日元（2012 年），志布志市约为 7000 日元（2011 年）（见表 8-3）。

表 8-3　德岛县上胜町的案例

回收区域	全町 垃圾站 1 处 资源物储存所 1 处
回收及处理方法	垃圾站(由委托单位负责管理运营)于每天 7:30—14:40 接收垃圾 资源(1 月 1—2 日休息,大型垃圾于周日同一时间段接收) 原则上要求送至垃圾站,居民自行进行清洗分类 委托单位对送来的分好类的物品进行压缩和打包后,分别运送至储 存所保管 储存物按照种类,由各再生和处理单位按照委托合同运送至各单 位,进行合理的再资源化和处理
34 分类	送至垃圾站:①铝罐;②铁罐;③喷雾罐;④金属盖;⑤透明瓶;⑥褐 色瓶;⑦其他瓶;⑧回收瓶;⑨其他玻璃瓶、陶瓷器皿、贝壳;⑩干电 池;⑪日光灯管;⑫日光灯管(损坏物);⑬镜子、体温计;⑭灯泡;⑮ 白色托盘;⑯旧布;⑰纸包装;⑱瓦楞纸;⑲报纸、折页传单;⑳杂志、 复印纸;㉑一次性筷子;㉒塑料瓶;㉓塑料瓶盖子;㉔打火机;㉕被 子、毛毯、地毯、窗帘、地垫;㉖纸尿布、卫生巾;㉗废弃食用油;㉘塑 料容器包装类;㉙必须焚烧的物品;㉚废旧轮胎、废旧电池;㉛大型 垃圾;㉜四类家电;各家庭资源化:㉝厨余垃圾、农协等回收;㉞农业 废塑料、农药瓶等

(三)畜产环境问题

在日本畜产业单位农户饲养规模不断扩大和地区混住情况加剧等背景下,家畜排泄物导致的恶臭和水质污染等畜产环境问题日益凸显。一方面是对家畜排泄物的处理和保管不当,如将固体状的家畜排泄物单纯地堆放在户外(以下简称"户外堆放")和在地面挖坑储存液体状的家畜排泄物(以下简称"挖坑储存")等。近年来,硝态氮导致地下水污染以及隐孢子虫,对人体健康影响巨大,而这些问题与家畜排泄物的关联很大,令人担忧。另一方面,家畜排泄物作为土壤改良材料和肥料又具有较高的利用价值,是一种宝贵的生物质资源。因此要解决畜产环境问题,合理管理家畜排泄物,预防和减轻环境问题,以及通过促进家畜排泄物的利用来有效利用资源至关重要。

根据 2016 年的畜产统计等数据推算,全日本一年内产生的家畜排泄物约为 8000 万吨,对照饲养数量的趋势来看,近年来趋于平稳或略有减少。1999年通过户外堆放和挖坑储存等不当方式管理的家畜排泄物为 900 万吨,约相当于当年产生量的 10%,而现在,日本政府根据《家畜排泄物法》制定了明确管理设施和管理方法的管理标准,畜产企业有义务按照管理标准管理家畜排泄物。经过推算,2004 年户外堆放和挖坑储存的家畜排泄物减少至 100 万吨,相当于产生量的 1%—2%。

《家畜排泄物法》规定,如果企业违反管理标准,都道府县知事需进行指导及提出建议,以便企业按照管理标准进行管理,如果企业在接受指导和听取建议后仍违反管理标准,则进行劝告,进而下达命令,如果企业违反命令,则处以 50 万日元以下的罚款。此外,饲养规模小(牛不足 10 头、猪不足 100 头、鸡不足 2000 只、马不足 10 匹)的情况下,由于对环境的影响小,因此不适用于该管理标准。但是,需努力遵守管理标准。

根据家畜排泄物的性状和处理后的利用形态不同,有各种管理(处理、保管)家畜排泄物的方法。与其他国家相比,由于日本国土狭窄,城市和农村混住情况加剧,因此采用了堆肥化处理、净化处理等方法。

为了处理家畜排泄物和建设利用设施,日本政府在补助、融资、税收等方面提供各种支持。《家畜排泄物法》施行状况调查(截至 2016 年 12 月)显示,适用管理标准的农户数量为 46779 户,约占全部畜产农户数(77484 户)的 60.4%。符合管理标准的畜产农户数为 46769 户,99.98% 的农户都在遵守管理标准。

此外,畜产业排放的污水含有大量氮和磷等物质,在《家畜排泄物法》施行之前,《水质污浊防止法》就规定,超过一定经营规模的畜产企业有义务对排放的污水进行处理,使水质达到规定标准。日本全国适用于该法的特定设施约有 3 万处,面积超过 50 平方米的养猪场、面积超过 200 平方米的养牛场、面积超过 500 平方米的养马场都适用于该法(《湖沼法》适用地区则更加严格,超过上述面积的 80% 便适用)。污水排放标准方面,2019 年 6 月底之前的暂定标准将氨、氨化合物、亚硝酸盐以及硝酸盐(硝态氮等)的标准设定为 600mg/L(一般标准为 100mg/L),2018 年 9 月底之前的暂定标准将封闭性海域的氮设定为 170mg/L,磷设定为 25mg/L(一般标准,氮为 120mg/L,磷为 16mg/L)。

湖南省推进农村环境综合整治的经验

姚　斌[①]　彭小丽[②]

近年来,湖南省从开展农村环境连片整治示范起步,不断总结经验、完善思路,形成以县级行政区为基本单元、整体推进农村环境综合整治的模式。2015 年湖南省被确定为农村环境综合整治全省域覆盖试点省。目前,全省 129 个县市区中除长沙有 3 个区无农村人口外,其余 126 个县市区(含管理区)全部启动了农村环境综合整治整县推进工作,受益人口达 500 余万人,已有 32 个县市区通过了验收。通过努力,农村环境整治工作得到了有效推进,同时结合"美丽乡村""洁净乡村"建设,广大农村的环境面貌有了明显改善,房前屋后干净整洁,田间地头绿意盎然。

一、建管并重,规范实施饮用水源保护工作,保障农村饮水安全

一是科学划定饮用水源保护区。全省县级以上(县城)地表水集中式饮用水水源保护区划定方案编制完成,并发布实施。二是积极推进农村饮用水

---

①　姚斌:湖南省生态环境厅党组成员、副厅长。

②　彭小丽:环境保护科学研究院工程师。

源地整治。结合"农村安全饮水工程",部分农村地区实现了"城乡供水一体化"。对农村集中式饮用水源地(点),采取建设截污沟渠、必要防护围栏设施,设置标识标牌等,较好地解决了农村安全饮水问题。长沙市雨花区积极组织力量对跳马镇各村组水源丰富、水质较好、群众取水多的 10 个水井进行修缮保护,采取虹吸方式将水源引至马路边方便群众取水,不仅改善水源水质,更方便群众取水,直接受益人口 3600 余人。

二、因地制宜,务实开展生活污水治理工作,改变农村污水横流局面

湖南省地形地势复杂多变,农村线长面广,村民居住相对分散,目前,各县市区结合实际,摸索出了三种有效的农村生活污水处理模式。第一种是针对居住分散的农户生活污水,采用三格化粪池或四格化粪池进行处理,处理尾水作为灌溉回用于菜地。第二种是在村庄人口相对集中片区,按照三格净化池+人工湿地模式建设联户简易污水处理设施。第三种是对于人口集中区域,如居住小区、学校等,采用集中式人工湿地进行处理。

西洞庭湖管理区创新污水运行模式,在人工湿地用地内建设太阳能光伏发电项目,可部分解决污水处理设备运行本身所需电量,在太阳能资源充足的时候,多余电量还可并网收费,有效降低了农村生活污水处理设施长效运行成本。永兴县创新融资方式,采用分期付款模式,引进湖南领御环保工程有限公司垫资承建全县农村饮用水水源保护、生活污水收集处理、畜禽养殖污染整治三方面的工程内容,总投资约 1.6 亿元。项目通过验收后,按"6∶3∶1"的方式分期付款。津市市在农村集镇污水处理站方面,向全社会公开招标,引入第三方按 DBO 模式进行设计、建设和运营承包,避免了农村污水处理设施建成后无专业人士管理的问题。凤凰县推行私人房屋建设环境影响登记表制度,需户主对所提供信息及建房期间的环保要求、化粪池的设计、施工、接入管网、后期维护做出承诺,环保部门经过审查并批复后,规划、住建等部门方可办理相关手续,保障了私人房屋建设的各项环保措施落实到位。

三、多措并举,有效破解生活垃圾治理难题

农村垃圾产生量多,覆盖面广,转运成本高,特别是偏远山区,生活垃圾处理一直是个难题。湖南省在多年的实践中,主要形成了四种生活垃圾处置类型。

一是分类减量处置。以"资源化、减量化"为立足点,以分类指导的原则,因地制宜地推出"户分类减量、村主导消化、镇监管支持、县以奖代投"的生活垃圾处理新模式,缓解了政府花钱转移垃圾的窘境。如津市市推广的"绿色存折"制度,在每个村组设置并联三个一组的垃圾分类收集桶,要求农户按可回收垃圾、不可回收垃圾和有害垃圾分别投放相应桶内。村卫生保洁员每日集中收集垃圾后,将可回收垃圾留下,积聚到一定量后送交邻近集镇废品回收点兑付现金或生活物品;将不可回收垃圾和有害垃圾运到乡镇垃圾转运站,再由环保局按规定处置。望城区全面推广垃圾分类减量,按每村 10 万元的奖励标准确定 30 个分类减量试点村,出台了垃圾分类减量工作指导规范文件。按照户分类抓习惯养成,再分类抓精细分拣的思路,通过村干部包片负责、反复宣讲、引导村民逐步形成分类习惯,通过回收补贴等激励措施调动分类保洁员再分类的工作积极性,引导各试点村因地制宜选择科学的分类模式,形成了城区、山区、垸区三种特色模式,家家户户垃圾分类入桶、菜叶沤肥,分拣中心回收垃圾分类精准,保洁员工作干劲十足,30 个试点村垃圾减量率均达 80%以上,同时涌现一大批分类减量先进典型。同时区内大部分行政村按照 60 元/户·年左右的标准实行收费制度,每村一年可收费五六万元,这部分收费对缓解村级垃圾处置运营压力虽不明显,但可倒逼群众生态环保意识提升、分类减量习惯养成。

二是户分村收镇转体系。适用于平原、低山丘陵区经济基础较好的地区,每户有分类桶,每组有垃圾池,每村有保洁员,每村设回收点,乡镇有中转站。如安乡县、永兴县建立了全县垃圾清运体系,并在各行政村设立了再生资源回收点,实现全覆盖。

三是垃圾焚烧发电或与水泥厂协同处置。长沙、株洲、衡阳等地均建设了垃圾焚烧发电厂,为城乡垃圾处理一体化建设提供了保障。株洲县与华新水泥(株洲)有限公司合作,投资建成了株洲市生活垃圾预处理及水泥窑综合利用一

体化项目,日处理生活垃圾 450 吨,主要处理株洲县各乡镇和华新水泥公司周边县市区提供的生活垃圾,将生活垃圾变废为料,为生活垃圾处置提供了新的出路。

四是城乡同建同治。适用于近郊农村垃圾处置,纳入城市垃圾填埋场集中处置,如市辖区以及临近县城的乡镇。

在生活垃圾处理运行模式上,湖南省也总结了四种类型。一是市场主导型。如郴州市永兴县采用 BOT 模式建设城乡智能环卫系统,引进桑德环境资源股份有限公司投资建设村级收集站、垃圾转运车、乡镇中转站和县级集中处理中心,总投资约 3 亿元,并利用互联网建立了监控平台,签订 30 年特许经营合同,政府根据考核结果按平均 116 元/吨处理费,80 元/吨的清运费付费给桑德环保公司,农户按 5 — 10 元/户·月的标准收取垃圾处理费,每年县财政补贴 1500 多万元。公司专业技术人员下乡下村指导农户进行分类,全县垃圾在分类减量的基础上,清运率达 100%。二是政府主导型。如长沙县将城乡居民的生产生活垃圾处置全面纳入政府公共服务范畴,加大财政支持力度,将垃圾处置纳入乡镇、村、组绩效考核,与评先评优、以奖代投挂钩。三是村民自治型。如石门县罗坪乡长梯隘村成立了 7 支义务保洁队伍,每季度进行卫生检查,检查标准和评比结果公示,并适当奖惩,彻底改变了脏乱差的旧貌。四是政府与社会资本合作型。安仁县采取 PPP 模式引进社会资本参与投资运营,通过市场化运作融资 5000 万元,建设安仁县城乡生活垃圾处理收转运系统。通过引进第三方资金,有力解决了县级财政前期配套经费紧张的问题,让城乡垃圾收转运体系建设得到跨越式发展,妥善解决乡村垃圾处理难的问题。湖南省鼓励各县市区与企业积极对接洽谈,对采用 PPP 模式建设垃圾收运体系进度快、成效好的县市给予奖补。已有 1 个县进入运营阶段,1 个县完成签约,30 多个县已开始方案沟通,垃圾收运体系政府与企业合作 PPP 模式逐步向全省各县市区延伸。

四、部门联动,扎实推进畜禽污染治理工作,强化农业污染源控制

湖南省农村环境综合整治着力解决突出的畜禽养殖散养户污染问题,首

先,通过联合畜牧部门进行养殖功能区的划分,对禁养区内部分现有养殖企业进行退养补助、关停。严格控制限养区养殖规模。在养殖大户中,坚持"生态养殖"理念,推广"干湿分离"粪污处理模式,粪污经无害化、减量化处理后作为有机肥施用农田山林。对于众多分散的养殖户,则结合推广沼气池实施粪污无害化处理。沼气池不仅解决了畜禽养殖粪便污染环境问题,还实现了农村用能的清洁、低碳和省钱。部分县市还在探索与企业合作建立有机肥厂的模式进行处理,如长沙县畜禽养殖小区与百威啤酒正在商谈合作建立有机肥厂,实现废物利用。

五、协同推进,有机融合"美丽乡村"创建工作,提升农村人居环境

湖南省委省政府高度重视"美丽乡村"创建工作,大力加强农村精神文明建设,推进文明乡风培育,各市州结合地方特色,从环境治理、文化发展、民风培育等方面建设美丽乡村,成效明显,涌现了一批乡村建设先进典型。宁乡县实施环境保护、全民护水、全民植绿、全民清整、美丽乡村建设等三年行动计划。近年来,湖南省创建 13 个国家级生态乡镇,27 个省级生态乡镇,18 个绿色示范村庄,2500 户绿色示范庭院,全县域旅游景区化建设蓬勃发展。郴州市结合洁净乡村行动,加快农村基础设施建设,大力发展现代化农业,注重培育乡风文明,有效推进农村规范建房,全力创建"美丽乡村"。统一印制了 2 万份具有湘南民居特色的《小康住宅建筑标准图集》(有 46 种户型,含住宅效果图、建筑施工图、结构施工图、电气施工图、给排水施工图),全部免费发放给每个乡镇和行政村,供村民建房参考使用。桂阳县按照"有规划覆盖、有审批程序、有标准图集、有绿化美化、有检查验收、有奖惩措施"的要求,结合规范农村建房与农村环境整治工作,积极实施农村绿化、净化、亮化、美化、序化工程,农村面貌得到较大改善。桂阳县邱家村、苏仙区桥口村等村,通过统一规划、统一建设、统一配套,把过去房前屋后污水横流、"火柴盒"式房子四处密布的垃圾村、空心村,彻底改造成了布局整齐、设施配套、景色迷人的美丽乡村。

健全农村环保管理体制
提升乡镇政府服务能力

冯春燕[①]

重庆地处长江上游和三峡库区腹心地带,是西部大开发的重要战略支点、"一带一路"和长江经济带的联结点。重庆集大城市、大农村、大库区、大山区于一体,城乡二元结构特征明显。近年来,重庆市牢固树立新发展理念,着力破除城乡二元体制约束,健全城乡一体化发展体制机制,加强基层政府环境保护能力建设。

一、健全基层环境保护体制的背景

2013 年以来,重庆市加强乡镇环保机构建设,健全了市级、区县、乡镇三级环境管理体制。

（一）生态文明建设摆在了全局工作的突出地位

党的十八大以来,以习近平同志为核心的党中央将生态文明建设作为统筹推进"五位一体"总体布局和协调推进"四个全面"战略布局的重要内容,形

---

① 冯春燕:重庆市编办副主任。

成了科学系统的生态文明建设重要战略思想,推动生态环境保护从认识到实践发生了历史性、全局性变化。机构编制部门要积极推动完善基层环保治理体系,着力夯实生态文明建设基础。

(二)重庆肩负建设长江上游重要生态屏障的历史重任

随着国家"一带一路"和长江经济带发展战略的加快推进,重庆肩负起建设长江上游生态屏障的重要历史使命。习近平总书记视察重庆时指出"保护好三峡库区和长江母亲河,事关重庆长远发展,事关国家发展全局"。机构编制部门要全面贯彻落实中央决策部署,打通全市范围环境保护纵向管理体系,落实乡镇政府环境保护主体责任,确保基层环境管理不留空白。

(三)弥补基层环境保护体制滞后的突出短板

长期以来,基层环保能力建设滞后,环境监管"最后一公里"缺失,导致农村环境问题突出,已成为制约全面提升环境发展水平的瓶颈。2012年前,全市乡镇(街道)环保机构普遍存在"软""散"问题,乡镇(街道)正常履职的环保人员不足200人。近7万家规模化畜禽养殖场中,超过2/3的养殖场缺乏污染防治设施。农村环境连片整治建成的一大批环境基础设施,由于没有专门的机构和人员进行管理,相当一部分成为"晒太阳"工程。机构编制部门要坚持从实际出发,加快补齐基层环境监管缺口,从体制机制上破解环境保护"重城市、轻农村"问题。

二、加强基层环保能力建设的探索

重庆市以政府职能转变为核心,从完善政府功能、提高政府服务能力、优化政府组织架构、促进多元共治等方面推进基层环保组织体系建设,促进基层环保能力提升。

(一)强化乡镇政府环保职能

厘清政府层级间的环保职责关系,明确乡镇政府主要承担农村人居环境整治、农业污染防治、农村自然生态环境三个方面的职能。按照政府职能法定的基本原则，通过地方人大立法，修订颁布《重庆市环境保护条例》，对乡镇政府应当做好辖区内基础设施的日常监管、饮用水水源保护巡查、污染源现场监督检查、环境污染投诉调查及损害纠纷调解等环境保护相关工作作出规定，为乡镇切实履行环境保护职能，做到依法行政提供了法律依据。

（二）优化机构编制资源配置

在政府机构编制总量严格控制的前提下，重庆市始终坚持在现有机构编制总量内，倾斜支持基层环保机构设置和人员编制配备。目前，1026 个乡镇（街道）全部设立环保机构，实现了基层环保机构全覆盖。通过各种途径和方式鼓励和引导人才往基层去，为乡镇（街道）配备专兼职环保人员 3300 余名，将有限的编制资源用于基层环保领域。

（三）多措并举强化能力建设

2013 年以来，重庆市大力优化政府绩效考核指标体系，加大对资源消耗、环境保护等指标的考核权重，环保实绩考核占综合实绩考核的 9%，以考核为"指挥棒"调动市级、区县、乡镇三级政府加强环保建设的主观能动性。市级财政投入 4 亿元，拉动区县政府总投入超过 160 亿元，全面加强乡镇环保机构能力建设。大力提高乡镇环保人员综合素质，2014 年对 3300 余名基层环保人员开展全员培训，2015 年启动实施了乡镇环保人员轮训"三年行动计划"，有力地提升了基层环保从业人员专业化、规范化水平。

（四）积极引导完善社会共治

加强环境保护不仅需要落实政府责任，更需要加强对社会的引导，广泛凝聚共识，完善社会共治。重庆市在村（社区）配备环保义务监督员 11000 余名，充分调动村（社区）积极性，以网格化监管为重点，基本实现基层环境监管无"死角"。加强政府信息公开，建立环保行政权力清单并向社会公开，主动接受社会监督。引导社会组织有序参与生态环保工作，创新社会组织服务管理方式，加强与社会组织的互动和交流，努力构建政府、社会和企业共治的环境治理体系。

（五）创新农村环境治理投入机制

重庆市将农村污水、垃圾处理设施削减的污染物数量作为政府排污权储备,由市财政回购,其收益主要用于农村污水处理设施投资和运维;搭建重庆环保投融资平台,运用 PPP 模式整合社会资本,加快推进乡镇污水处理厂等环境基础设施建设,用市场的办法推进环境污染治理;设立全国第一支政府主导的环保产业股权投资基金,撬动超过 200 亿元的社会资本投入到生态环保领域,拓宽了重庆农村环境治理投入机制。

重庆市将不断深化环保行政管理体制机制改革,进一步加强乡镇政府服务能力建设,探索依法下放环保行政管理权限和服务事项,突出落实基层党委政府的生态环境保护主体责任,努力形成广大农村社会共治的工作格局,加快建立健全农村环境治理机制,为全方位、全地域、全过程开展生态环境保护建设提供有力的支撑。

农村环保管理体制现状与思考

——以忻州市为例

王喜奕[①]　范国鑫[②]

近年来,随着城镇化进程、现代农业、现代养殖业的加快发展以及人们生产生活方式的改变,农村农业面源污染、工业污染、生活污染交叉凸显,新旧污染积累问题十分突出,农业污染已经严重影响到我国的农业和国民经济的可持续发展。同时,城镇和农村在环保方面的差距也在不断拉大。农村环保管理体制存在着明显的薄弱环节和短板,难以有效应对当前日益严峻的农村环境局面,改革势在必行。

一、忻州市农村环保现状

忻州市位于山西省北中部,辖 1 区 1 市 12 县,总面积 2.5 平方公里,常住人口 31 万余人,其中城镇人口约 151 万人,乡村人口约 164 万人,城镇化率为 47.9%。据 2016 年的数据显示,按《环境空气质量指数(AQI)技术规定(试

---

①　王喜奕:忻州市机构编制管理研究会会长。
②　范国鑫:忻州市编办科长。

行)(GB3095—1996)》评价,忻州市 14 个县级城市环境空气达标天数范围在263—363 天之间,忻州城区是山西首个大气质量进入国家二级标准的城市。2016 年末城市污水处理率达到 95.24%。城市生活垃圾无害化处理率 100%。集中供热普及率达 88.97%。全市 14 个县市区中,有 13 个县市区成功创建国家卫生城市。城市基础设施建设、城市面貌、城市管理、人居环境、投资环境都得到了很大提升。但是,农村与城市相比,差距较大。空气质量总体较好,但有些地方饮用水源和地表水受到不同程度的污染,耕地质量问题比较突出,区域性退化问题较为严重。

分析原因,若从污染物来源看,当前威胁农村环境安全的因素大致可以分为三种。第一种是积累型污染,即长期以来一直未能得到有效解决的传统污染源,多数属于或接近面源污染,包括人、畜禽养殖业粪便及冲洗废水倾倒,种植业秸秆焚烧,农药、化肥、农用薄膜使用造成的土壤、地表水和地下水污染,以及由于种种原因难以控制的污水灌溉和污水污染。第二种是新增型污染,主要是城镇化进程和农村生活方式改变带来的污染。由于生产生活方式的改变,大量使用化肥,农家肥使用量减少,大量未经处理的生活污水直接排入沟渠,造成沟渠严重污染。农村垃圾的成分也发生了很大变化,塑料和电子产品等产生的难以降解的废品占比越来越大。加之,农村环境卫生基础设施建设滞后,生活垃圾不能及时规范填埋处理,导致对地下水和土壤环境造成的污染也日益严重。第三种是转移型污染,主要是从城市向农村转移的工业污染和从农村转移到城市的空气污染。目前,相当数量的乡镇企业游离于现有的环境管理之外,而秸秆焚烧已成为近年来春秋季节扩散条件较好时城市空气污染的主要原因。

二、当前农村环保管理体制存在的主要问题

一是体系设计有缺陷,农村环境监管先天不足。目前的环境管理体制是以城市和重要点源污染防治为主要目标进行设计的,对农村污染及其特点重视不够。且在环境投入上,也是重城市轻农村、重工业轻农业。这导致农村环境规划体系、环境监测网络体系、环境质量管理体系、环境污染防治体系、农民

环境文化教育体系等尚未真正建立,导致其在解决农村环境问题上,不仅力量薄弱且适用性差,难以应对农村环境问题的复杂性。

二是监管职能分割,导致农村环境监管无法形成合力。现行农村环境管理中涉及农村环保监管职能的部门主要有环保、农业、水利和国土等多个部门。其中,市级环保部门在 2009 年政府机构改革时增加了职责,包括"拟定年初土壤污染防治规划、地方性政策,监督管理农村土壤污染防治工作",加强的职责有"加强环境治理和对生态与农村环境保护的指导、协调、监督职责",在十五项主要职责中有两项涉及农村环保,其中第(七)项负责全市环境污染防治的监督管理中有"制定水体、大气、土壤等的污染防治管理制度并组织实施;会同有关部门监督管理饮用水源地环境保护工作;组织指导城镇和农村环境综合整治工作。"第(八)项指导、协调、监督生态保护工作中有"协调指导农村生态环境保护。"市级农业部门在十九项主要职责的第十三项中有"承担指导农业面源污染治理有关工作。"市级水利部门在十二项主要职责的第(三)项负责全市水资源保护工作中有"审定水域纳污能力和排污口的设置,提出限制排污总量意见,指导全市饮用水水源保护……"在其他事项第(二)项水资源保护与水污染防治的职责分工中有"市水利局负责水资源保护,市环保局负责水环境质量和水污染防治。"市级国土部门在十九项主要职责的第(十二)项承担地质环境保护的责任中有"监测、监督防止地下水过量开采和污染"。综上,农村环保监管职能不仅设置分散,而且比重很小。实际工作中又各自为政,难以协调一致,形成监管合力。

三是基层环保机构人员编制紧缺,导致农村环境监管能力不足。目前,乡镇没有专门环保机构,也没有环保专职工作人员。县级环保部门是我国环保系统中最基层的环境保护行政机构,但是,人员编制偏少。以忻州市为例,14个县市区的环保局行政编制只有 89 名,每个县平均只有 6.36 名,50 万人口的县级市也不到 10 名,最少的县只有 4 名。在市一级,环保局的 9 个职能科室中,污染防治科、生态科技与农村环境保护科(生态市建设办公室)两个科涉及农村环保。这两个科各承担着近 20 项职能,其中涉及农村环保的职能各2—3 项,可每个科的人员编制仅有 2 名。市农业、国土、水利等涉及农村环保的部门,也只是有 1 个科室在职能中有 1—2 项涉及农村环保,而科室的人员编制也只有 2 名。如此,面对全市 4900 个行政村、点多、面广、量大的农村环境问题,要求监管到位,显然是不可能的。

四是对农村环保缺乏应有重视,导致制度保障缺失、人力物力投入不足。人们更多关注城市、工业等点源污染、关注雾霾等。而对广大农村的土壤、水源、农用塑料膜、生活垃圾等面源污染则认识不到位。政府部门在环保工作的重心、人力、物力、精力的投入上也多在城市、工业等点源污染防治方面。从上到下的观念意识决定和导致了对农村环保问题的轻视,随之而来的体制欠缺、制度缺失、投入不足,导致农村面源污染问题日益严重。

三、关于农村环保管理体制改革的思考和建议

农村环境保护是一项系统工程,建议尽快提上重要议事日程。农村环境保护的短板和缺陷是多方面的。我们仅从农村环保管理体制机制的角度提出如下思考和建议。

一是将农村环境保护立法提上重要日程。我国关于农村环保方面的法律法规尚不健全,现行法规中一些规定的针对性和可操作性不强。截至目前,还未出台一部关于农村环境保护方面的专门法规,农村环保立法的空白给农村的环境保护和环保执法造成一定的困难。建议加快推动制定和完善相应的农村环境保护法规和政策,从法律制度上为农村环境保护提供保障。

二是健全农村环境保护制度体系。完善的环境保护制度是破解农村环境问题的关键,建议各地可根据当地经济社会发展水平、自然条件差异、农村环境状况,重点围绕农村环境保护目标责任制、资金投入机制、环境治理市场机制、环境保护基础设施长效运行机制、监督检查机制、部门协调机制、考核督查机制、公众参与和村民自治机制等方面,分类推进农村环境保护体制机制的完善,提高农村环境治理能力。明确各部门职责和管理权限边界。建立部门间协调联动机制,形成合力。

三是强化有关部门关于农村环境保护的职能职责。农村环境保护职能职责分散在若干相关部门,且在相关部门的职能中体现不足。建议在相关部门职能职责中进一步予以明确强化、加大分量。人员编制上也应根据工作量大

小予以加强、倾斜。

四是探索建立乡镇农村环保机构。目前,我国基层环保机构只设在县一级。而农村环保监管对象是面对农村的广阔天地,建议延伸农村环保监管职能,补足基层环保力量短板,探索设立乡镇农村环保机构。农村环保机构的设置,可在乡镇政府的某个内设机构加挂牌子。明确履行环保职责,业务上接受县(市区)环保部门的指导。建议在村级设立环境保护联络员,可以划片方式,在环保重点地区推行网格化管理。人员公开聘用,明确环保职责,给予一定报酬。为确保乡镇环保机构能顺利运行,建议把乡镇环保机制建设与运行,所需经费列入乡镇政府年度财政预算,实行专项支付。同时在县级财政预算中也应专门编制相应的乡镇基层环保经费预算,通过转移支付等方式确保该领域的资金投入。

附　　录

附录 1:

2016 年环境保护治理体系与
治理能力研讨会观点综述

李利平①

2016 年 9 月 16 日,中国机构编制管理研究会、中国行政体制改革研究会、中国行政管理学会、联合国开发计划署、中国环境与发展国际合作委员会5 家单位共同举办了"2016 年环境保护治理体系与治理能力"研讨会。研讨会的主题是"环境保护治理体系与治理能力",分"区域流域环境治理体系""环境行政执法体系""环境监测体系"三个分议题进行研讨。会议集中交流了区域流域环境治理、环境行政执法和环境监测管理体制改革方面的国内外最新研究成果以及中国部分地方正在进行中的改革探索,为进一步加快环境治理体系改革、改善环境质量提出政策建议。为方便读者了解会上这三个专题领域有代表性的观点和发言,我们对会议观点进行了综述。

一、关于环境治理转型和管理体制改革的观点

当前,中国在环境保护和治理方面仍面临着诸多挑战。大气、水、土壤等生态环境污染问题十分严峻,区域、流域环境体制体系有待完善;环境行政执法职能分散,相关法律制度不完善,受地方行政干预较多;中央和地方环境监测事权划分不清,独立性有待加强。这些问题都迫切需要进行环境保护体制

---

① 李利平:中国机构编制管理研究会课题室副主任。

机制调整。相关研究者和改革实务部门都很关注环境保护治理转型和环保体制改革的顶层设计。

解振华在开幕致辞中指出,生态文明建设必须融入到经济、政治、社会、文化建设之中,真正做到"五位一体",同时,生态文明建设自身要不断完善,构建符合中国国情和转型时代的生态文明治理体系。他认为,环境治理体系改革要尊重自然生态系统及发展改革的规律,不能急于求成,改革的基本原则:第一,在国家整体行政体制下,坚持依法行政、简政放权的原则,适当考虑各地区各领域生态环境的历史欠账、区域差距、能力不足的现实情况,即体现共同但有差别的责任原则;第二,遵循自然系统的整体性、系统性和改善效果的协同性基本规律,坚持"大部门制"方向,强化区域和流域层面的统筹协调能力;第三,实现决策、执行、监督相对分离,推进信息共享。"决策"突出科学民主,"执行"强调效率和效能,"监督"强调威慑力和独立性。对于未来环境治理体系改革的取向,他建议:一是构建环境治理体系的立法基础。做好生态文明建设相关立法的顶层设计,统筹相关立法的修改工作,探索区域性、流域性立法的可行性。二是推动综合、高效、协调的资源环境大部门制改革。组建自然资源资产管理部门,负责全国性战略性自然资源的所有权管理;建立资源环境的统一监管部门,负责包括自然资源利用、污染控制和生态保护的统一监管工作;组建可持续发展宏观管理部门,负责经济社会发展与资源环境、应对气候变化的统筹协调和生态文明建设顶层设计;组建国家生态环境质量监测评估局,负责全国生态环境质量监测评价工作;加快设立国家公园管理机构;组建跨行政区域和流域管理机构。三是提高企业的治理能力,引导市场力量的参与。四是补足社会治理的短板,推进建立沟通和社会参与机制。

何建中在致辞中指出,生态环境问题是各国发展面临的共同课题,也是难题。中国高度重视生态环境的保护,把环境保护和节约资源作为基本国策,并不断强化环保体制机制建设。当然,现行的环境保护体制与严峻的生态环境形势还不完全适应,在实践中存在着多头管理、职责交叉、重复建设等问题,面对跨区域的环境污染,有效的协调联动机制还不健全,发挥市场、社会的作用和公众参与的机制还不完善等,迫切需要进一步改革环境保护体制机制。党的十八以来,党中央和国务院已出台一系列重要决策部署,推动重大改革,为环境保护治理体系建设提供了基础性的制度安排。

李干杰在致辞中指出,党的十八大以来,党中央、国务院把生态环境保护摆在更加重要的战略地位,进一步改革完善体制机制,生态环保从认识到实践都发生了重要变化,改革进程加速推进,部分地区环境质量有所改善。但污染治理和环境质量改善的任务仍十分艰巨,迫切需要加强环保治理体系与治理能力建设。他提出,在区域、流域环境治理体系方面,开展按流域设置环境监管和行政执法机构试点、跨地区环保机构试点、省以下环保机构垂直管理制度改革试点以及建立重点区域污染防治联防联控协作机制,落实统一规划、统一标准、统一环评、统一监测、统一执法等要求,推动完善区域、流域环境治理体系。在环境行政执法体系方面,继续开展环境保护督察;将环境监察职能上收至省级,进一步强化地方各级党委和政府的环境保护主体责任;督促地方制定相关部门的环境保护责任清单,落实"一岗双责";完善相关法律法规,依法赋予环境执法机构实施现场检查、行政处罚、行政强制的条件和手段,提升执法的权威性。在环境监测体系方面,调整环境监测管理体制,上收生态环境质量监测事权,明确生态环境质量监测、调查评价和考核工作由省级环保部门统一负责;坚持全面设点、全国联网、自动预警、依法追责。

二、关于区域、流域环境治理的观点

中央编办二司、环保部行政体制与人事司、水利部水资源司、湖北省环保厅、清华大学的代表,分别介绍并探讨了中国区域、流域环境治理体系的现状、问题和对策建议以及长江流域的案例经验,保护莱茵河国际委员会、美国环保局和韩国环境政策评价研究院的代表分别介绍了欧洲莱茵河流域、美国切萨皮克湾流域的案例经验和韩国环境治理政策。

从国内外的经验看,水和大气这些环境要素都具有很强的流动性,对这些环境问题的治理必须遵循一般规律。国外几大流域治理以及中国长江流域的案例表明,以流域、区域为单元对自然资源、生态环境及经济社会发展进行系统治理是解决日益严重的人口、资源、环境与发展问题的有效途径。中国的环境污染和生态破坏也常常以区域性、流域性形式表现出来,但这种空间分布与行政区划并不一致,所以建立跨行政区域的区域流域性环保机构,实施符合区域、流域生态环境规律的防治措施,是与会专家的共性认识,对进一步改善环境质量、实现环境公平至关重要。

李庆瑞对中国区域流域环境管理体制存在突出问题进行了系统分析,总结为四个方面:地方分割管理,统筹协调困难;部门职责分散交叉,"多龙治水"现象突出;政策标准衔接统一难,信息资源共享难;执法尺度和力度不统一,国家意志难体现。这些问题已严重影响到跨区域流域环境问题的治理效果。同时,他认为,区域流域环境管理体制改革,要以解决区域流域突出环境问题和改善环境质量为导向,重点解决不同行政区域各自为战、部门职责分散交叉等问题;要坚持地方人民政府对辖区内环境质量负责,落实地方政府生态环境保护主体责任,深化区域协作,推动形成区域治污合力;要按照山水林田湖生命共同体的功能联系和地域关联以及一件事由一个部门负责原则,集中和强化区域流域环境管理职能;要整合相关省市人民政府需要衔接配合的职责,合理确定区域流域机构的职能定位,同步健全运行机制,保障其有效履职。

李松武认为,完善环保治理体制机制任重道远。他建议,要通过创新环境治理理念和方式,优化环保部门职能配置,理顺部门职责关系,突出环境统一监管和执法,合理确定各层级政府监管职责,开展环境保护督察,形成职能完备、层级清晰、权责一致、运转高效的环保治理制度体系。特别是,要进一步强化中央政府的宏观调控、综合协调职能,协调解决跨区域环境问题,对有关部门、地方政府履行环境保护职责情况进行监督检查。地方政府对本辖区内环境质量和环境监管负总责,承担日常环境监管责任。建立健全环境保护督察制度,加强中央对各省(区、市)党委和政府及其有关部门贯彻落实国家环境保护决策部署、解决突出环境问题等情况的监督检查。

三、关于环境行政执法体系建设的观点

中央编办研究中心、环保部环监局、江苏省编办、陕西省环保厅、山东省临沂市编办、日本环境卫生中心和美国环保局的代表参与了环境行政执法体系分议题的讨论,交流了环境执法的发展历程、机构和人员设置、中央及地方定位和职责等方面的经验和建议。

从国外的经验及我国地方的改革实践看,环境行政执法是环境管理过程中非常重要的手段,面对着严峻的环境压力,环境执法是确保环境质量改善的重要基础。完善的环境立法是确保环境执法的独立性和权威性的制度保障。当前,中国的环境执法职责交叉,法律地位模糊,独立性不强,受地方保护主义干预多,环境执法体制不适应甚至制约了环境执法的效力和效果。

曹立平对中国环境执法体制机制的特点进行了系统梳理,提出了加强环境监管执法工作的政策建议。他提出,一是建立以守法为核心的执法体系,其最终目的是促进企业守法程度的提高和环境质量的改善;二是明确环保部门的法律地位,赋予其独立进行环境监管和行政执法的职能;三是厘清环境监管执法职责,有序整合不同领域、不同部门、不同层级的监管力量,合理划分上下级之间的事权和执法职能,构建环境保护综合执法体制,实现职责独立、责任独立。四是加强基层环境执法力量,延伸监管触角,将环境监管纳入基层社会监管体系。

四、关于环境检测体系建设的观点

环保部监测总站、国家林业局调查规划设计院、江苏省泰兴市、意大利环保研究院、日本环境省环境管理局的代表分别介绍了环境监测的体制事权划分、法制建设、技术支持、地方实践等方面的经验和做法。

从国内外的经验看,环境监测是制定环境政策的基本手段之一,是制定环境政策、认识环境现状和挑战、验证环境政策有效性的重要依据,关系到国家环境政策的走向,各国都非常重视环境监测。而且,中央政府要通过制度设计确保地方严格执行环境质量控制标准,确保监测数据准确。同时,环境监测数据与信息要互联共享,对外公开。2015年,环保部适度上收了生态环境质量监测事权。党的十八届五中全会明确环境监测机构实行省以下垂直管理。中国环境监测改革进入了实质性阶段。

柏仇勇对环境监测事权划分与管理体系改革作了系统分析。他认为,改革的核心是划分中央与地方层面监测事权和调整环境监测行政管理体系。事权划分的原则是,全国性环境监测事项以及跨区域监测事项,属中央事权;兼有全国性和地方性特征的监测事项,由中央和地方政府共同承担,并根据具体情况确定分担比例;其他地方性监测事项,属地方事权。上级党委政府对下级党委政府进行的考核性监测,属上级事权。适宜由下一级政府行使的监测职能,应尽量下放事权。按照理顺事权、明晰责任的要求,他建议,重新定位国家和地方监测机构的关系。涉及国家对地方环境质量考核的数据生产,实现中国环境监测总站对国控站点的直接管理,监测数据第一时间直传总站,保证数据生产的独立性,遏制地方保护主义和行政干预。在环境监测的数据共享、技术研究、标准执行、人才培养和应急预警等方面要坚持全国一盘棋,发挥国家层面对全国环境监测系统和环保监测行业的技术引领作用。省以下垂直管理,也是对环境监测管理体制的重大改革,重在理顺省、市、县三级管理体制,从制度设计上保证各级环境监测数据公平、公正、有效。垂直管理后,省级环保部门直接管理市(地)监测机构,市县生态环境质量监测评价与考核事权相应上收,实现"省级考核、省级监测",更好地保证环境监测的独立性、有效性和公正性。县级监测机构聚焦执法监测且上收到市环保局统一管理,有利于增强测管联动的叠加效应。

2017 年环境保护治理体系与治理
能力研讨会观点综述

李利平[①]

2017 年 9 月 5 日，中国机构编制管理研究会、中国行政体制改革研究会、中国行政管理学会、联合国开发计划署、中国环境与发展国际合作委员会 5 家单位共同举办了"2017 年环境保护治理体系与治理能力"研讨会。此次研讨会的主题，与 2016 年的研讨会一脉相承，大主题为"环境保护治理体系与治理能力"，分"区域大气环境管理体制改革""生态环保管理体制改革""农村环保管理体制"三个分议题进行研讨。会议集中交流了环境保护治理体系与治理能力方面最新的国内外研究成果以及中国地方正在推进的探索实践，为进一步加快环境治理体系改革、改善环境质量提供对策思路和政策建议。为方便读者了解会上这三个专题领域的观点，我们对会议观点进行了综述。

一、关于环境保护治理体系建设的顶层设计与思考

解振华在致辞中指出，要准确地把握生态文明治理体系的内涵和特征，探索构建中国特色社会主义的生态文明治理体系。他认为，生态文明治理体系可以理解为政府、市场和社会在法律规范和公序良俗的基础上，依照生态系统的基本规律，运用行政、经济、社会、技术等多元手段，协同保护生态环境的制

---

① 李利平：中国机构编制管理研究会课题室副主任。

度体系及其互动合作过程。既强调体制、制度和机制建设,也强调治理能力、过程和效果;既重视普适的生态环境价值观,也重视特定的历史文化条件。对照生态文明治理体系的内涵及特征,当前中国的资源环境管理体系距离现代生态文明治理体系的要求还有较大差距,且制度建设的系统性和完整性问题比较突出,制约了生态文明治理体系的效力发挥。进一步深化改革,他建议,要推动综合、高效、协调的大部门制改革,理顺部门关系,逐步形成以绿色低碳循环发展综合管理、自然资源资产管理与监管、生态环境保护及监管为主的体制格局;组建跨行政区域、流域管理机构,进一步理顺中央地方的职责范围和关系;更多地采用市场激励手段,合理区分政府和市场的边界;建立健全社会参与的渠道机制,促进各种社会力量的有序参与。

何建中在致辞中分析了长期困扰中国环境监管的两个难题,横向体制上,部门环保职责的落实机制不健全,保护与发展责任往往“两张皮”,没有实现职责的内在统一;纵向体制上,地方政府对环境质量的责任往往落不到实处,缺乏有效的督察机制。进一步深化改革,他认为,重点是积极构建环保督察体制,探索跨地区、按流域设置环保机构,推进省以下环保机构监测监察执法垂直管理制度试点改革。

赵英民在致辞中指出,只有持续深化体制机制改革,才能真正破解发展与保护的难题。他提出,区域大气环境管理体制改革的重点是深化区域污染联防联控协作机制,理顺大气环境管理职责,探索建立跨地区环保机构,构建统一的跨地区大气环境管理的法规、政策和标准体系,实现统一规划、统一标准、统一环评、统一监测、统一执法。生态环保管理体制改革的重点是科学把握自然资源的经济属性监管和生态属性监管的关系,改革生态环保管理体制。同时,推动理顺中央与地方的关系,强化环保部门统一监管的法律授权,推进地方机构人员规范化建设。农村环保管理体制改革的重点是建立健全农村环保法律法规,调整完善农村环境污染防治和生态保护制度措施,强化法律责任。进一步理顺部门农村环保职能关系,推动落实基层党委政府农村环保责任。

罗世礼在致辞中提出,环境保护是一项全球性的公益事业,需要所有主体的参与并发挥各自的作用。要实现有效的环境治理,需要特别关注自下而上的地方性解决方案的意义。

波科特从治理理论的一般规律出发，提出了环境治理的五种模式，即环境机构治理体系改革、环境权属治理改革、环境公共服务改革、环境上层结构改革、环境体系治理改革。这是一个对环境治理框架的一般性分析，对当前中国正在推进的环境管理体制改革具有积极的借鉴意义。

考克斯在致辞中强调环境治理中包括战略决策制定与协调、政府间协调、地方协调等在内的协调机制的重要作用。

二、关于区域大气环境管理体制改革的观点

中央编办二司、环保部大气环境管理司、国家能源局能源节约和科技装备司、清华大学、美国加州空气资源局、广东省环科院、北京市环保局的代表就"区域大气环境管理体制改革"议题作了发言研讨。从发言的情况看，对于当前区域大气环境面临的突出问题、构建区域大气管理协作机制的必要性及积极作用、区域大气管理体制存在的问题等方面，发言人的观点有共识，珠三角、京津冀两大区域的大气环境治理实践以及美国加州地区的大气环境治理实践，为进一步改革区域大气环境管理体制提供了具体案例和改革思路。

区域大气管理协作联防机制发挥了积极的作用。如贺克斌认为，京津冀大气区域联动机制在治霾和蓝天保卫战中作用明显。阎育梅在发言中指出，京津冀大气污染联防联控工作机制正在不断深化。目前已进行了京津冀环境保护合作顶层设计，初步实现了从各自为政的模式逐步转换到联防联控模式。张永波认为，珠三角地区目前已形成一套有效的区域大气污染防治机制，特别是明确了顶层协调机制，在推动区域空气质量持续改善上功不可没。

当前，区域大气环境管理体制仍存在一些突出问题。如李雪对当前大气污染防治重点区域联合防治协作机制存在的问题进行了分析，包括协调乏力、效率不高，协作机制各成员地位平等，利益冲突和分歧难以协调；缺乏强制性执行手段，区域转型发展、综合治理大气污染的措施难以落实；协作内容不深入，长效机制尚未建立；政策标准难统一，区域大气污染防治政策体系有待完善等。

区域大气环境管理体制改革空间很大。如黄路提出"统筹"这一关键词，认为在处理空气、水等跨区域、流域污染问题时，必须打破行政区划限制，在坚持生态系统完整性和区域整体性的基础上，统筹制定跨区域、流域环境保护措施。贺克斌建议进一步强化协调工作机制，结合京津冀跨地区环保机构试点的建设，进一步明确京津冀及周边地区大气污染防治协作的具体工作内容和职能范围；建议加强城市间、区域间的合作；建议进一步发挥经济政策的作用。

三、关于生态环保管理体制改革的观点

中央编办三司、环保部行政体制与人事司、国家发改委社会发展司、四川省环保厅、世界自然基金会、深圳市编办、环保部环境与经济政策研究中心的代表就"生态环保管理体制改革"议题作了发言研讨。从发言的情况看，发言者比较一致地认为，当前我国的生态环保管理体制不适应环境保护面临的严峻复杂形势，亟待改革。当前，中央和地方都在推进改革，如四川、深圳都根据地方的实际进行了富有特色的探索。当然，改革的效果仍有待时间检验。

当前中国的生态环保管理体制显然不适应环境保护面临的严峻复杂形势。如张玉军对生态环保管理体制存在的问题进行了梳理，概括为三个方面：一是国家层面缺乏专门的协调发展与保护的综合决策机制，生态文明相关的理念和制度难以真正融入到政治、经济、社会、文化建设之中；二是职责分散交叉与权责不一致的问题突出；三是环境治理能力和目标任务不完全匹配，现行的法律授权不足，环保部门缺乏统一监管的有效手段。

针对突出问题，中央和地方层面都在积极推进生态环保体制改革。如四川省建立健全党政领导干部生态环保考核机制，进一步落实环境保护主体责任。如深圳市通过环保领域大部门制改革，建立了较为完整的人居环境工作系统，拓宽了传统环境保护工作的外延，从生产环境、生活环境与生态环境三个方面进行统筹，覆盖住所、社区、城市、区域四个层面，通过多部门、跨领域综合协调，切实推进生态文明建设。王龙江提出了正在推进的省以下地方环保垂直管理试点改革中需要重点关注的几个问题，包括如何确保地方政府的权力和能力相匹配，如何建立区域环境监察制度，如何处理好环境专业执法与地方综合执法的关系,如何更好发挥社会各方面作用。夏光则建议要将环境保护工作的重心下移到县乡层面。彭福伟就国家公园管理体制提出了建议,认为要以自然资源资产产权制度为基础,建立统一事权、分级管理体系。国家层面整合相关自然保护地管理职能,由一个部门统一行使国家公园自然保护地管理职责。纵向上实行两级行使所有权,部分国家公园由中央政府直接行使所有权,其他的由省级政府代理行使。同时,合理划分中央和地方事权,构建主体明确、责任清晰、相互配合的国家公园中央和地方协同管理机制。

四、关于农村环保管理体制的观点

中央编办研究中心、环保部水环境管理司、住建部村镇建设司、荷兰瓦格宁根大学、日本国际协力机构、湖南省环保厅、重庆市编办的代表就"农村环保管理体制"议题进行了交流研讨。从发言的情况看,对于当前农村环境保护的短板,发言者的看法有共识,都明确强调要推动农村环保体制机制改革,加强农村环保。湖南、重庆以及荷兰、日本等国内外的农村环保实践提供了案例和治理经验。

农村环保是全面建成小康社会的突出短板。如陈峰认为,农村环境存在五方面的突出问题,即生活垃圾、生活污水、畜禽棚舍乱搭乱建、农村厕所和工业污染,他建议发挥政府的主导作用和农村群众的自治作用。李蕾建议要协调推进农村环保问题,其中,最核心的是协调国家与地方、各职能部门之间的关系,构建责任清晰、合力推进的农村环保责任体系,各级地方政府要构建"党委政府主导、职能部门协同、上下有效联动"的工作机制。王旭东提出,农村建设要遵循一般规律,当前中国的农村建设正处于基础设施建设阶段,至少还需要 20—30 年的时间才能完成这个阶段。党和政府在改善农村面貌,补齐人居环境短板方面做了大量的工作,从中央到地方已建立起一套推进农村环境建设的有效的工作机制,如确立县(市)域乡村建设规划先行及主导地位,建立相关部门统筹协调的乡村规划编制机制等,发挥了积极作用。

农村环保管理体制机制改革空间很大。重庆在健全农村环保管理体制的改革探索中积极创新,着力厘清政府层级间的环保职责关系,明确乡镇政府主要承担农村人居环境整治、农业污染防治、农村自然生态环境三个方面的职能,并通过地方人大立法的方式对乡镇政府的职能进行了规范。湖南省在农村饮用水源保护、生活污水治理、生活垃圾治理方面做了大量细致的工作,突出县级政府的主导地位,建立政府统一领导、环保部门统筹协调、有关部门分工负责、全社会共同参与的工作机制。此外,湖南省将农村环境综合整治作为年度绩效考核的重要内容,对环保部门进行严格考核,这也将有助于加快农村环境整治的推进力度。

2014 年时任环境保护部部长周生贤在中国环境与发展国际合作委员会2014 年年会上的讲话摘录

……

构建生态文明建设和环境保护的四梁八柱，形象勾勒了生态文明建设和环境保护的宏观性、系统性、轮廓性的整体架构，是环保部门深入贯彻落实习近平总书记系列重要讲话精神的集中体现，是一段时期以来我国生态环境保护探索实践的认识升华，是坚持整体推进、重点突破工作思路的创新举措。

一是以积极探索环境保护新路为实践主体，进一步丰富环境保护的理论体系。这是推进生态文明建设的有效路径。我们既要借鉴发达国家治理污染的经验教训，又要结合我国国情和发展阶段，改革创新，用新理念新思路新方法来进行综合治理，发挥体制和制度优势，尽量缩短污染治理进程，早日实现蓝天常在、青山常在、绿水常在，造福全体人民。探索环境保护新路的根本要求是正确处理经济发展与环境保护的关系，利用好环境保护对转方式、调结构的倒逼机制，把调整优化结构、强化创新驱动和保护生态环境结合起来，推进经济发展与环境保护的协调融合。

二是以新修订的《环境保护法》实施为龙头，形成有力保护生态环境的法律法规体系。这是推进生态文明建设的强大武器。2014 年 4 月 24 日，全国人大常委会审议通过了新修订《环境保护法》，将于 2015 年 1 月 1 日正式实施。作为中国环境保护领域的基础性、综合性法律，新修订的《环境保护法》规定了生态环境保护的基本原则、基本制度，并在完善监管制度、健全政府责任、提高违法成本、推动公众参与等方面实现了诸多突破,为进一步保护和改善环境、推进生态文明建设提供了有力的法制保障。我们将加快制定出台限产限排、查封扣押、按日计罚、移送公安机关、信息公开等配套文件,做好公益诉讼、行政问责、行政拘留、环境刑事案件办理等工作的协调和衔接,把新修订的《环境保护法》实施好。同时,加快推进大气污染防治、土壤环境保护、核安全等专项法律法规的制(修订),全面推进环境保护法律法规、政策制度和环境标准建设。

三是以深化生态环保体制改革为契机,建立严格监管所有污染物排放的环境保护组织制度体系。这是推进生态文明建设的组织保障。生态环保体制改革的主攻方向和着力点是,建立和完善严格的污染防治监管体制、生态保护监管体制、核与辐射安全监管体制、环境影响评价体制、环境执法体制、环境监测预警体制。我们将通过体制创新,建立统一监管所有污染物排放的环境保护管理制度,对所有污染物,以及点源、面源、固定源、移动源等所有污染源,大气、土壤、地表水、地下水、海洋等所有污染介质,实行统一监管。独立进行环境监管和行政执法,切实加强对有关部门和地方政府执行国家环境法律法规和政策的监督,纠正其执行不到位,以及一些地方政府对环境保护的不当干预行为。

四是以打好大气、水、土壤污染防治三大战役为抓手,构建改善环境质量的工作体系。这是推进生态文明建设的主战场。我们将坚持源头严防、过程严管、后果严惩,用铁规铁腕强化大气、水、土壤污染防治,优先解决损害群众健康的突出环境污染问题,以实际行动逐步改善环境质量。深入实施《大气污染防治行动计划》,抓住产业结构、能源效率、尾气排放和扬尘等关键环节,健全政府、企业、公众共同参与新机制,实行区域联防联控。强化水污染防治,在确保水质较好水体稳定达标、水质不退化的同时,集中力量把劣V类水体治好,尤其是消灭一批影响群众多、公众关注高的城镇黑臭水体。抓好土壤污染防治,深入推进土壤污染治理修复,实施土壤修复工程,加强污染场地开发利用监管,维护人居环境健康。

推进生态环境治理体系和治理能力现代化是构建生态文明建设和环境保护四梁八柱的内在要求和重要支撑。推进生态环境治理体系和治理能力现代化，就是要适应经济社会持续健康发展和大力推进生态文明建设的时代要求，既改革不适应实践发展要求的体制机制、法律法规，又不断构建新的体制机制、法律法规，使生态环境保护各方面制度更加科学、更加完善，实现生态环境治理制度化、规范化、程序化；更加注重生态环境治理能力建设，增强按制度办事、依法办事意识，善于运用环境法律法规、制度政策和市场化手段治理生态环境，把各方面制度与体制机制优势转化为保护生态环境、改善环境质量的效能，不断提高生态环境保护队伍综合素质和业务水平。

2015 年时任环境保护部部长周生贤在 2015 年全国环境保护工作会议上的讲话摘录

……

当前,我国经济社会发展进入新常态。这是中央在深刻认识我国经济发展呈现增长速度换挡期、结构调整阵痛期、前期刺激政策消化期"三期叠加"的阶段性特征后作出的重大判断。认识新常态,适应新常态,引领新常态,是当前和今后一个时期我国经济发展的大逻辑。中央经济工作会议专门将环境保护放在经济发展新常态中进行考量,作出明确部署。

在经济发展新常态下,我国增长速度由高速转为中高速,经济结构由中低端迈向中高端,发展动力由要素驱动、投资驱动转向创新驱动,资源环境要素投入呈现下降态势。随着新型城镇化的推进以及"一带一路"、京津冀协同发展、长江经济带战略实施,我国经济发展的空间格局也在发生深刻变化。环境保护既面临新的机遇,也面临新的挑战。总的来看,机遇大于挑战,我们正处在进一步做好环保工作的有利时期。

党的十八大以来,习近平总书记、李克强总理、张高丽副总理对生态文明建设和环境保护提出一系列新思想新论断新要求:一是深刻认识生态文明建设和环境保护重大意义;二是作出生态文明建设总体部署;三是积极探索环境保护新路;四是让生态系统休养生息;五是认真解决关系民生的突出环境问题;六是完善生态文明建设制度体系。这为我们深刻认识生态文明建设和环境保护的新常态指明了方向。

当前,生态文明建设和环境保护出现一些新的阶段性特征和趋势性变化。

第一，从处理环境与经济关系、探索环境保护新路看，过去，《环境保护法》规定"环境保护工作同经济建设和社会发展相协调"，处于一前一后、一重一轻的被动状态，一些地方重经济发展、轻环境保护，甚至不惜以牺牲环境为代价换取经济增长。现在，新修订的《环境保护法》要求"经济社会发展与环境保护相协调"，直接反映环境保护从认识到实践发生重要变化。必须更加自觉地推动绿色发展、循环发展、低碳发展，探索走出一条环境保护新路，在保护环境中实现经济发展和民生改善。

第二，从指导方针和基本原则看，过去，环境保护强调预防为主、防治结合，一些地方未能很好落实，导致"防"亏"治"欠，部分地区治理进度赶不上恶化速度。现在，坚持保护优先、预防为主，更加注重源头严防、过程严管、后果严惩。必须把保护放在优先位置，形成全方位防范污染和保护生态的合力，确保环境质量不降低，生态系统服务功能不削弱，防止重蹈"先污染、后治理，边治理、边破坏"的覆辙。

第三，从资源环境约束看，过去，能源资源和生态环境空间相对较大。现在，环境承载能力已达到或接近上限，资源约束趋紧、环境污染严重、生态系统退化。必须清醒认识保护生态环境、治理环境污染的紧迫性和艰巨性，真正下决心把环境治理好，划定并严守生态保护红线，让透支的资源环境逐步休养生息，扩大绿色生态空间，增加生态产品供给和环境容量。

第四，从民生期待看，过去，老百姓"盼温饱""求生存"。现在，老百姓"盼环保""求生态"，对清新空气、清澈水体、清洁土壤的需求越来越迫切。必须进一步强化良好生态环境是最公平的公共产品和最普惠的民生福祉的认识，不断加大环境治理和生态保护工作力度、投资力度、政策力度，优先解决损害群众健康的突出环境问题，改善环境质量，让广大民众生活在良好的生态环境中。

第五，从保护思路看，过去，种树的只管种树、治水的只管治水、护田的单纯护田，很容易顾此失彼，最终造成生态的系统性破坏。现在，要用系统工程思路谋划推进生态环境保护，坚持山水林田湖是一个生命共同体的系统思想，坚持开发与保护并重，坚持污染防治和生态修复并举，努力形成生态环境保护的整体效应。必须尊重生态系统的整体性规律，统筹山水林田湖治理，促进生产空间集约高效、生活空间宜居适度、生态空间山清水秀。

第六，从工作领域看，过去，环境管理主要集中在生产领域。现在，分配、流通和消费领域带来的污染问题日益显现。特别是在消费领域，汽车成为大众消费，汽车尾气成为城市大气污染的重要来源；手机等电子产品更新换代加快，电子废物产生量不断攀升。必须将环境保护要求体现在生产、流通、分配、消费各个环节，坚持从再生产全过程来防范环境污染和生态破坏，将经济社会活动对环境损害降低到最小程度。

第七，从体制机制看，过去，环境保护管理体制的权威性和有效性不够，生态环境保护制度不系统、不完整。现在，十八届三中全会提出紧紧围绕建设美丽中国深化生态文明体制改革，十八届四中全会提出加快建立生态文明法律制度，用严格的法律制度保护生态环境。必须用改革的办法解决突出问题，建立和完善严格监管所有污染物排放的环境保护管理制度，完善政府统领、企业施治、市场驱动、公众参与的环境保护新机制，以最严格的制度、最严明的法治，为推进生态文明建设提供可靠保障。

第八，从落实责任看，过去，一些地方政府对辖区环境质量负责落实不到位，对其考核问责也不到位。现在，要着力推动"党政同责""一岗双责"，把生态文明建设作为地方党政领导班子和领导干部政绩考核评价重要内容，加大资源消耗、环境保护等指标权重，对任期内环境质量明显恶化的领导干部实行责任追究。必须推动建立体现生态文明要求的目标体系、考核办法、奖惩机制，推行领导干部自然资源资产离任审计，建立生态环境损害责任终身追究制，把党政"一把手"的环保责任落实到位。

以上趋势性变化既是生态文明建设和环境保护新常态的外在表现，也是新常态的内在动因。其中，最根本最关键的就是，正确处理环境保护与经济发展的关系，积极探索环境保护新路，研究提出和不断丰富新思路新举措新办法。

新常态要有新状态。我们要科学认识、主动适应、积极应对新常态，用新常态来对照观察、分析判断环境保护事业发展新形势新任务新挑战，乘势而上、顺势而作、有所突破、有所作为。

一是在推进路径上，以积极探索环境保护新路为实践主体，实现经济发展与环境保护协调融合。积极探索环境保护新路，关键在于充分发挥环境保护优化经济发展、倒逼经济结构调整、助推经济转型的综合作用。我们要牢固树立保护生态环境就是保护生产力、改善生态环境就是发展生产力的理念，把调整优化结构、强化创新驱动和保护生态环境结合起来，通过强化环保法规标准的硬约束，坚定不移地淘汰落后产能、化解过剩产能，培育和发展节能环保产业，实现遵循自然规律的可持续发展。

二是在发展阶段上，以改善环境质量为导向，推进环境管理战略转型。环境质量改善是环保工作的根本出发点和落脚点。污染减排是改善环境质量硬抓手，必须坚定不移强力推进，让排污总量降下来，环境质量好起来。要统筹协调污染治理、总量减排、生态保护、环境风险防范和环境质量改善的关系，基于环境质量改善目标制定政策措施。其中的重中之重是，建立以环境质量改善为核心的环境保护目标责任制和考核评价制度，督促地方政府严守环境质量红线。

三是在重点领域上，以打好向污染宣战的大气、水、土壤污染治理三大战役为重点，统筹推进污染防治、生态保护、核与辐射安全。向污染宣战，既是攻坚战，也是持久战。必须坚持全面推进、重点突破的总体思路。大气、水、土壤、化学品、重金属等污染治理事关群众健康，需要协同推进。不能等空气污染治好了，再治理水污染，水治好了再治理土壤污染。同时，要根据现有人力、物力、财力，选择重点领域率先突破，为全面提高治污水平积累经验。当前，要持续推进大气污染防治，像抓大气污染防治一样狠抓水、土壤污染防治，朝着蓝天绿水净土的目标不断前进。污染防治与生态保护相互促进，新修订的《环境保护法》明确生态保护是环境保护的重要内容，要加大自然生态系统的保护和修复工作力度。核与辐射安全是国家安全的重要组成部分，决不能掉以轻心，必须确保万无一失。

四是在工作方法上，以市场和法律手段为主导，创新环境管理方式。简政放权、放管结合，是推进政府自身革命的大势所趋。必须适应这一形势，推动环境管理从过去的以行政审批为抓手、由政府主导，转向以市场和法律手段为主导、更好发挥政府在制定规划和标准等方面的规范引导作用。要继续推进环保行政审批制度改革，优化审批流程，减少审批环节，强化事中事后监管。

拓宽政府环境公共服务供给渠道,推进向社会力量购买服务。充分发挥市场在资源配置中的决定性作用,深化资源性产品价格改革,推进环境税费改革,健全绿色保险、信贷政策以及环保诚信制度,更多利用市场手段激励约束环境行为。加快建立生态文明法律制度体系,强化生产者责任,大幅提高违法成本,密织法律之网、强化法治之力。

……

2015 年是全面深化改革的关键之年,是新修订《环境保护法》的实施之年,是全面完成"十二五"环保规划目标任务的收官之年。

……

(三)采取综合措施优化经济发展。

严格环境影响评价。启动京津冀、长三角、珠三角地区战略环评。坚决遏制"两高一资"、低水平重复建设和产能过剩项目建设。进一步梳理和下放环评审批权限,发布《建设项目环评分类管理名录》和《环境影响后评价管理办法》,完成环保系统事业单位环评机构脱钩改制。

促进产业结构优化升级。进一步完善环境保护标准和技术规范体系。全面推进重点企业清洁生产,开展环保领跑者和绿色供应链试点。鼓励先进污染治理技术的研发和推广,发展壮大环保产业。

(四)强化环境法治保障。

新修订的《环境保护法》可以称是"史上最严",打响新法实施的第一枪至关重要。一是突出抓好宣传培训。充分发挥网络等新媒体和省、市等地方媒体作用,推动新法进学校、进机关、进企业、进社区、进家庭。尤其要加强对各级党政领导干部、部门负责同志、一线执法人员、企业负责人培训,做到知法、敬法、守法、用法。选取典型案例进行宣传报道,打击一家、震慑一片、教育一方。二是尽快完善配套政策措施。会同有关部门抓紧制定排污许可、环境损害评估鉴定等方面的具体规定。加强与公安机关、人民法院、人民检察院等司法部门的工作衔接和协调。地方也要抓紧制定配套的规章制度。三是严格环境执法监管。充分发挥"三级联查"(国家督查、省级巡查、市县检查)作用,加大暗查暗访力度,依法严厉打击环境违法行为。在全国开展环境保护大检查,对各类突出环境问题查处到位、整改到位。严格责任追究,对恶意违法行为,依法从严从重处罚;对涉嫌犯罪的,及时移送公安机关,依法追究其刑事责任;实行差别化征收排污费、向社会公开"黑名单"等手段,让违法者付出付不起的代价。进一步增强环境风险防范能力,妥善处置环境突发事件。利用好新修订《环境保护法》的授权,全面加强对下级政府及有关部门环保职责履行情况的督查。新修订《环境保护法》的实施是一把双刃剑,用得好会斩断污染,用得不好就会伤及自身。要进一步增强依法开展环境保护的自觉性主动性,坚持法定职责必须为、法无授权不可为,勇于负责,敢于担当,敢于碰硬。环境执法是一项工作,也是一门艺术,要注意工作策略,加强学习、固本强基,不断提高环境执法水平,做到善于执法,科学执法。

(五)加大生态和农村环境保护力度。

印发国家生态文明建设示范区管理规程和示范县、市指标,启动中国生态文明奖评选,坚持优中选优,切实发挥奖项的标杆和引领作用。推动我国加入《名古屋议定书》,启动生物多样性保护重大工程。抓紧编制《全国自然保护区发展规划》,加强自然保护区监督管理。继续深入实施"以奖促治"政策,以国家重要调水工程涉及地区、重要饮用水水源地周边和革命老区为重点,推进新一轮农村环境连片整治。

……

(七)全面强化保障措施。

进一步加强机构和人才队伍建设。推动按照环境要素合理配置职能、优化组织结构。推动完善国家环境监察体制,争取尽快建立环境监察专员制度。认真做好事业单位分类改革后续工作。调整充实部机关和部属单位领导班子,重点选好配强主要负责人。探索完善干部交流机制,稳妥推动干部交流轮岗。

完善环境经济政策。发布环境保护综合名录,继续推进企业投保"绿色保险"。加强环境信用体系建设。配合做好环境保护税立法,推动消费税、增值税、企业所得税等税制绿色化。

提升投资保障水平。安排好大气污染防治、农村环境保护、湖泊生态保护、重金属治理等专项资金,健全资金安排—监督检查—绩效评价联动机制。

强化科技支撑。全面落实科技兴环保战略,启动大气污染防治重点专项试点,加快水专项成果应用步伐。研究编制《关于推进国家环境与健康工作指导意见》,开展气候变化新形势下环境管理战略研究。

提高环境监测能力。完善环境质量监测网络,加强环境监测数据质量管理,不断强化环境遥感监测,推进"天地一体化"进程。

广泛开展宣传教育。加强与媒体和公众互动,及时回应热点问题。借助环境日等平台,深化面向社会的环保宣传,开展生态文明基层行活动。

积极开展国际合作。筹办好国合会 2015 年年会和主题边会等重要活动。积极参与国际环境治理规则制定,稳步推进环境与贸易相关谈判,不断提升多边、双边、区域环境合作水平。

……

(十)全力抓好生态环境保护领域改革。

要坚持问题导向、理论导向和目标导向,进一步突出环境保护在生态文明建设中主阵地、主力军作用。

一是做好生态文明体制和生态环保管理体制改革顶层设计。这两项改革是宏观性、根本性、长远性的重大问题,对生态文明建设和环境保护意义重大。要举全系统之力,抓紧完善生态文明体制改革总体思路和生态环保管理体制改革顶层设计方案。二是借助立法推进改革。要善于借船出海,充分利用法律法规的制定或修订深化生态环保改革。借鉴《环境保护法》修订的成功经验,加快大气污染防治、土壤污染防治、水污染防治、核安全等方面法律法规制修订步伐,推动解决环保工作中的突出问题。三是积极推进重点改革任务。推进全国生态文明建设目标体系发布实施。加快划定生态保护红线,推动生态环境资产核算研究和环境审计。健全环境损害赔偿与责任追究制度,进一步完善损害鉴定评估技术体系。继续推进国家公园试点,研究完善国家公园管理体制。推动建立陆海统筹机制,积极推行排污权有偿使用和交易、环境污染第三方治理、向社会购买监测服务,创新政府环保投资管理机制。四是构建上下联动工作格局。尊重和发挥地方首创精神,鼓励地方积极开展生态环境保护改革试点。建立健全国家与地方沟通联络机制,形成上下联动和有效衔接的良好局面。

2016 年时任环境保护部部长陈吉宁在 2016 年全国环境保护工作会议 上的讲话摘录

……

2015 年是"十二五"规划的收官之年,是全面深化改革的关键之年,也是新《环境保护法》的实施之年。

……

(五)深化环保领域改革,完善环保制度体系。

积极配合推进生态文明体制改革"1+6"方案出台。牵头制定《环境保护督察方案(试行)》《生态环境监测网络建设方案》《生态环境损害赔偿制度改革试点方案》等 3 个改革方案,参与起草《生态文明体制改革总体方案》《关于开展领导干部自然资源资产离任审计的试点方案》《党政领导干部生态环境损害责任追究办法(试行)》,生态环境保护"党政同责""一岗双责"、生态环境损害责任终身追究等有了明确依据。

在环境监测预警体制改革方面。联合财政部印发《关于支持环境监测体制改革的实施意见》,制定《国家环境监测事权上收实施方案》,出台《环境监测数据弄虚作假行为判定及处理办法》《关于推进环境监测服务社会化的指导意见》,正在会同中央编办制定全国环境监测机构编制标准化建设的指导意见,人社部已出台有关提高环境监测人员岗位津贴的通知,一批制约环境监测工作的体制机制障碍正在逐渐破解。

在环保投融资和环境服务业方面。联合印发《推进水污染防治领域政府和社会资本合作的实施意见》。探索建立金融支持环境保护的新型政银合作关系，启动环境保护部、开发银行新一轮战略合作，融资总量超过 3000 亿元。开展第五批环境服务业试点工作。

在环境经济政策方面。印发《关于加强企业环境信用体系建设的指导意见》，初步建成企业环境信用信息系统并接入全国统一的信用信息共享交换平台。在 6 个地区开展绿色 GDP 核算试点，提出 2004 — 2013 年全国绿色 GDP 核算成果。印发《环境保护综合名录（2015 年版）》，发布全国投保环境污染责任保险企业名单。积极推进环保费改税，《环境保护税法》已向社会征求意见。

……

"十三五"时期，为了实现上述目标，推动落实重大任务，需要重点谋划和做好以下六个方面的工作。

一是以改善环境质量为核心，深入实施大气、水、土壤污染防治三大行动计划。将三大行动计划的路线图落实为各地的施工图，推动环境质量持续改善。做好《大气十条》与 2017 年后续工作衔接，持续推进产业结构和能源结构调整，推动重点行业综合整治。加强重点领域水污染治理，完善相关政策体系，全面完成《水十条》目标任务。加快完成《土十条》编制并组织实施，加强土壤环境监测监管，实施农用地分级管理和建设用地分类管理，开展土壤污染治理与修复。通过三大战役，带动加快污染治理、改善环境质量、强化政府责任。同时，完善总量控制制度，推行区域性、行业性总量控制，鼓励地方实施特征性污染物总量控制，改进减排核查核算方式方法，使总量控制更好地服务于质量改善。

二是以改革环境治理基础制度为动力，加快构建绿色发展的内生机制。开展环保督察，落实生态环保"党政同责"。实行省以下环保机构监测监察执法垂直管理制度。建立全国统一的实时在线环境监控系统。建立覆盖所有固定污染源的企业排放许可制。健全生态环境保护市场体系。健全环境信息公布制度，保障公众环境知情权、参与权、监督权和表达权。

三是以建立健全环境预防体系为抓手，切实优化生态文明建设的空间格局。完成全国生态保护红线划定，优化发展的空间布局。编制实施环境功能区划,明确生产、生活、生态空间的环境功能定位与环境政策。通过把禁止开发、限制开发与划定生态保护红线结合起来,把重点开发与控制行业污染物排放总量结合起来,把优化开发与提升行业生产效率标准结合起来,建立更优化的国土空间格局。强化战略和规划环评刚性约束,切实对区域重大生产力布局发挥指导和规范作用。

四是以法治和标准为牵引,积极推进供给侧结构性改革。推进环境保护相关法律法规的制修订,严格环境执法监管,探索环境行政执法与刑事司法有效衔接模式,强化公民环境诉权等司法保障,推动建立系统完备、高效有力的环境法治体系。抓紧环境标准建设,完善标准体系。通过严格环境执法和强化标准引导,有效推动供给侧结构性改革,提供更多优质生态产品。

五是以生态环境安全为底线,加大环境风险防控力度。构建全过程、多层级环境风险防范体系,强化重污染天气、饮用水污染、有毒有害气体释放等关系公众健康的重点领域风险预警与防控,妥善处置突发环境事件。提高核设施安全水平,推进放射性污染防治,强化监管,确保核与辐射安全。加强化学品和危险废物环境管理,继续推进重点区域、重点行业、重点企业重金属污染防治。加强生态风险预警监控,严格外来物种引入管理。

六是以社会多元共治为路径,大力推进生产生活方式绿色化。推动环保科技创新,加强污染治理、生态修复等绿色技术的研发应用。以资源集约利用和环境友好为导向,采用先进适用节能低碳环保技术改造提升传统产业,加快发展环保产业,推动建立绿色低碳循环发展产业体系。推进绿色消费革命,引导公众向勤俭节约、绿色低碳、文明健康的生活方式转变。完善生产者责任延伸制度,推进绿色供应链环境管理。

……

2016 年是确定"十三五"环境保护顶层设计的一年,也是"十三五"开局之年。要重点抓好以下工作。

……

(二)深化落实各项改革措施。

落实地方政府责任。目前,中央环境保护督察组已进驻河北省开展督察试点工作。要在总结评估试点工作基础上,本着赶早不赶晚的原则,完成15个左右省份督察工作,2017年实现全覆盖。各省(区、市)环保部门要对30%以上的市级政府开展综合督查,强化环保督政。制定党政领导干部生态环境损害责任追究的配套制度和措施,配合有关部门推进编制自然资源资产负债表和自然资源资产离任审计试点。推进省以下环保机构监测监察执法垂直管理,对做好过渡期间工作下发相关通知,研究制定试点方案并开展试点,对试点省份在能力建设等方面给予支持。环保系统都很关注此事,既要鼓励地方积极探索、开展试点示范,又要按照统一部署,防止抢跑,争取2到3年左右完成改革任务。

推进环境监测体制机制改革。出台《生态环境监测网络建设方案实施计划(2016—2020年)》。一是推进全面设点,在京津冀地区率先实现大气、地表水环境质量监测点位覆盖80%左右的区县,土壤监测点位实现全覆盖。二是推进全国联网,上半年争取率先完成京津冀、长三角、珠三角地区县级空气质量监测点位联网,2016年年底前力争完成这三个地区国控重点污染源监测信息联网。三是推进国家环境质量监测事权上收。全面完成338个城市1436个城市空气站上收,新建65个区域站(农村站)。完成2703个地表水国控监测断面和419个近岸海域监测点位上收,新建60个地表水质自动监测站。确定7000个土壤风险点位,初步建成由35000个点位组成的国家土壤环境质量监测网。出台《环境监测机构编制标准化建设指导意见》。四是改革污染源监督性监测运行方式。发布《污染源监测与监察执法联动办法》,变污染源监督性监测为环境执法监测。五是强化环境监测质量管理。对重点城市地表水环境监测、重点流域水质自动监测、环境空气自动监测第三方运行维护情况开展监督检查。

改革环境治理基础制度。协调推进部机关内设机构调整,按环境要素设置监管司局,推动环境监察体制改革。研究完善流域环境管理体制机制,提出《按流域设置环境监管和行政执法机构试点方案》,制定重点区域大气污染防治联防联控协作机制方案。出台《污染物排放许可制实施方案》,在电力、造纸两个行业率先全面实施排污许可证管理。指导地方试点开展环境损害赔偿相关工作,联合出台《关于规范环境损害司法鉴定管理工作的通知》,推进环境损害赔偿鉴定评估纳入司法鉴定管理体系。

全面推进信息公开。以环境质量信息和企业环境信息为重点,全方位多层次多载体公布各类环境信息。推动建立省、市统一的信息公开平台,省、市级环保部门在政府网站设立"环境违法曝光台"。督促重点排污单位执行《企业事业单位环境信息公开办法》。落实《建设项目环境影响评价信息公开机制方案》。

完善环境治理与保护的市场化机制。制定推进绿色金融的意见,出台加强环境污染第三方治理环境管理的文件,推进政府购买服务改革试点。配合修改完善环境保护税法,推动年内出台。加强排污费改税后环保部门经费保障研究与政策配套。出台《培育发展农业面源污染治理、农村污水垃圾处理市场主体方案》,会同农业部研究制订以绿色生态为导向的农业补贴制度方案。制定有关环境污染强制责任保险部门规章,明确强制投保、保险责任赔偿范围,规范理赔程序以及相应处罚措施。

改革是一个上下联动的过程。鼓励地方先试先行,立足解决现实矛盾和困难想出路找办法,在政策框架内拿出新招实招,形成上下联动推进改革的工作格局。

……

(六)加大生态和农村环境保护力度。

启动实施生物多样性保护重大工程,先期开展长江经济带生物多样性本底调查与评估以及国家生态观测站(点)建设。会同财政部制定加快建立流域上下游横向生态补偿机制的指导意见,继续推进新安江等跨省流域横向生态补偿试点,在京津冀水源涵养区、广西广东九州江、福建广东汀江—韩江开展跨地区生态补偿试点。开展国家级自然保护区全面定期遥感监测,加强建设项目的执法监管。抓紧印发《生态文明建设示范区管理规程(试行)》和《生态文明建设示范县、市指标(试行)》,举办好首届中国生态文明奖表彰大会。分解落实"十三五"新增完成13万个建制村环境综合整治的任务,以南水北调沿线、三峡库区和"问题村"的饮用水水源安全排查治理为重点,推进新一轮农村环境集中连片整治。

2017 年时任环境保护部部长陈吉宁 在 2017 年全国环境保护工作 会议上的讲话摘录

……

2016 年，环境保护任务异常繁重，工作量大面广。

……

二是抓责任，强化地方党委政府和有关部门环境保护责任，推动落实企业的排污守法责任。加快生态环保领域改革，建立起一套行之有效的体制机制，推动党委政府、企业和公众形成思想自觉和内生动力，引导地方党委政府以贯彻新发展理念树立正确的政绩观，培育企业和大众环境友好的生产与生活方式。

在落实环境保护"党政同责""一岗双责"方面，从 2015 年底开始对河北开展中央环境保护督察试点，到 2016 年开展两批共 15 个省（区、市）环保督察，聚焦中央高度关注、群众反映强烈、社会影响恶劣的环境问题，紧盯生态破坏严重、环境质量恶化的重点区域流域，以及地方党委政府环境保护不作为、乱作为问题，敢于动真碰硬，极大地发挥震慑作用。同时，有序推进环境保护综合督查，重点督查国家环境保护决策部署贯彻落实、突出环境问题处理和环保责任落实情况；对环保工作不力、生态破坏严重、环境问题突出或环境质量恶化的一些地区，采取函询、约谈、限批、通报等措施并公开曝光；加强对地方的考核，考核结果不仅作为对各地区领导班子和领导干部综合考核评价的重要依据，也作为安排环保专项资金的重要依据。通过这些措施，有力推动了地方党委政府环境保护责任的落实，促进了一批环保重大工程实施，解决了一批突出环境问题。

环境保护是一项综合性工作,从来都不是环保部门一家的事,需要多部门统筹协调、齐抓共管、综合管理。在中央环保督察工作推动下,18 个省(区、市)党委政府出台"党政同责""一岗双责"制度,明确环境保护责任分工,21 个省(区、市)党委政府出台党政领导干部生态环境损害责任追究实施细则。正在开展的省以下环保机构监测监察执法垂直管理改革中,一个重要思路就是明确地方政府各部门的环保职责,建立各部门保护环境的协调协作机制,抓发展的抓环保,抓产业的抓环保,抓建设的抓环保,形成齐抓共管的工作格局。

在推动落实企业责任方面,强化日常执法监管,加大典型案件查处力度,严厉打击偷排偷放、非法排放有毒有害污染物、非法处置危险废物、故意不正常使用防治污染设施超标排污、伪造或篡改环境监测数据等恶意违法行为。严格落实"双随机"的相关要求,随机选取执法人员和被检查单位,提高日常监管的突然性和随机性,减少违法企业的侥幸心理。对环境污染重、污染物排放量多或环境风险大的重点行业,不定期组织开展专项执法检查,对发现的环境违法行为依法严肃处理。推进企业环境信息公开,主动公开环境监管信息,鼓励社会参与监督。

……

(三)深化落实各项改革举措。

在环境保护督察方面。完成河北省试点及第一批对内蒙古等 8 个省(区)中央环保督察,刚刚结束第二批对北京、上海等 7 个省(市)督察进驻,共受理群众举报 3.3 万余件,立案处罚 8500 余件、罚款 4.4 亿多元,立案侦查 800 余件、拘留 720 人,约谈 6307 人,问责 6454 人。全国有 21 个省(区、市)党委政府出台省级环保督察方案,20 多个省(市、区)成立环保督察机构,河北、山西、安徽、福建、四川、贵州、新疆等省(区)已启动对地市党委政府的督察工作,形成了中央和省级两级督察体制。

在省以下环保机构监测监察执法垂直管理改革方面,中办、国办印发《关于省以下环保机构监测监察执法垂直管理制度改革试点工作的指导意见》,围绕解决现行以块为主地方环保管理体制存在的 4 个突出问题,以调整机构隶属关系为手段，以重构条块关系为方向，以落实各方责任为主线，以推动发展和保护内在统一、相互促进为落脚点，在制度建设上实现"两个加强"，即加强地方党委政府责任落实，相关部门按照环境保护责任清单履职尽责，加强监督检查和责任追究，建立健全权威有效的环境监察体系；在工作重心上实行"两个聚焦"，即省级环保部门进一步聚焦对环境质量监测考核和环保履责情况的监督检查，市（地）县级环保部门进一步聚焦属地环境执法和执法监测；在运行机制上强化"两个健全"，即建立健全环保议事协调机制，建立健全信息共享机制；在推进实施上，要求成熟一个、备案一个、启动一个，力争在2017年6月底前完成试点、在2018年6月底前基本完成改革工作，"十三五"末全国省以下环保部门将按照新制度运行。目前，河北、重庆率先启动改革实施工作，在环境监察体系、环境监察专员制度、生态环保委员会、环境监测机构规范化建设等方面作出制度性安排。上海、江苏、福建、山东、贵州、河南、湖北、广东、陕西、青海等10个省（市）以省委省政府名义提出试点申请，天津、新疆、江西等省（区、市）也在积极开展前期工作。

在实施控制污染物排放许可制方面，国办印发《控制污染物排放许可制实施方案》。总体思路和目标是：坚持问题导向，推动落实企事业排污单位治污主体责任，实现污染源全面达标排放，严格控制污染物排放；坚持目标指引，改革以行政区为主的总量控制制度，建立企事业排污单位污染物排放总量控制，更好地促进环境质量改善；坚持系统思维，逐步整合、衔接固定污染源环境管理相关制度，构建固定污染源环境管理核心制度；坚持依法行政，严格依照排污许可证规定，规范监管执法行为，提升环境管理效力。在实施步骤上，分行业、分阶段推动，率先对火电、造纸行业企业核发排污许可证，2017年完成《大气十条》和《水十条》重点行业及产能过剩行业企业排污许可证核发，2020年全国基本完成排污许可证核发。目前，已印发《排污许可证管理暂行规定》，初步构建全国排污许可证管理信息平台，启动火电、造纸行业排污许可证申请核发，在京津冀部分城市开展高架源排污许可证管理试点，在山东、浙江、江苏等省开展流域试点，海南石化行业试点已经启动。

在生态环境监测网络建设方面，出台《生态环境监测网络建设方案实施计划（2016—2020年）》。全面完成1436个国控环境空气质量监测城市站监测事权上收任务,并委托社会监测机构进行运维。实现京津冀、长三角、珠三角县区级空气质量监测站点联网,全面建成京津冀及周边区域颗粒物组分和光化学监测网。建成由3186个监测断面组成的国家地表水监测网。初步建成国家土壤环境网,完成2.2万个基础点位布设,建成约1.5万个风险监控点。全面加强环境监测质量管理,组织开展环境空气自动监测质量飞行检查,通过约谈、通报等方式对发现的问题责成省级环保部门和相关市政府严肃处理;联合公安部查办空气质量监测数据造假案件。

在生态环境保护红线划定方面,《关于划定并严守生态保护红线的若干意见》已经中央全面深化改革领导小组会议审议通过,全国各省(区、市)均已启动生态保护红线划定工作。江西、湖北、浙江、山东、四川、重庆、福建等省(市)生态保护红线已经省级人民政府发布或审议;江苏优化调整省级生态红线保护区域,省域生态补偿连续三年稳定在15亿元;海南把生态保护红线作为"多规合一"的基础,成为管控国土空间开发的有力抓手。

在生态环境损害赔偿制度改革方面,印发《生态环境损害鉴定评估技术指南总纲》《生态环境损害鉴定评估技术指南损害调查》等技术规范,在吉林等7省(市)开展改革试点。

《培育发展农业面源污染治理、农村污水垃圾处理市场主体方案》印发。《按流域设置环境监管和行政执法机构试点方案》即将提请中央全面深化改革领导小组会议审议,《环境污染强制责任保险制度方案》已报送国务院。《跨地区环保机构试点方案》和《重点区域大气污染联防联控协作机制方案》经批准合并办理,已征求有关部门和地方意见,将尽快报送国务院。

(四)强化环境法治保障。

健全环境法律法规体系。首次向全国人大常委会报告全国环境质量状况和环境保护目标完成情况、全国自然保护区建设与管理工作情况。配合完成环境保护税法制定和环境影响评价法、海洋环境保护法、固体废物污染环境防治法修改,核安全法、水污染防治法已经全国人大常委会一审,土壤污染防治法的起草论证基本完成。发布《建设项目环境影响登记表备案管理办法》等4件部门规章。配合最高人民法院、最高人民检察院修改《关于办理环境污染刑事案件适用法律若干问题的解释》，加大对数据造假等恶意违法行为处罚力度。上海修订《上海市环境保护条例》，新疆修订《新疆维吾尔自治区环境保护条例》，天津颁布《天津市水污染防治条例》，吉林颁布《吉林省大气污染防治条例》，湖北颁布《湖北省土壤污染防治条例》。

持续开展《环境保护法》实施年活动。落实地方党委政府环境保护责任。对环境质量恶化趋势明显的 7 个市政府主要负责同志进行公开约谈。各省（区、市）对 205 个市（区、县）政府开展综合督查，对 33 个市县进行约谈，对 5 个市县实施区域环评限批，对 245 个问题挂牌督办。严厉打击环境违法行为。全国实施按日连续处罚案件 974 件，实施查封扣押案件 9622 件，实施限产停产案件 5211 件，移送行政拘留案件 3968 件，移送涉嫌环境污染犯罪案件 1963 件，同比分别上升 36%、130%、68%、91%、16%。其中，浙江、广东、江苏、福建、安徽、河南、山东等 7 省案件数量达 1000 件以上。湖北、湖南、广西、重庆、四川、宁夏等省（区、市），积极查办大案要案，取得积极成效。

……

（五）加大生态保护力度。

强化自然保护区综合管理。编制《国家级自然保护区发展规划（2016—2025 年）》。国务院批准新建 18 个、调整 5 个国家级自然保护区。对 446 个国家级自然保护区人类活动开展遥感监测，对贺兰山等 5 个国家级自然保护区进行公开约谈，对 6 个国家级自然保护区进行重点督办。

加强生物多样性保护。推进实施生物多样性保护重大工程。以长江经济带为重点开展 11 个县生物多样性调查试点，全国建成 400 余个观测样区并开展常态化观测。会同中科院编制并发布《中国自然生态系统外来入侵物种名单（第四批）》。启动全国生态状况 2010—2015 年变化调查评估。四川、重庆、黑龙江和浙江等 17 个省（区、市）已发布实施地方生物多样性保护战略与行动计划，云南、湖北、陕西、甘肃等省开展生物多样性调查和评估试点工作。

开展生态文明示范创建。制定实施《国家生态文明建设示范区管理规程（试行）》《国家生态文明建设示范县、市指标（试行）》。命名 91 个国家生态市县，对获得首届中国生态文明奖的 19 个先进集体和 33 名先进个人进行表彰。各地积极推动生态示范创建。浙江建设首个部省共建美丽中国示范区，安吉县列为"两山"理论实践试点县。

……

面对这样的形势和任务，2017年要重点做好以下9项工作。

……

（二）深化和落实生态环保领域改革。

实现中央环保督察全覆盖。按照两年时间对所有省（区、市）督察一遍的要求，争取尽早完成其余省（市、区）的环境保护督察任务。适时组织开展督察"回头看"，紧盯问题整改落实，有效推进中央各项环境保护决策部署落实到位。密切关注各地环境质量状况，继续用好约谈、限批等手段，推动地方落实环境保护责任。指导各地开展省级环境保护督察。

稳步推进省以下环保机构监测监察执法垂直管理制度改革。加强对试点工作的分类指导和跟踪分析，做好典型引导和交流培训，加强统筹协调和督促检查，推动试点省份结合自身实际，细化举措，落实政策，在2017年6月底前基本完成改革任务。未纳入试点的省份要积极做好调查摸底、政策研究等前期工作，组织制定改革实施方案，为在2018年6月底前完成管理体制改革工作奠定基础。

加快排污许可制实施步伐。落实《控制污染物排放许可制实施方案》，加快完善相关法律法规、建立相应技术规范体系。加快环境管理制度衔接整合，尽快形成以排污许可为核心、精简高效的固定污染源环境管理制度体系。2017年6月30日前，完成火电、造纸行业企业排污许可证申请与核发工作，依证开展环境监管执法。2017年底前，完成《大气十条》和《水十条》重点行业及产能过剩行业企业排污许可证核发。建成全国排污许可证管理信息平台。推进京津冀高架源排污权交易试点。

推动生态环境损害赔偿改革。加强改革试点的协调指导、跟踪评估和督促检查，全面评估试点经验，制定生态环境损害赔偿制度方案。建立环境损害司法鉴定机构评审国家级专家库和地方库，制定相关鉴定评估技术指南。

完善环境经济政策。抓紧制定环境污染强制责任保险管理办法。继续推进环境信用体系建设，开展企业环境信用评价，构建跨部门信用联合惩戒和联合激励机制。深化绿色税收、绿色贸易和绿色金融政策，引导企业实施绿色生产。加快实施环保领跑者制度。

（三）加强环境法治建设。

继续加强环境立法。推进水污染防治法、土壤污染防治法、核安全法、环境保护税法实施条例、排污许可证管理条例、生物遗传资源获取与惠益分享管理条例等法律法规制修订工作。

强化环境监管执法。持续开展《环境保护法》实施年活动，原则上所有县（市、区）均要有适用《环境保护法》四个配套办法案件。对环境质量差、执法力度小的地区，继续采取通报批评、公开约谈等措施。积极运用新的"两高"司法解释，加强环境行政执法与刑事司法联动，持续保持环境执法高压态势，对偷排偷放、数据造假、屡查屡犯企业依法严肃查处，加大重大环境违法案件查办力度，严肃追究刑事责任。组织开展长江经济带重化工企业（园区）整治、取缔小水泥和小玻璃企业整治等环境保护专项行动。建立实时在线环境监控系统，组织对钢铁、火电、水泥、煤炭、造纸、印染、污水处理、垃圾焚烧等行业企业和长江经济带化工企业（园区）污水处理厂安装、运行污染源在线监控设备，并与环保部门联网。完善污染源自动监控管理机制，公开严重超标企业名单，扩大超标直接督办范围。

实施工业污染源全面达标排放计划。督促各地重点组织开展钢铁、火电、水泥、煤炭、造纸、印染、污水处理厂、垃圾焚烧厂等行业污染物排放情况评估及超标整治，通过追究行政（按日计罚等）、民事（公益诉讼）、刑事等法律责任，促进企业自觉守法。

......

（五）加大生态保护力度。

加快划定并严守生态保护红线。指导京津冀和长江经济带 14 个省市完成划定任务。抓紧研究制定配套管理办法、生态补偿方案、绩效考核和责任追究办法。建设生态保护红线监管平台，加大对生态保护重要区域的日常监控。

推进全国生态状况变化(2010—2015年)调查评估。完善国家重点生态功能区转移支付制度,研究扩大横向补偿试点。

推进自然保护区综合管理转型。建立天地一体化遥感监控体系,加强自然保护区遥感监测,严肃查处各类违法违规行为。报批和实施《全国自然保护区发展规划(2016—2025年)》,优先建立一批水生生物、海洋和草原类型保护区。

积极推动生物多样性保护重大工程实施,开展生物多样性调查、评估和观测。指导各地编制生物多样性保护优先区域规划。印发《生态文明建设示范区和国家环境保护模范城市创建工作改革方案》,启动改革后的首批国家生态文明示范区和国家环境保护模范城市创建工作。

……

(七)创新决策和管理方式。

我国幅员辽阔、经济体量大、排污企业多、各地差异大,仅靠目前的队伍和监管方式很难进行有效的管理。创新决策和管理方式,提高环境保护"五化"水平,既是转变政府职能、简政放权、加强事中事后监管、规范监管尺度的迫切需要,也是下一阶段更好、更快、更低成本地实现环境质量改善的迫切需要。

实施生态环境大数据建设工程。加快构建覆盖全国各级环保系统的环境监管执法、环境质量和重点企业在线监测、固定源排污许可管理、环评审批和管理、重污染天气应急会商和应对等平台,提高决策、管理和服务的规范性、针对性和有效性。

完善生态环境监测网络。组织实施《生态环境监测网络建设方案实施计划(2016—2020年)》。继续强化空气质量预报预警体系建设,在部分重点流域新建地表水自动监测站,完成国家土壤环境质量监测网络建设。加强环境监测质量管理,坚决惩处环境监测数据造假行为,按照新的"两高"司法解释对弄虚作假的移交公检法机关追究刑事责任。这里我要强调,各地区完成考核目标要凭真本事,决不能在环境监测数据上动歪脑筋、做手脚,决不能在改善环境质量上做数字游戏和表面文章。环境保护部已全部上收1436个国控空气站点的监测事权,完善远程监测质量监控系统,将综合运用法律、行政、技术手段,对干扰环境数据采集、公然造假行为"零容忍",发现一起严肃查处一起,严格追责。

着力提高环评工作水平。推动战略和规划环评落地,研究开展"三线一单"试点,制定《区域国土空间环境评价工作实施方案》。完成京津冀、长三角、珠三角地区战略环评,开展长江经济带战略环评和长江经济带产业园区规划环境影响跟踪评价与核查。加强项目环评管理,围绕建立健全"三挂钩"机制,加快规范完善重点行业项目环评管理。修订《建设项目环评分类管理名录》,建立环评、"三同时"和排污许可衔接的管理机制。制定《建设项目竣工环境保护验收办法》,强化建设单位环保"三同时"主体责任。完成全国环评审批信息联网,做到实时报送。

完善环境标准和技术政策体系。全面推进环保标准制修订工作,深入开展达标判定技术研究,加快推进纺织染整等 10 项污染物排放标准实施评估。围绕实施排污许可制,完善污染防治技术体系。大力发展以绿色生产消费和服务模式创新为导向的环保产业。

加大公众参与力度。修订《环境信息公开办法(试行)》。推进企业环境信息公开,完善企业信息公开平台。修订《环评公众参与暂行办法》,健全公众参与机制。督导各地进一步加大环境信息公开力度。加强政府、科技界、媒体、公众交流对接,及时、深度、科学解读和宣讲环境污染问题成因、危害和治理措施。开展例行新闻发布,及时发布环境保护权威信息。以"环保部发布"微博微信为主体,逐步建立国家、省、市、县四级联动的新媒体矩阵,回应社会关切。

2018 年环境保护部部长李干杰
在 2018 年全国环境保护工作
会议上的讲话摘录

......

（四）深刻把握新时代新动力,持续深化生态环保领域改革,推动生态环境领域国家治理体系和治理能力现代化。党的十九大提出,要加快生态文明体制改革,改革生态环境监管体制,完善生态环境管理制度。这为进一步深化生态环保领域改革提供了崭新动力。

......

要坚持以解决制约生态环境保护的体制机制问题为导向,以强化地方党委、政府及其有关部门环保责任和企业环保守法责任为主线,以整合提升生态环境质量改善效果为目标,既抓好中央已出台改革文件的贯彻落实,又谋划好新的改革举措。要按照源头严防、过程严管、后果严惩的思路,加快推进环境管理战略转型,理顺生态环境保护基础制度和管理流程,形成生态保护红线是空间管控基础、环境影响评价是环境准入把关、排污许可是企业运行守法依据、执法督察是监督兜底的环境管理基本框架,打出前后呼应、相互配合的"组合拳"。

......

（一）五项重大任务取得显著成就。

持续深化中央环保督察。在中央办公厅、国务院办公厅、中央改革办、中央财办、中央编办、中央组织部、中央宣传部、监察部以及国务院有关部门大力支持下,完成第三、第四批对 15 个省份中央环保督察,向地方交办的 7.2 万件环境信访举报基本办结。在边督边改问责 1.1 万人的同时,组织协调第一批督察 8 省(区)问责情况统一对外公开,共问责 1140 人,其中正厅级干部 24 人,副厅级干部 106 人,形成强烈震慑效果。前三批督察 22 个省份整改方案所明确的 1532 项整改任务,已完成 639 项。环保部针对环境质量持续恶化、突出问题整改不到位等问题约谈 30 个市(县、区)政府、省直部门以及央企。全国 31 个省(区、市)出台环保责任分工规定和省级环保督察方案,26 个省份开展或正在开展省级环保督察。河北明确 55 个部门 248 项生态环保责任,湖北建立由书记和省长鉴证、地市主要领导签字背书的督察整改任务销账办结机制,湖南将党委有关部门和司法机关纳入环保工作责任体系,甘肃对中央环保督察反馈问题全部限时整改。

……

(二)深化和落实环保改革措施。

推进环保体制改革。持续推进省以下环保机构垂直管理制度改革,江苏、山东、湖北、青海、上海、福建、江西、天津、陕西等 9 省(市)实施方案新增备案。中央办公厅、国务院办公厅印发按流域设置环境监管和行政执法机构、设置跨地区环保机构试点方案。赤水河、南四湖、东平湖、九龙江、赣江等流域机构试点有序展开。

实施控制污染物排放许可制。出台《排污许可管理办法(试行)》和《固定源排污许可分类管理名录》(2017 年版),发布 15 个行业技术规范,建成全国排污许可证管理信息平台。基本完成火电、造纸等 15 个行业许可证核发,实现了固定污染源监管从管一般情形到管重污染天气等特殊时段企业排放行为,环境管理要求从针对企业细化到每个具体排污口、从以浓度为主向浓度和总量并重转变,推动了企业自行监测体系建设和达标排放,落实企业主体责任。河北、安徽等省大力推动排污许可制度改革,积极推进重点行业企业排污许可证核发。

建设生态环境监测网络。中央办公厅、国务院办公厅印发《关于深化环境监测改革提高环境监测数据质量的意见》,我部对人为干扰环境监测活动的行为予以严肃查处。完成 2050 个国家地表水监测断面事权上收,全面实施

"采测"分离,实现监测数据全国互联共享。加强东北、西北、西南、华南等区域空气质量预测预报能力建设。四川成为西部第一个环境监测能力达标省份,内蒙古依托国家大数据综合试验区建成生态环境大数据中心。

加快生态保护红线划定。中央办公厅、国务院办公厅印发《关于划定并严守生态保护红线的若干意见》。我部会同发展改革委印发《生态保护红线划定指南》。京津冀、长江经济带和宁夏等 15 个省(区、市)划定方案已获国务院审批。

推进环评改革。开展连云港等 4 个城市"三线一单"试点,印发《"三线一单"编制技术指南(试行)》。修订《建设项目环境影响评价分类管理名录》,出台建设项目竣工环境保护验收暂行办法、环境影响登记表备案管理办法,印发《关于做好环境影响评价制度与排污许可制衔接相关工作的通知》。实行全国环评审批"四级联网"信息报送。

此外,中央办公厅、国务院办公厅印发《生态环境损害赔偿制度改革方案》。深化"放管服"改革,2 项部本级审批和 3 项中央指定地方实施审批的事项,经国务院常务会审议后取消,取消核安全技术审评费等 5 项行政事业性收费,积极推动排污费改税和排污交易试点工作。

……

三、打好污染防治攻坚战的总体考虑

……

(三)强化三大基础,助力污染防治攻坚战圆满成功。

……

三是构建完善环境治理体系。改革生态环境监管体制,健全生态环境监管机制,严格环境质量达标管理。将环境保护督察向纵深推进,不断提高督察效能。加快推进排污许可制度,逐步提高污染物排放标准。稳定增加环保投入,完善绿色金融体系,推进社会化生态环境治理和保护,建立市场化、多元化生态补偿机制,实行生态环境损害赔偿制度。加快建立绿色生产和消费的法律制度和政策导向，加强行政执法与刑事司法衔接，推进环境执法规范化建设，坚决制止和惩处破坏生态环境行为。构建市场导向的绿色技术创新体系，深入开展大气、水和土壤等重大环境问题成因与治理科技攻关。加快人才队伍规范化、标准化和专业化建设。加强国际对话交流与务实合作。

……

2018 年是贯彻党的十九大精神的开局之年，是改革开放 40 周年，是决胜全面建成小康社会、实施"十三五"规划承上启下的关键一年。

……

（六）强化环境执法督察。

深入推进环保督察。开展第一轮中央环保督察整改情况"回头看"。针对污染防治攻坚战的关键领域，组织开展机动式、点穴式专项督察。推进环境保护督察制度化建设。全面开展省级环保督察，基本实现地市督察全覆盖。

严格环境执法监管。开展重点区域大气污染综合治理攻坚、落实《禁止洋垃圾入境推进固体废物进口管理制度改革实施方案》、打击固体废物及危险废物非法转移和倾倒、垃圾焚烧发电行业达标排放、城市黑臭水体整治及城镇和园区污水处理设施建设、集中式饮用水水源地环境整治、"绿盾"国家级自然保护区监督检查等 7 大专项行动，作为全面打响污染防治攻坚战的标志性工程。继续开展环境执法大练兵。强化执法队伍能力建设，提高执法人员素质。加强基层环境执法标准化建设，统一执法人员着装，提高执法机构硬件装备水平。推动移动执法系统建设与应用，实现国家、省、市、县四级现场执法检查数据联网。

（七）深化环保领域改革。

健全完善生态环境监测网络。切实保障地表水国考断面水质"采测"分离机制有效实施，并加快自动站建设，实行第三方运维、全国数据联网。加快重点区域空气质量预测预报能力建设，完善"2+26"城市大气颗粒物化学组分分析网和光化学监测网。在全国范围内推动开展环境空气和固定污染源 VOCs 监测。完善国家土壤环境监测网。推进环境统计改革，保障环境统计数据质量。

加快推进排污许可制改革。发布汽车制造等 12 个行业排污许可证申请与核发技术规范,完成石化等 6 个行业许可证核发。按照核发一个行业、清理一个行业、规范一个行业、达标排放一个行业的思路,开展固定污染源清理整顿和钢铁、水泥等 15 个行业执法检查,对无证和不按证排污企业实施严厉处罚。

落实好各项改革方案。全面推开省以下环保机构垂直管理制度改革,开展设置京津冀大气机构试点,提出推进按流域设置环境监管和行政执法机构工作的指导意见。推进在全国试行生态环境损害赔偿制度。做好第二批、第三批禁止进口固体废物目录调整,强化进口废物监管,坚决禁止洋垃圾入境。深入推进"放管服"改革,加快推进行政许可标准化。

完善环境经济政策。深化排污权交易试点,发展排污权交易二级市场。推进政府和社会资本合作、环境污染第三方治理等模式。健全环保信用评价制度,推动建立长江经济带"互认互用"评价结果机制。健全信息强制性披露制度,督促上市公司、发债企业等披露环境信息。推进环境保护综合名录编制。

国务院办公厅关于加强环境
监管执法的通知

国办发〔2014〕56号

各省、自治区、直辖市人民政府，国务院各部委、各直属机构：

近年来，各地区、各部门不断加大工作力度，环境监管执法工作取得一定成效。但一些地方监管执法不到位等问题仍然十分突出，环境违法违规案件高发频发，人民群众反映强烈。为贯彻落实党的十八届四中全会精神和党中央、国务院有关决策部署，加快解决影响科学发展和损害群众健康的突出环境问题，着力推进环境质量改善，经国务院同意，现就加强环境监管执法有关要求通知如下：

一、严格依法保护环境，推动监管执法全覆盖

有效解决环境法律法规不健全、监管执法缺位问题。完善环境监管法律法规，落实属地责任，全面排查整改各类污染环境、破坏生态和环境隐患问题，不留监管死角、不存执法盲区，向污染宣战。

（一）加快完善环境法律法规标准。用严格的法律制度保护生态环境，抓紧制（修）订土壤环境保护、大气污染防治、环境影响评价、排污许可、环境监测等方面的法律法规，强化生产者环境保护的法律责任，大幅度提高违法成本。加快完善重金属、挥发性有机物、危险废物、持久性有机污染物、放射性污

染物质等领域环境标准,提高重点行业环境准入门槛。鼓励各地根据环境质量目标,制定和实施地方性法规和更严格的污染物排放标准。通过落实环保法律法规,约束产业转移行为,倒逼经济转型升级。

(二)全面实施行政执法与刑事司法联动。各级环境保护部门和公安机关要建立联动执法联席会议、常设联络员和重大案件会商督办等制度,完善案件移送、联合调查、信息共享和奖惩机制,坚决克服有案不移、有案难移、以罚代刑现象,实现行政处罚和刑事处罚无缝衔接。移送和立案工作要接受人民检察院法律监督。发生重大环境污染事件等紧急情况时,要迅速启动联合调查程序,防止证据灭失。公安机关要明确机构和人员负责查处环境犯罪,对涉嫌构成环境犯罪的,要及时依法立案侦查。人民法院在审理环境资源案件中,需要环境保护技术协助的,各级环境保护部门应给予必要支持。

(三)抓紧开展环境保护大检查。2015年底前,地方各级人民政府要组织开展一次环境保护全面排查,重点检查所有排污单位污染排放状况,各类资源开发利用活动对生态环境影响情况,以及建设项目环境影响评价制度、"三同时"(防治污染设施与主体工程同时设计、同时施工、同时投产使用)制度执行情况等,依法严肃查处、整改存在的问题,结果向上一级人民政府报告,并向社会公开。环境保护部等有关部门要加强督促、检查和指导,建立定期调度工作机制,组织对各地检查情况进行抽查,重要情况及时报告国务院。

(四)着力强化环境监管。各市、县级人民政府要将本行政区域划分为若干环境监管网格,逐一明确监管责任人,落实监管方案;监管网格划分方案要于2015年底前报上一级人民政府备案,并向社会公开。各省、市、县级人民政府要确定重点监管对象,划分监管等级,健全监管档案,采取差别化监管措施;乡镇人民政府、街道办事处要协助做好相关工作。各省级环境保护部门要加强巡查,每年按一定比例对国家重点监控企业进行抽查,指导市、县级人民政府落实网格化管理措施。市、县两级环境保护部门承担日常环境监管执法责任,要加大现场检查、随机抽查力度。环境保护重点区域、流域地方政府要强化协同监管,开展联合执法、区域执法和交叉执法。

二、对各类环境违法行为"零容忍",加大惩治力度

坚决纠正执法不到位、整改不到位问题。坚持重典治乱,铁拳铁规治污,采取综合手段,始终保持严厉打击环境违法的高压态势。

(五)重拳打击违法排污。对偷排偷放、非法排放有毒有害污染物、非法处置危险废物、不正常使用防治污染设施、伪造或篡改环境监测数据等恶意违法行为,依法严厉处罚;对拒不改正的,依法予以行政拘留;对涉嫌犯罪的,一律迅速移送司法机关。对负有连带责任的环境服务第三方机构,应予以追责。建立环境信用评价制度,将环境违法企业列入"黑名单"并向社会公开,将其环境违法行为纳入社会信用体系,让失信企业一次违法、处处受限。对污染环境、破坏生态等损害公众环境权益的行为,鼓励社会组织、公民依法提起公益诉讼和民事诉讼。

(六)全面清理违法违规建设项目。对违反建设项目环境影响评价制度和"三同时"制度,越权审批但尚未开工建设的项目,一律不得开工;未批先建、边批边建,资源开发以采代探的项目,一律停止建设或依法依规予以取缔;环保设施和措施落实不到位擅自投产或运行的项目,一律责令限期整改。各地要于2016年底前完成清理整改任务。

(七)坚决落实整改措施。对依法作出的行政处罚、行政命令等具体行政行为的执行情况,实施执法后督察。对未完成停产整治任务擅自生产的,依法责令停业关闭,拆除主体设备,使其不能恢复生产。对拒不改正的,要依法采取强制执行措施。对非诉执行案件,环境保护、工商、供水、供电等部门和单位要配合人民法院落实强制措施。

三、积极推行"阳光执法",严格 规范和约束执法行为

坚决纠正不作为、乱作为问题。健全执法责任制,规范行政裁量权,强化对监管执法行为的约束。

（八）推进执法信息公开。地方环境保护部门和其他负有环境监管职责的部门，每年要发布重点监管对象名录，定期公开区域环境质量状况，公开执法检查依据、内容、标准、程序和结果。每月公布群众举报投诉重点环境问题处理情况、违法违规单位及其法定代表人名单和处理、整改情况。

（九）开展环境执法稽查。完善国家环境监察制度，加强对地方政府及其有关部门落实环境保护法律法规、标准、政策、规划情况的监督检查，协调解决跨省域重大环境问题。研究在环境保护部设立环境监察专员制度。自2015年起，市级以上环境保护部门要对下级环境监管执法工作进行稽查。省级环境保护部门每年要对本行政区域内30%以上的市（地、州、盟）和5%以上的县（市、区、旗），市级环境保护部门每年要对本行政区域内30%以上的县（市、区、旗）开展环境稽查。稽查情况通报当地人民政府。

（十）强化监管责任追究。对网格监管不履职的，发现环境违法行为或者接到环境违法行为举报后查处不及时的，不依法对环境违法行为实施处罚的，对涉嫌犯罪案件不移送、不受理或推诿执法等监管不作为行为，监察机关要依法依纪追究有关单位和人员的责任。国家工作人员充当保护伞包庇、纵容环境违法行为或对其查处不力，涉嫌职务犯罪的，要及时移送人民检察院。实施生态环境损害责任终身追究，建立倒查机制，对发生重特大突发环境事件，任期内环境质量明显恶化，不顾生态环境盲目决策、造成严重后果，利用职权干预、阻碍环境监管执法的，要依法依纪追究有关领导和责任人的责任。

四、明确各方职责任务，营造良好执法环境

有效解决职责不清、责任不明和地方保护问题。切实落实政府、部门、企业和个人等各方面的责任，充分发挥社会监督作用。

（十一）强化地方政府领导责任。县级以上地方各级人民政府对本行政区域环境监管执法工作负领导责任，要建立环境保护部门对环境保护工作统一监督管理的工作机制，明确各有关部门和单位在环境监管执法中的责任，形成工作合力。切实提升基层环境执法能力，支持环境保护等部门依法独立进行环境监管和行政执法。2015年6月底前，地方各级人民政府要全面清理、

废除阻碍环境监管执法的"土政策",并将清理情况向上一级人民政府报告。审计机关在开展党政主要领导干部经济责任审计时,要对地方政府主要领导干部执行环境保护法律法规和政策、落实环境保护目标责任制等情况进行审计。

(十二)落实社会主体责任。支持各类社会主体自我约束、自我管理。各类企业、事业单位和社会组织应当按照环境保护法律法规标准的规定,严格规范自身环境行为,落实物资保障和资金投入,确保污染防治、生态保护、环境风险防范等措施落实到位。重点排污单位要如实向社会公开其污染物排放状况和防治污染设施的建设运行情况。制定财政、税收和环境监管等激励政策,鼓励企业建立良好的环境信用。

(十三)发挥社会监督作用。环境保护人人有责,要充分发挥"12369"环保举报热线和网络平台作用,畅通公众表达渠道,限期办理群众举报投诉的环境问题。健全重大工程项目社会稳定风险评估机制,探索实施第三方评估。邀请公民、法人和其他组织参与监督环境执法,实现执法全过程公开。

五、增强基层监管力量,提升环境监管执法能力

加快解决环境监管执法队伍基础差、能力弱等问题。加强环境监察队伍和能力建设,为推进环境监管执法工作提供有力支撑。

(十四)加强执法队伍建设。建立重心下移、力量下沉的法治工作机制,加强市、县级环境监管执法队伍建设,具备条件的乡镇(街道)及工业集聚区要配备必要的环境监管人员。大力提高环境监管队伍思想政治素质、业务工作能力、职业道德水准,2017年底前,现有环境监察执法人员要全部进行业务培训和职业操守教育,经考试合格后持证上岗;新进人员,坚持"凡进必考",择优录取。研究建立符合职业特点的环境监管执法队伍管理制度和有利于监管执法的激励制度。

(十五)强化执法能力保障。推进环境监察机构标准化建设,配备调查取证等监管执法装备,保障基层环境监察执法用车。2017年底前,80%以上的环境监察机构要配备使用便携式手持移动执法终端,规范执法行为。强化自

动监控、卫星遥感、无人机等技术监控手段运用。健全环境监管执法经费保障机制,将环境监管执法经费纳入同级财政全额保障范围。

　　各地区、各有关部门要充分认识进一步加强环境监管执法的重要意义,切实强化组织领导,认真抓好工作落实。环境保护部要会同有关部门加强对本通知落实情况的监督检查,重大情况及时向国务院报告。

（据新华社 2014 年 11 月 27 日电）

附录5:

中共中央 国务院关于加快推进
生态文明建设的意见

（2015 年 4 月 25 日）

　　生态文明建设是中国特色社会主义事业的重要内容,关系人民福祉,关乎民族未来,事关"两个一百年"奋斗目标和中华民族伟大复兴的中国梦的实现。党中央、国务院高度重视生态文明建设,先后出台了一系列重大决策部署,推动生态文明建设取得了重大进展和积极成效。但总体上看我国生态文明建设水平仍滞后于经济社会发展,资源约束趋紧,环境污染严重,生态系统退化,发展与人口资源环境之间的矛盾日益突出,已成为经济社会可持续发展的重大瓶颈制约。

　　加快推进生态文明建设是加快转变经济发展方式、提高发展质量和效益的内在要求,是坚持以人为本、促进社会和谐的必然选择,是全面建成小康社会、实现中华民族伟大复兴的中国梦的时代抉择,是积极应对气候变化、维护全球生态安全的重大举措。要充分认识加快推进生态文明建设的极端重要性和紧迫性,切实增强责任感和使命感,牢固树立尊重自然、顺应自然、保护自然的理念,坚持绿水青山就是金山银山,动员全党、全社会积极行动、深入持久地推进生态文明建设,加快形成人与自然和谐发展的现代化建设新格局,开创社会主义生态文明新时代。

一、总体要求

　　（一）指导思想。以邓小平理论、"三个代表"重要思想、科学发展观为指导,全面贯彻党的十八大和十八届二中、三中、四中全会精神,深入贯彻习近平总书记系列重要讲话精神,认真落实党中央、国务院的决策部署,坚持以人为本、依法推进,坚持节约资源和保护环境的基本国策,把生态文明建设放在突出的战略位置,融入经济建设、政治建设、文化建设、社会建设各方面和全过程,协同推进新型工业化、信息化、城镇化、农业现代化和绿色化,以健全生态文明制度体系为重点,优化国土空间开发格局,全面促进资源节约利用,加大自然生态系统和环境保护力度,大力推进绿色发展、循环发展、低碳发展,弘扬生态文化,倡导绿色生活,加快建设美丽中国,使蓝天常在、青山常在、绿水常在,实现中华民族永续发展。

(二)基本原则。坚持把节约优先、保护优先、自然恢复为主作为基本方针。在资源开发与节约中,把节约放在优先位置,以最少的资源消耗支撑经济社会持续发展;在环境保护与发展中,把保护放在优先位置,在发展中保护、在保护中发展;在生态建设与修复中,以自然恢复为主,与人工修复相结合。

坚持把绿色发展、循环发展、低碳发展作为基本途径。经济社会发展必须建立在资源得到高效循环利用、生态环境受到严格保护的基础上,与生态文明建设相协调,形成节约资源和保护环境的空间格局、产业结构、生产方式。

坚持把深化改革和创新驱动作为基本动力。充分发挥市场配置资源的决定性作用和更好发挥政府作用,不断深化制度改革和科技创新,建立系统完整的生态文明制度体系,强化科技创新引领作用,为生态文明建设注入强大动力。

坚持把培育生态文化作为重要支撑。将生态文明纳入社会主义核心价值体系,加强生态文化的宣传教育,倡导勤俭节约、绿色低碳、文明健康的生活方式和消费模式,提高全社会生态文明意识。

坚持把重点突破和整体推进作为工作方式。既立足当前,着力解决对经济社会可持续发展制约性强、群众反映强烈的突出问题,打好生态文明建设攻坚战;又着眼长远,加强顶层设计与鼓励基层探索相结合,持之以恒全面推进生态文明建设。

(三)主要目标。到 2020 年,资源节约型和环境友好型社会建设取得重大进展,主体功能区布局基本形成,经济发展质量和效益显著提高,生态文明主流价值观在全社会得到推行,生态文明建设水平与全面建成小康社会目标相适应。

——国土空间开发格局进一步优化。经济、人口布局向均衡方向发展,陆海空间开发强度、城市空间规模得到有效控制,城乡结构和空间布局明显优化。

——资源利用更加高效。单位国内生产总值二氧化碳排放强度比 2005年下降 40%—45%,能源消耗强度持续下降,资源产出率大幅提高,用水总量力争控制在 6700 亿立方米以内,万元工业增加值用水量降低到 65 立方米以下,农田灌溉水有效利用系数提高到 0.55 以上,非化石能源占一次能源消费比重达到 15%左右。

——生态环境质量总体改善。主要污染物排放总量继续减少,大气环境质量、重点流域和近岸海域水环境质量得到改善,重要江河湖泊水功能区水质达标率提高到 80%以上,饮用水安全保障水平持续提升,土壤环境质量总体保持稳定,环境风险得到有效控制。森林覆盖率达到 23%以上,草原综合植被覆盖度达到 56%,湿地面积不低于 8 亿亩,50%以上可治理沙化土地得到治理,自然岸线保有率不低于 35%,生物多样性丧失速度得到基本控制,全国生态系统稳定性明显增强。

——生态文明重大制度基本确立。基本形成源头预防、过程控制、损害赔偿、责任追究的生态文明制度体系,自然资源资产产权和用途管制、生态保护红线、生态保护补偿、生态环境保护管理体制等关键制度建设取得决定性成果。

二、强化主体功能定位,优化国土空间开发格局

国土是生态文明建设的空间载体。要坚定不移地实施主体功能区战略,健全空间规划体系,科学合理布局和整治生产空间、生活空间、生态空间。

(四)积极实施主体功能区战略。全面落实主体功能区规划,健全财政、投资、产业、土地、人口、环境等配套政策和各有侧重的绩效考核评价体系。推进市县落实主体功能定位,推动经济社会发展、城乡、土地利用、生态环境保护

等规划"多规合一",形成一个市县一本规划、一张蓝图。区域规划编制、重大项目布局必须符合主体功能定位。对不同主体功能区的产业项目实行差别化市场准入政策,明确禁止开发区域、限制开发区域准入事项,明确优化开发区域、重点开发区域禁止和限制发展的产业。编制实施全国国土规划纲要,加快推进国土综合整治。构建平衡适宜的城乡建设空间体系,适当增加生活空间、生态用地,保护和扩大绿地、水域、湿地等生态空间。

(五)大力推进绿色城镇化。认真落实《国家新型城镇化规划(2014—2020年)》,根据资源环境承载能力,构建科学合理的城镇化宏观布局,严格控制特大城市规模,增强中小城市承载能力,促进大中小城市和小城镇协调发展。尊重自然格局,依托现有山水脉络、气象条件等,合理布局城镇各类空间,尽量减少对自然的干扰和损害。保护自然景观,传承历史文化,提倡城镇形态多样性,保持特色风貌,防止"千城一面"。科学确定城镇开发强度,提高城镇土地利用效率、建成区人口密度,划定城镇开发边界,从严供给城市建设用地,推动城镇化发展由外延扩张式向内涵提升式转变。严格新城、新区设立条件和程序。强化城镇化过程中的节能理念,大力发展绿色建筑和低碳、便捷的交通体系,推进绿色生态城区建设,提高城镇供排水、防涝、雨水收集利用、供热、供气、环境等基础设施建设水平。所有县城和重点镇都要具备污水、垃圾处理能力,提高建设、运行、管理水平。加强城乡规划"三区四线"(禁建区、限建区和适建区,绿线、蓝线、紫线和黄线)管理,维护城乡规划的权威性、严肃性,杜绝大拆大建。

(六)加快美丽乡村建设。完善县域村庄规划,强化规划的科学性和约束力。加强农村基础设施建设,强化山水林田路综合治理,加快农村危旧房改造,支持农村环境集中连片整治,开展农村垃圾专项治理,加大农村污水处理和改厕力度。加快转变农业发展方式,推进农业结构调整,大力发展农业循环经济,治理农业污染,提升农产品质量安全水平。依托乡村生态资源,在保护生态环境的前提下,加快发展乡村旅游休闲业。引导农民在房前屋后、道路两旁植树护绿。加强农村精神文明建设,以环境整治和民风建设为重点,扎实推进文明村镇创建。

(七)加强海洋资源科学开发和生态环境保护。根据海洋资源环境承载力,科学编制海洋功能区划,确定不同海域主体功能。坚持"点上开发、面上保护",控制海洋开发强度,在适宜开发的海洋区域,加快调整经济结构和产业布局,积极发展海洋战略性新兴产业,严格生态环境评价,提高资源集约节约利用和综合开发水平,最大程度减少对海域生态环境的影响。严格控制陆源污染物排海总量,建立并实施重点海域排污总量控制制度,加强海洋环境治理、海域海岛综合整治、生态保护修复,有效保护重要、敏感和脆弱海洋生态系统。加强船舶港口污染控制,积极治理船舶污染,增强港口码头污染防治能力。控制发展海水养殖,科学养护海洋渔业资源。开展海洋资源和生态环境综合评估。实施严格的围填海总量控制制度、自然岸线控制制度,建立陆海统筹、区域联动的海洋生态环境保护修复机制。

三、推动技术创新和结构调整,
提高发展质量和效益

从根本上缓解经济发展与资源环境之间的矛盾,必须构建科技含量高、资源消耗低、环境污染少的产业结构,加快推动生产方式绿色化,大幅提高经济绿色化程度,有效降低发展的资源环境代价。

(八)推动科技创新。结合深化科技体制改革,建立符合生态文明建设领域科研活动特点的管理制度和运行机制。加强重大科学技术问题研究,开展能源节约、资源循环利用、新能源开发、污染治理、生态修复等领域关键技术攻关,在基础研究和前沿技术研发方面取得突破。强化企业技术创新主体地位,充分发挥市场对绿色产业发展方向和技术路线选择的决定性作用。完善技术创新体系,提高综合集成创新能力,加强工艺创新与试验。支持生态文明领域工程技术类研究中心、实验室和实验基地建设,完善科技创新成果转化机制,形成一批成果转化平台、中介服务机构,加快成熟适用技术的示范和推广。加强生态文明基础研究、试验研发、工程应用和市场服务等科技人才队伍建设。

(九)调整优化产业结构。推动战略性新兴产业和先进制造业健康发展,采用先进适用节能低碳环保技术改造提升传统产业,发展壮大服务业,合理布局建设基础设施和基础产业。积极化解产能严重过剩矛盾,加强预警调控,适

时调整产能严重过剩行业名单,严禁核准产能严重过剩行业新增产能项目。加快淘汰落后产能,逐步提高淘汰标准,禁止落后产能向中西部地区转移。做好化解产能过剩和淘汰落后产能企业职工安置工作。推动要素资源全球配置,鼓励优势产业走出去,提高参与国际分工的水平。调整能源结构,推动传统能源安全绿色开发和清洁低碳利用,发展清洁能源、可再生能源,不断提高非化石能源在能源消费结构中的比重。

(十)发展绿色产业。大力发展节能环保产业,以推广节能环保产品拉动消费需求,以增强节能环保工程技术能力拉动投资增长,以完善政策机制释放市场潜在需求,推动节能环保技术、装备和服务水平显著提升,加快培育新的经济增长点。实施节能环保产业重大技术装备产业化工程,规划建设产业化示范基地,规范节能环保市场发展,多渠道引导社会资金投入,形成新的支柱产业。加快核电、风电、太阳能光伏发电等新材料、新装备的研发和推广,推进生物质发电、生物质能源、沼气、地热、浅层地温能、海洋能等应用,发展分布式能源,建设智能电网,完善运行管理体系。大力发展节能与新能源汽车,提高创新能力和产业化水平,加强配套基础设施建设,加大推广普及力度。发展有机农业、生态农业,以及特色经济林、林下经济、森林旅游等林产业。

四、全面促进资源节约循环高效使用,
推动利用方式根本转变

节约资源是破解资源瓶颈约束、保护生态环境的首要之策。要深入推进全社会节能减排,在生产、流通、消费各环节大力发展循环经济,实现各类资源节约高效利用。

(十一)推进节能减排。发挥节能与减排的协同促进作用,全面推动重点领域节能减排。开展重点用能单位节能低碳行动,实施重点产业能效提升计划。严格执行建筑节能标准,加快推进既有建筑节能和供热计量改造,从标准、设计、建设等方面大力推广可再生能源在建筑上的应用,鼓励建筑工业化等建设模式。优先发展公共交通,优化运输方式,推广节能与新能源交通运输装备,发展甩挂运输。鼓励使用高效节能农业生产设备。开展节约型公共机构示范创建活动。强化结构、工程、管理减排，继续削减主要污染物排放总量。

（十二）发展循环经济。按照减量化、再利用、资源化的原则，加快建立循环型工业、农业、服务业体系，提高全社会资源产出率。完善再生资源回收体系，实行垃圾分类回收，开发利用"城市矿产"，推进秸秆等农林废弃物以及建筑垃圾、餐厨废弃物资源化利用，发展再制造和再生利用产品，鼓励纺织品、汽车轮胎等废旧物品回收利用。推进煤矸石、矿渣等大宗固体废弃物综合利用。组织开展循环经济示范行动，大力推广循环经济典型模式。推进产业循环式组合，促进生产和生活系统的循环链接，构建覆盖全社会的资源循环利用体系。

（十三）加强资源节约。节约集约利用水、土地、矿产等资源，加强全过程管理，大幅降低资源消耗强度。加强用水需求管理，以水定需、量水而行，抑制不合理用水需求，促进人口、经济等与水资源相均衡，建设节水型社会。推广高效节水技术和产品，发展节水农业，加强城市节水，推进企业节水改造。积极开发利用再生水、矿井水、空中云水、海水等非常规水源，严控无序调水和人造水景工程，提高水资源安全保障水平。按照严控增量、盘活存量、优化结构、提高效率的原则，加强土地利用的规划管控、市场调节、标准控制和考核监管，严格土地用途管制，推广应用节地技术和模式。发展绿色矿业，加快推进绿色矿山建设，促进矿产资源高效利用，提高矿产资源开采回采率、选矿回收率和综合利用率。

五、加大自然生态系统和环境保护力度，切实改善生态环境质量

良好生态环境是最公平的公共产品，是最普惠的民生福祉。要严格源头预防、不欠新账，加快治理突出生态环境问题、多还旧账，让人民群众呼吸新鲜的空气，喝上干净的水，在良好的环境中生产生活。

（十四）保护和修复自然生态系统。加快生态安全屏障建设，形成以青藏高原、黄土高原—川滇、东北森林带、北方防沙带、南方丘陵山地带、近岸近海生态区以及大江大河重要水系为骨架，以其他重点生态功能区为重要支撑，以

禁止开发区域为重要组成的生态安全战略格局。实施重大生态修复工程,扩大森林、湖泊、湿地面积,提高沙区、草原植被覆盖率,有序实现休养生息。加强森林保护,将天然林资源保护范围扩大到全国;大力开展植树造林和森林经营,稳定和扩大退耕还林范围,加快重点防护林体系建设;完善国有林场和国有林区经营管理体制,深化集体林权制度改革。严格落实禁牧休牧和草畜平衡制度,加快推进基本草原划定和保护工作;加大退牧还草力度,继续实行草原生态保护补助奖励政策;稳定和完善草原承包经营制度。启动湿地生态效益补偿和退耕还湿。加强水生生物保护,开展重要水域增殖放流活动。继续推进京津风沙源治理、黄土高原地区综合治理、石漠化综合治理,开展沙化土地封禁保护试点。加强水土保持,因地制宜推进小流域综合治理。实施地下水保护和超采漏斗区综合治理,逐步实现地下水采补平衡。强化农田生态保护,实施耕地质量保护与提升行动,加大退化、污染、损毁农田改良和修复力度,加强耕地质量调查监测与评价。实施生物多样性保护重大工程,建立监测评估与预警体系,健全国门生物安全查验机制,有效防范物种资源丧失和外来物种入侵,积极参加生物多样性国际公约谈判和履约工作。加强自然保护区建设与管理,对重要生态系统和物种资源实施强制性保护,切实保护珍稀濒危野生动植物、古树名木及自然生境。建立国家公园体制,实行分级、统一管理,保护自然生态和自然文化遗产原真性、完整性。研究建立江河湖泊生态水量保障机制。加快灾害调查评价、监测预警、防治和应急等防灾减灾体系建设。

(十五)全面推进污染防治。按照以人为本、防治结合、标本兼治、综合施策的原则,建立以保障人体健康为核心、以改善环境质量为目标、以防控环境风险为基线的环境管理体系,健全跨区域污染防治协调机制,加快解决人民群众反映强烈的大气、水、土壤污染等突出环境问题。继续落实大气污染防治行动计划,逐渐消除重污染天气,切实改善大气环境质量。实施水污染防治行动计划,严格饮用水源保护,全面推进涵养区、源头区等水源地环境整治,加强供水全过程管理,确保饮用水安全;加强重点流域、区域、近岸海域水污染防治和良好湖泊生态环境保护,控制和规范淡水养殖,严格入河(湖、海)排污管理;推进地下水污染防治。制定实施土壤污染防治行动计划,优先保护耕地土壤环境,强化工业污染场地治理,开展土壤污染治理与修复试点。加强农业面源污染防治,加大种养业特别是规模化畜禽养殖污染防治力度,科学施用化肥、农药,推广节能环保型炉灶,净化农产品产地和农村居民生活环境。加大城乡环境综合整治力度。推进重金属污染治理。开展矿山地质环境恢复和综合治理,推进尾矿安全、环保存放,妥善处理处置矿渣等大宗固体废物。建立健全化学品、持久性有机污染物、危险废物等环境风险防范与应急管理工作机制。切实加强核设施运行监管,确保核安全万无一失。

（十六）积极应对气候变化。坚持当前长远相互兼顾、减缓适应全面推进,通过节约能源和提高能效,优化能源结构,增加森林、草原、湿地、海洋碳汇等手段,有效控制二氧化碳、甲烷、氢氟碳化物、全氟化碳、六氟化硫等温室气体排放。提高适应气候变化特别是应对极端天气和气候事件能力,加强监测、预警和预防,提高农业、林业、水资源等重点领域和生态脆弱地区适应气候变化的水平。扎实推进低碳省区、城市、城镇、产业园区、社区试点。坚持共同但有区别的责任原则、公平原则、各自能力原则,积极建设性地参与应对气候变化国际谈判,推动建立公平合理的全球应对气候变化格局。

六、健全生态文明制度体系

加快建立系统完整的生态文明制度体系,引导、规范和约束各类开发、利用、保护自然资源的行为,用制度保护生态环境。

（十七）健全法律法规。全面清理现行法律法规中与加快推进生态文明建设不相适应的内容,加强法律法规间的衔接。研究制定节能评估审查、节水、应对气候变化、生态补偿、湿地保护、生物多样性保护、土壤环境保护等方面的法律法规,修订土地管理法、大气污染防治法、水污染防治法、节约能源法、循环经济促进法、矿产资源法、森林法、草原法、野生动物保护法等。

（十八）完善标准体系。加快制定修订一批能耗、水耗、地耗、污染物排放、环境质量等方面的标准,实施能效和排污强度"领跑者"制度,加快标准升级步伐。提高建筑物、道路、桥梁等建设标准。环境容量较小、生态环境脆弱、环境风险高的地区要执行污染物特别排放限值。鼓励各地区依法制定更加严格的地方标准。建立与国际接轨、适应我国国情的能效和环保标识认证制度。

（十九）健全自然资源资产产权制度和用途管制制度。对水流、森林、山岭、草原、荒地、滩涂等自然生态空间进行统一确权登记，明确国土空间的自然资源资产所有者、监管者及其责任。完善自然资源资产用途管制制度，明确各类国土空间开发、利用、保护边界，实现能源、水资源、矿产资源按质量分级、梯级利用。严格节能评估审查、水资源论证和取水许可制度。坚持并完善最严格的耕地保护和节约用地制度，强化土地利用总体规划和年度计划管控，加强土地用途转用许可管理。完善矿产资源规划制度，强化矿产开发准入管理。有序推进国家自然资源资产管理体制改革。

（二十）完善生态环境监管制度。建立严格监管所有污染物排放的环境保护管理制度。完善污染物排放许可证制度，禁止无证排污和超标准、超总量排污。违法排放污染物、造成或可能造成严重污染的，要依法查封扣押排放污染物的设施设备。对严重污染环境的工艺、设备和产品实行淘汰制度。实行企事业单位污染物排放总量控制制度，适时调整主要污染物指标种类，纳入约束性指标。健全环境影响评价、清洁生产审核、环境信息公开等制度。建立生态保护修复和污染防治区域联动机制。

（二十一）严守资源环境生态红线。树立底线思维，设定并严守资源消耗上限、环境质量底线、生态保护红线，将各类开发活动限制在资源环境承载能力之内。合理设定资源消耗"天花板"，加强能源、水、土地等战略性资源管控，强化能源消耗强度控制，做好能源消费总量管理。继续实施水资源开发利用控制、用水效率控制、水功能区限制纳污三条红线管理。划定永久基本农田，严格实施永久保护，对新增建设用地占用耕地规模实行总量控制，落实耕地占补平衡，确保耕地数量不下降、质量不降低。严守环境质量底线，将大气、水、土壤等环境质量"只能更好、不能变坏"作为地方各级政府环保责任红线，相应确定污染物排放总量限值和环境风险防控措施。在重点生态功能区、生态环境敏感区和脆弱区等区域划定生态红线，确保生态功能不降低、面积不减少、性质不改变；科学划定森林、草原、湿地、海洋等领域生态红线，严格自然生态空间征（占）用管理，有效遏制生态系统退化的趋势。探索建立资源环境承载能力监测预警机制，对资源消耗和环境容量接近或超过承载能力的地区，及时采取区域限批等限制性措施。

（二十二）完善经济政策。健全价格、财税、金融等政策,激励、引导各类主体积极投身生态文明建设。深化自然资源及其产品价格改革,凡是能由市场形成价格的都交给市场,政府定价要体现基本需求与非基本需求以及资源利用效率高低的差异,体现生态环境损害成本和修复效益。进一步深化矿产资源有偿使用制度改革,调整矿业权使用费征收标准。加大财政资金投入,统筹有关资金,对资源节约和循环利用、新能源和可再生能源开发利用、环境基础设施建设、生态修复与建设、先进适用技术研发示范等给予支持。将高耗能、高污染产品纳入消费税征收范围。推动环境保护费改税。加快资源税从价计征改革,清理取消相关收费基金,逐步将资源税征收范围扩展到占用各种自然生态空间。完善节能环保、新能源、生态建设的税收优惠政策。推广绿色信贷,支持符合条件的项目通过资本市场融资。探索排污权抵押等融资模式。深化环境污染责任保险试点,研究建立巨灾保险制度。

（二十三）推行市场化机制。加快推行合同能源管理、节能低碳产品和有机产品认证、能效标识管理等机制。推进节能发电调度,优先调度可再生能源发电资源,按机组能耗和污染物排放水平依次调用化石类能源发电资源。建立节能量、碳排放权交易制度,深化交易试点,推动建立全国碳排放权交易市场。加快水权交易试点,培育和规范水权市场。全面推进矿业权市场建设。扩大排污权有偿使用和交易试点范围,发展排污权交易市场。积极推进环境污染第三方治理,引入社会力量投入环境污染治理。

（二十四）健全生态保护补偿机制。科学界定生态保护者与受益者权利义务,加快形成生态损害者赔偿、受益者付费、保护者得到合理补偿的运行机制。结合深化财税体制改革,完善转移支付制度,归并和规范现有生态保护补偿渠道,加大对重点生态功能区的转移支付力度,逐步提高其基本公共服务水平。建立地区间横向生态保护补偿机制,引导生态受益地区与保护地区之间、流域上游与下游之间,通过资金补助、产业转移、人才培训、共建园区等方式实施补偿。建立独立公正的生态环境损害评估制度。

（二十五）健全政绩考核制度。建立体现生态文明要求的目标体系、考核办法、奖惩机制。把资源消耗、环境损害、生态效益等指标纳入经济社会发展综合评价体系,大幅增加考核权重,强化指标约束,不唯经济增长论英雄。完善政绩考核办法,根据区域主体功能定位,实行差别化的考核制度。对限制开发区域、禁止开发区域和生态脆弱的国家扶贫开发工作重点县,取消地区生产总值考核;对农产品主产区和重点生态功能区,分别实行农业优先和生态保护优先的绩效评价;对禁止开发的重点生态功能区,重点评价其自然文化资源的原真性、完整性。根据考核评价结果,对生态文明建设成绩突出的地区、单位和个人给予表彰奖励。探索编制自然资源资产负债表,对领导干部实行自然资源资产和环境责任离任审计。

(二十六)完善责任追究制度。建立领导干部任期生态文明建设责任制,完善节能减排目标责任考核及问责制度。严格责任追究,对违背科学发展要求、造成资源环境生态严重破坏的要记录在案,实行终身追责,不得转任重要职务或提拔使用,已经调离的也要问责。对推动生态文明建设工作不力的,要及时诫勉谈话;对不顾资源和生态环境盲目决策、造成严重后果的,要严肃追究有关人员的领导责任;对履职不力、监管不严、失职渎职的,要依纪依法追究有关人员的监管责任。

七、加强生态文明建设统计监测和执法监督

坚持问题导向,针对薄弱环节,加强统计监测、执法监督,为推进生态文明建设提供有力保障。

(二十七)加强统计监测。建立生态文明综合评价指标体系。加快推进对能源、矿产资源、水、大气、森林、草原、湿地、海洋和水土流失、沙化土地、土壤环境、地质环境、温室气体等的统计监测核算能力建设,提升信息化水平,提高准确性、及时性,实现信息共享。加快重点用能单位能源消耗在线监测体系建设。建立循环经济统计指标体系、矿产资源合理开发利用评价指标体系。利用卫星遥感等技术手段,对自然资源和生态环境保护状况开展全天候监测,健全覆盖所有资源环境要素的监测网络体系。提高环境风险防控和突发环境事件应急能力,健全环境与健康调查、监测和风险评估制度。定期开展全国生态状况调查和评估。加大各级政府预算内投资等财政性资金对统计监测等基础能力建设的支持力度。

（二十八）强化执法监督。加强法律监督、行政监察，对各类环境违法违规行为实行"零容忍"，加大查处力度，严厉惩处违法违规行为。强化对浪费能源资源、违法排污、破坏生态环境等行为的执法监察和专项督察。资源环境监管机构独立开展行政执法，禁止领导干部违法违规干预执法活动。健全行政执法与刑事司法的衔接机制，加强基层执法队伍、环境应急处置救援队伍建设。强化对资源开发和交通建设、旅游开发等活动的生态环境监管。

八、加快形成推进生态文明建设的良好社会风尚

生态文明建设关系各行各业、千家万户。要充分发挥人民群众的积极性、主动性、创造性，凝聚民心、集中民智、汇集民力，实现生活方式绿色化。

（二十九）提高全民生态文明意识。积极培育生态文化、生态道德，使生态文明成为社会主流价值观，成为社会主义核心价值观的重要内容。从娃娃和青少年抓起，从家庭、学校教育抓起，引导全社会树立生态文明意识。把生态文明教育作为素质教育的重要内容，纳入国民教育体系和干部教育培训体系。将生态文化作为现代公共文化服务体系建设的重要内容，挖掘优秀传统生态文化思想和资源，创作一批文化作品，创建一批教育基地，满足广大人民群众对生态文化的需求。通过典型示范、展览展示、岗位创建等形式，广泛动员全民参与生态文明建设。组织好世界地球日、世界环境日、世界森林日、世界水日、世界海洋日和全国节能宣传周等主题宣传活动。充分发挥新闻媒体作用，树立理性、积极的舆论导向，加强资源环境国情宣传，普及生态文明法律法规、科学知识等，报道先进典型，曝光反面事例，提高公众节约意识、环保意识、生态意识，形成人人、事事、时时崇尚生态文明的社会氛围。

（三十）培育绿色生活方式。倡导勤俭节约的消费观。广泛开展绿色生活行动，推动全民在衣、食、住、行、游等方面加快向勤俭节约、绿色低碳、文明健康的方式转变，坚决抵制和反对各种形式的奢侈浪费、不合理消费。积极引导消费者购买节能与新能源汽车、高能效家电、节水型器具等节能环保低碳产品，减少一次性用品的使用，限制过度包装。大力推广绿色低碳出行，倡导绿色生活和休闲模式，严格限制发展高耗能、高耗水服务业。在餐饮企业、单位

食堂、家庭全方位开展反食品浪费行动。党政机关、国有企业要带头厉行勤俭节约。

（三十一）鼓励公众积极参与。完善公众参与制度，及时准确披露各类环境信息，扩大公开范围，保障公众知情权，维护公众环境权益。健全举报、听证、舆论和公众监督等制度，构建全民参与的社会行动体系。建立环境公益诉讼制度，对污染环境、破坏生态的行为，有关组织可提起公益诉讼。在建设项目立项、实施、后评价等环节，有序增强公众参与程度。引导生态文明建设领域各类社会组织健康有序发展，发挥民间组织和志愿者的积极作用。

九、切实加强组织领导

健全生态文明建设领导体制和工作机制，勇于探索和创新，推动生态文明建设蓝图逐步成为现实。

（三十二）强化统筹协调。各级党委和政府对本地区生态文明建设负总责，要建立协调机制，形成有利于推进生态文明建设的工作格局。各有关部门要按照职责分工，密切协调配合，形成生态文明建设的强大合力。

（三十三）探索有效模式。抓紧制定生态文明体制改革总体方案，深入开展生态文明先行示范区建设，研究不同发展阶段、资源环境禀赋、主体功能定位地区生态文明建设的有效模式。各地区要抓住制约本地区生态文明建设的瓶颈，在生态文明制度创新方面积极实践，力争取得重大突破。及时总结有效做法和成功经验，完善政策措施，形成有效模式，加大推广力度。

（三十四）广泛开展国际合作。统筹国内国际两个大局，以全球视野加快推进生态文明建设，树立负责任大国形象，把绿色发展转化为新的综合国力、综合影响力和国际竞争新优势。发扬包容互鉴、合作共赢的精神，加强与世界各国在生态文明领域的对话交流和务实合作，引进先进技术装备和管理经验，促进全球生态安全。加强南南合作，开展绿色援助，对其他发展中国家提供支持和帮助。

（三十五）抓好贯彻落实。各级党委和政府及中央有关部门要按照本意见要求,抓紧提出实施方案,研究制定与本意见相衔接的区域性、行业性和专题性规划,明确目标任务、责任分工和时间要求,确保各项政策措施落到实处。各地区各部门贯彻落实情况要及时向党中央、国务院报告,同时抄送国家发展改革委。中央就贯彻落实情况适时组织开展专项监督检查。

（据新华社 2015 年 5 月 5 日电）

中共中央　国务院印发
《生态文明体制改革总体方案》

为加快建立系统完整的生态文明制度体系，加快推进生态文明建设，增强生态文明体制改革的系统性、整体性、协同性，制定本方案。

一、生态文明体制改革的总体要求

（一）生态文明体制改革的指导思想。全面贯彻党的十八大和十八届二中、三中、四中全会精神，以邓小平理论、"三个代表"重要思想、科学发展观为指导，深入贯彻落实习近平总书记系列重要讲话精神，按照党中央、国务院决策部署，坚持节约资源和保护环境基本国策，坚持节约优先、保护优先、自然恢复为主方针，立足我国社会主义初级阶段的基本国情和新的阶段性特征，以建设美丽中国为目标，以正确处理人与自然关系为核心，以解决生态环境领域突出问题为导向，保障国家生态安全，改善环境质量，提高资源利用效率，推动形成人与自然和谐发展的现代化建设新格局。

（二）生态文明体制改革的理念。树立尊重自然、顺应自然、保护自然的理念，生态文明建设不仅影响经济持续健康发展，也关系政治和社会建设，必须放在突出地位，融入经济建设、政治建设、文化建设、社会建设各方面和全过程。

树立发展和保护相统一的理念，坚持发展是硬道理的战略思想，发展必须是绿色发展、循环发展、低碳发展，平衡好发展和保护的关系，按照主体功能定位控制开发强度,调整空间结构,给子孙后代留下天蓝、地绿、水净的美好家园,实现发展与保护的内在统一、相互促进。

树立绿水青山就是金山银山的理念,清新空气、清洁水源、美丽山川、肥沃土地、生物多样性是人类生存必需的生态环境,坚持发展是第一要务,必须保护森林、草原、河流、湖泊、湿地、海洋等自然生态。

树立自然价值和自然资本的理念,自然生态是有价值的,保护自然就是增值自然价值和自然资本的过程,就是保护和发展生产力,就应得到合理回报和经济补偿。

树立空间均衡的理念,把握人口、经济、资源环境的平衡点推动发展,人口规模、产业结构、增长速度不能超出当地水土资源承载能力和环境容量。

树立山水林田湖是一个生命共同体的理念,按照生态系统的整体性、系统性及其内在规律,统筹考虑自然生态各要素、山上山下、地上地下、陆地海洋以及流域上下游,进行整体保护、系统修复、综合治理,增强生态系统循环能力,维护生态平衡。

(三)生态文明体制改革的原则。坚持正确改革方向,健全市场机制,更好发挥政府的主导和监管作用,发挥企业的积极性和自我约束作用,发挥社会组织和公众的参与和监督作用。

坚持自然资源资产的公有性质,创新产权制度,落实所有权,区分自然资源资产所有者权利和管理者权力,合理划分中央地方事权和监管职责,保障全体人民分享全民所有自然资源资产收益。

坚持城乡环境治理体系统一,继续加强城市环境保护和工业污染防治,加大生态环境保护工作对农村地区的覆盖,建立健全农村环境治理体制机制,加大对农村污染防治设施建设和资金投入力度。

坚持激励和约束并举,既要形成支持绿色发展、循环发展、低碳发展的利益导向机制,又要坚持源头严防、过程严管、损害严惩、责任追究,形成对各类市场主体的有效约束,逐步实现市场化、法治化、制度化。

坚持主动作为和国际合作相结合,加强生态环境保护是我们的自觉行为,同时要深化国际交流和务实合作,充分借鉴国际上的先进技术和体制机制建设有益经验,积极参与全球环境治理,承担并履行好同发展中大国相适应的国际责任。

坚持鼓励试点先行和整体协调推进相结合,在党中央、国务院统一部署下,先易后难、分步推进,成熟一项推出一项。支持各地区根据本方案确定的基本方向,因地制宜,大胆探索、大胆试验。

(四)生态文明体制改革的目标。到 2020 年,构建起由自然资源资产产权制度、国土空间开发保护制度、空间规划体系、资源总量管理和全面节约制度、资源有偿使用和生态补偿制度、环境治理体系、环境治理和生态保护市场体系、生态文明绩效评价考核和责任追究制度等八项制度构成的产权清晰、多元参与、激励约束并重、系统完整的生态文明制度体系,推进生态文明领域国家治理体系和治理能力现代化,努力走向社会主义生态文明新时代。

构建归属清晰、权责明确、监管有效的自然资源资产产权制度,着力解决自然资源所有者不到位、所有权边界模糊等问题。

构建以空间规划为基础、以用途管制为主要手段的国土空间开发保护制度,着力解决因无序开发、过度开发、分散开发导致的优质耕地和生态空间占用过多、生态破坏、环境污染等问题。

构建以空间治理和空间结构优化为主要内容,全国统一、相互衔接、分级管理的空间规划体系,着力解决空间性规划重叠冲突、部门职责交叉重复、地方规划朝令夕改等问题。

构建覆盖全面、科学规范、管理严格的资源总量管理和全面节约制度,着力解决资源使用浪费严重、利用效率不高等问题。

构建反映市场供求和资源稀缺程度、体现自然价值和代际补偿的资源有偿使用和生态补偿制度,着力解决自然资源及其产品价格偏低、生产开发成本低于社会成本、保护生态得不到合理回报等问题。

构建以改善环境质量为导向,监管统一、执法严明、多方参与的环境治理体系,着力解决污染防治能力弱、监管职能交叉、权责不一致、违法成本过低等问题。

构建更多运用经济杠杆进行环境治理和生态保护的市场体系,着力解决市场主体和市场体系发育滞后、社会参与度不高等问题。

构建充分反映资源消耗、环境损害和生态效益的生态文明绩效评价考核和责任追究制度,着力解决发展绩效评价不全面、责任落实不到位、损害责任追究缺失等问题。

二、健全自然资源资产产权制度

(五)建立统一的确权登记系统。坚持资源公有、物权法定,清晰界定全部国土空间各类自然资源资产的产权主体。对水流、森林、山岭、草原、荒地、滩涂等所有自然生态空间统一进行确权登记,逐步划清全民所有和集体所有之间的边界,划清全民所有、不同层级政府行使所有权的边界,划清不同集体所有者的边界。推进确权登记法治化。

(六)建立权责明确的自然资源产权体系。制定权利清单,明确各类自然资源产权主体权利。处理好所有权与使用权的关系,创新自然资源全民所有权和集体所有权的实现形式,除生态功能重要的外,可推动所有权和使用权相分离,明确占有、使用、收益、处分等权利归属关系和权责,适度扩大使用权的出让、转让、出租、抵押、担保、入股等权能。明确国有农场、林场和牧场土地所有者与使用者权能。全面建立覆盖各类全民所有自然资源资产的有偿出让制度,严禁无偿或低价出让。统筹规划,加强自然资源资产交易平台建设。

(七)健全国家自然资源资产管理体制。按照所有者和监管者分开和一件事情由一个部门负责的原则,整合分散的全民所有自然资源资产所有者职责,组建对全民所有的矿藏、水流、森林、山岭、草原、荒地、海域、滩涂等各类自然资源统一行使所有权的机构,负责全民所有自然资源的出让等。

(八)探索建立分级行使所有权的体制。对全民所有的自然资源资产,按照不同资源种类和在生态、经济、国防等方面的重要程度,研究实行中央和地方政府分级代理行使所有权职责的体制,实现效率和公平相统一。分清全民所有中央政府直接行使所有权、全民所有地方政府行使所有权的资源清单和空间范围。中央政府主要对石油天然气、贵重稀有矿产资源、重点国有林区、大江大河大湖和跨境河流、生态功能重要的湿地草原、海域滩涂、珍稀野生动植物种和部分国家公园等直接行使所有权。

(九)开展水流和湿地产权确权试点。探索建立水权制度,开展水域、岸线等水生态空间确权试点,遵循水生态系统性、整体性原则,分清水资源所有权、使用权及使用量。在甘肃、宁夏等地开展湿地产权确权试点。

三、建立国土空间开发保护制度

(十)完善主体功能区制度。统筹国家和省级主体功能区规划,健全基于主体功能区的区域政策,根据城市化地区、农产品主产区、重点生态功能区的不同定位,加快调整完善财政、产业、投资、人口流动、建设用地、资源开发、环境保护等政策。

(十一)健全国土空间用途管制制度。简化自上而下的用地指标控制体系,调整按行政区和用地基数分配指标的做法。将开发强度指标分解到各县级行政区,作为约束性指标,控制建设用地总量。将用途管制扩大到所有自然生态空间,划定并严守生态红线,严禁任意改变用途,防止不合理开发建设活动对生态红线的破坏。完善覆盖全部国土空间的监测系统,动态监测国土空间变化。

(十二)建立国家公园体制。加强对重要生态系统的保护和永续利用,改革各部门分头设置自然保护区、风景名胜区、文化自然遗产、地质公园、森林公园等的体制,对上述保护地进行功能重组,合理界定国家公园范围。国家公园实行更严格保护,除不损害生态系统的原住民生活生产设施改造和自然观光科研教育旅游外,禁止其他开发建设,保护自然生态和自然文化遗产原真性、完整性。加强对国家公园试点的指导,在试点基础上研究制定建立国家公园体制总体方案。构建保护珍稀野生动植物的长效机制。

(十三)完善自然资源监管体制。将分散在各部门的有关用途管制职责,逐步统一到一个部门,统一行使所有国土空间的用途管制职责。

四、建立空间规划体系

(十四)编制空间规划。整合目前各部门分头编制的各类空间性规划,编制统一的空间规划,实现规划全覆盖。空间规划是国家空间发展的指南、可持续发展的空间蓝图,是各类开发建设活动的基本依据。空间规划分为国家、省、市县(设区的市空间规划范围为市辖区)三级。研究建立统一规范的空间规划编制机制。鼓励开展省级空间规划试点。编制京津冀空间规划。

(十五)推进市县"多规合一"。支持市县推进"多规合一",统一编制市县空间规划,逐步形成一个市县一个规划、一张蓝图。市县空间规划要统一土地分类标准,根据主体功能定位和省级空间规划要求,划定生产空间、生活空间、生态空间,明确城镇建设区、工业区、农村居民点等的开发边界,以及耕地、林地、草原、河流、湖泊、湿地等的保护边界,加强对城市地下空间的统筹规划。加强对市县"多规合一"试点的指导,研究制定市县空间规划编制指引和技术规范,形成可复制、能推广的经验。

(十六)创新市县空间规划编制方法。探索规范化的市县空间规划编制程序,扩大社会参与,增强规划的科学性和透明度。鼓励试点地区进行规划编制部门整合,由一个部门负责市县空间规划的编制,可成立由专业人员和有关方面代表组成的规划评议委员会。规划编制前应当进行资源环境承载能力评价,以评价结果作为规划的基本依据。规划编制过程中应当广泛征求各方面意见,全文公布规划草案,充分听取当地居民意见。规划经评议委员会论证通过后,由当地人民代表大会审议通过,并报上级政府部门备案。规划成果应当包括规划文本和较高精度的规划图,并在网络和其他本地媒体公布。鼓励当地居民对规划执行进行监督,对违反规划的开发建设行为进行举报。当地人民代表大会及其常务委员会定期听取空间规划执行情况报告,对当地政府违反规划行为进行问责。

五、完善资源总量管理和全面节约制度

(十七)完善最严格的耕地保护制度和土地节约集约利用制度。完善基本农田保护制度,划定永久基本农田红线,按照面积不减少、质量不下降、用途不改变的要求,将基本农田落地到户、上图入库,实行严格保护,除法律规定的国家重点建设项目选址确实无法避让外,其他任何建设不得占用。加强耕地质量等级评定与监测,强化耕地质量保护与提升建设。完善耕地占补平衡制度,对新增建设用地占用耕地规模实行总量控制,严格实行耕地占一补一、先补后占、占优补优。实施建设用地总量控制和减量化管理,建立节约集约用地激励和约束机制,调整结构,盘活存量,合理安排土地利用年度计划。

(十八)完善最严格的水资源管理制度。按照节水优先、空间均衡、系统治理、两手发力的方针,健全用水总量控制制度,保障水安全。加快制定主要江河流域水量分配方案,加强省级统筹,完善省市县三级取用水总量控制指标体系。建立健全节约集约用水机制,促进水资源使用结构调整和优化配置。完善规划和建设项目水资源论证制度。主要运用价格和税收手段,逐步建立农业灌溉用水量控制和定额管理、高耗水工业企业计划用水和定额管理制度。在严重缺水地区建立用水定额准入门槛,严格控制高耗水项目建设。加强水产品产地保护和环境修复,控制水产养殖,构建水生动植物保护机制。完善水功能区监督管理,建立促进非常规水源利用制度。

(十九)建立能源消费总量管理和节约制度。坚持节约优先,强化能耗强度控制,健全节能目标责任制和奖励制。进一步完善能源统计制度。健全重点用能单位节能管理制度,探索实行节能自愿承诺机制。完善节能标准体系,及时更新用能产品能效、高耗能行业能耗限额、建筑物能效等标准。合理确定全国能源消费总量目标,并分解落实到省级行政区和重点用能单位。健全节能低碳产品和技术装备推广机制,定期发布技术目录。强化节能评估审查和节能监察。加强对可再生能源发展的扶持,逐步取消对化石能源的普遍性补贴。逐步建立全国碳排放总量控制制度和分解落实机制,建立增加森林、草原、湿地、海洋碳汇的有效机制,加强应对气候变化国际合作。

(二十)建立天然林保护制度。将所有天然林纳入保护范围。建立国家用材林储备制度。逐步推进国有林区政企分开,完善以购买服务为主的国有林场公益林管护机制。完善集体林权制度,稳定承包权,拓展经营权能,健全林权抵押贷款和流转制度。

(二十一)建立草原保护制度。稳定和完善草原承包经营制度,实现草原承包地块、面积、合同、证书"四到户",规范草原经营权流转。实行基本草原保护制度,确保基本草原面积不减少、质量不下降、用途不改变。健全草原生态保护补奖机制,实施禁牧休牧、划区轮牧和草畜平衡等制度。加强对草原征用使用审核审批的监管,严格控制草原非牧使用。

（二十二）建立湿地保护制度。将所有湿地纳入保护范围,禁止擅自征用占用国际重要湿地、国家重要湿地和湿地自然保护区。确定各类湿地功能,规范保护利用行为,建立湿地生态修复机制。

（二十三）建立沙化土地封禁保护制度。将暂不具备治理条件的连片沙化土地划为沙化土地封禁保护区。建立严格保护制度,加强封禁和管护基础设施建设,加强沙化土地治理,增加植被,合理发展沙产业,完善以购买服务为主的管护机制,探索开发与治理结合新机制。

（二十四）健全海洋资源开发保护制度。实施海洋主体功能区制度,确定近海海域海岛主体功能,引导、控制和规范各类用海用岛行为。实行围填海总量控制制度,对围填海面积实行约束性指标管理。建立自然岸线保有率控制制度。完善海洋渔业资源总量管理制度,严格执行休渔禁渔制度,推行近海捕捞限额管理,控制近海和滩涂养殖规模。健全海洋督察制度。

（二十五）健全矿产资源开发利用管理制度。建立矿产资源开发利用水平调查评估制度,加强矿产资源查明登记和有偿计时占用登记管理。建立矿产资源集约开发机制,提高矿区企业集中度,鼓励规模化开发。完善重要矿产资源开采回采率、选矿回收率、综合利用率等国家标准。健全鼓励提高矿产资源利用水平的经济政策。建立矿山企业高效和综合利用信息公示制度,建立矿业权人"黑名单"制度。完善重要矿产资源回收利用的产业化扶持机制。完善矿山地质环境保护和土地复垦制度。

（二十六）完善资源循环利用制度。建立健全资源产出率统计体系。实行生产者责任延伸制度,推动生产者落实废弃产品回收处理等责任。建立种养业废弃物资源化利用制度,实现种养业有机结合、循环发展。加快建立垃圾强制分类制度。制定再生资源回收目录,对复合包装物、电池、农膜等低值废弃物实行强制回收。加快制定资源分类回收利用标准。建立资源再生产品和原料推广使用制度,相关原材料消耗企业要使用一定比例的资源再生产品。完善限制一次性用品使用制度。落实并完善资源综合利用和促进循环经济发展的税收政策。制定循环经济技术目录,实行政府优先采购、贷款贴息等政策。

六、健全资源有偿使用和生态补偿制度

（二十七）加快自然资源及其产品价格改革。按照成本、收益相统一的原则，充分考虑社会可承受能力，建立自然资源开发使用成本评估机制，将资源所有者权益和生态环境损害等纳入自然资源及其产品价格形成机制。加强对自然垄断环节的价格监管，建立定价成本监审制度和价格调整机制，完善价格决策程序和信息公开制度。推进农业水价综合改革，全面实行非居民用水超计划、超定额累进加价制度，全面推行城镇居民用水阶梯价格制度。

（二十八）完善土地有偿使用制度。扩大国有土地有偿使用范围，扩大招拍挂出让比例，减少非公益性用地划拨，国有土地出让收支纳入预算管理。改革完善工业用地供应方式，探索实行弹性出让年限以及长期租赁、先租后让、租让结合供应。完善地价形成机制和评估制度，健全土地等级价体系，理顺与土地相关的出让金、租金和税费关系。建立有效调节工业用地和居住用地合理比价机制，提高工业用地出让地价水平，降低工业用地比例。探索通过土地承包经营、出租等方式，健全国有农用地有偿使用制度。

（二十九）完善矿产资源有偿使用制度。完善矿业权出让制度，建立符合市场经济要求和矿业规律的探矿权采矿权出让方式，原则上实行市场化出让，国有矿产资源出让收支纳入预算管理。理清有偿取得、占用和开采中所有者、投资者、使用者的产权关系，研究建立矿产资源国家权益金制度。调整探矿权采矿权使用费标准、矿产资源最低勘查投入标准。推进实现全国统一的矿业权交易平台建设，加大矿业权出让转让信息公开力度。

（三十）完善海域海岛有偿使用制度。建立海域、无居民海岛使用金征收标准调整机制。建立健全海域、无居民海岛使用权招拍挂出让制度。

（三十一）加快资源环境税费改革。理顺自然资源及其产品税费关系，明确各自功能，合理确定税收调控范围。加快推进资源税从价计征改革，逐步将资源税扩展到占用各种自然生态空间，在华北部分地区开展地下水征收资源税改革试点。加快推进环境保护税立法。

（三十二）完善生态补偿机制。探索建立多元化补偿机制，逐步增加对重点生态功能区转移支付,完善生态保护成效与资金分配挂钩的激励约束机制。制定横向生态补偿机制办法,以地方补偿为主,中央财政给予支持。鼓励各地区开展生态补偿试点,继续推进新安江水环境补偿试点,推动在京津冀水源涵养区、广西广东九洲江、福建广东汀江—韩江等开展跨地区生态补偿试点,在长江流域水环境敏感地区探索开展流域生态补偿试点。

(三十三)完善生态保护修复资金使用机制。按照山水林田湖系统治理的要求,完善相关资金使用管理办法,整合现有政策和渠道,在深入推进国土江河综合整治的同时,更多用于青藏高原生态屏障、黄土高原—川滇生态屏障、东北森林带、北方防沙带、南方丘陵山地带等国家生态安全屏障的保护修复。

(三十四)建立耕地草原河湖休养生息制度。编制耕地、草原、河湖休养生息规划,调整严重污染和地下水严重超采地区的耕地用途,逐步将25度以上不适宜耕种且有损生态的陡坡地退出基本农田。建立巩固退耕还林还草、退牧还草成果长效机制。开展退田还湖还湿试点,推进长株潭地区土壤重金属污染修复试点、华北地区地下水超采综合治理试点。

七、建立健全环境治理体系

(三十五)完善污染物排放许可制。尽快在全国范围建立统一公平、覆盖所有固定污染源的企业排放许可制,依法核发排污许可证,排污者必须持证排污,禁止无证排污或不按许可证规定排污。

(三十六)建立污染防治区域联动机制。完善京津冀、长三角、珠三角等重点区域大气污染防治联防联控协作机制,其他地方要结合地理特征、污染程度、城市空间分布以及污染物输送规律,建立区域协作机制。在部分地区开展环境保护管理体制创新试点,统一规划、统一标准、统一环评、统一监测、统一执法。开展按流域设置环境监管和行政执法机构试点,构建各流域内相关省级涉水部门参加、多形式的流域水环境保护协作机制和风险预警防控体系。建立陆海统筹的污染防治机制和重点海域污染物排海总量控制制度。完善突发环境事件应急机制,提高与环境风险程度、污染物种类等相匹配的突发环境事件应急处置能力。

（三十七）建立农村环境治理体制机制。建立以绿色生态为导向的农业补贴制度，加快制定和完善相关技术标准和规范，加快推进化肥、农药、农膜减量化以及畜禽养殖废弃物资源化和无害化，鼓励生产使用可降解农膜。完善农作物秸秆综合利用制度。健全化肥农药包装物、农膜回收贮运加工网络。采取财政和村集体补贴、住户付费、社会资本参与的投入运营机制，加强农村污水和垃圾处理等环保设施建设。采取政府购买服务等多种扶持措施，培育发展各种形式的农业面源污染治理、农村污水垃圾处理市场主体。强化县乡两级政府的环境保护职责，加强环境监管能力建设。财政支农资金的使用要统筹考虑增强农业综合生产能力和防治农村污染。

（三十八）健全环境信息公开制度。全面推进大气和水等环境信息公开、排污单位环境信息公开、监管部门环境信息公开，健全建设项目环境影响评价信息公开机制。健全环境新闻发言人制度。引导人民群众树立环保意识，完善公众参与制度，保障人民群众依法有序行使环境监督权。建立环境保护网络举报平台和举报制度，健全举报、听证、舆论监督等制度。

（三十九）严格实行生态环境损害赔偿制度。强化生产者环境保护法律责任，大幅度提高违法成本。健全环境损害赔偿方面的法律制度、评估方法和实施机制，对违反环保法律法规的，依法严惩重罚；对造成生态环境损害的，以损害程度等因素依法确定赔偿额度；对造成严重后果的，依法追究刑事责任。

（四十）完善环境保护管理制度。建立和完善严格监管所有污染物排放的环境保护管理制度，将分散在各部门的环境保护职责调整到一个部门，逐步实行城乡环境保护工作由一个部门进行统一监管和行政执法的体制。有序整合不同领域、不同部门、不同层次的监管力量，建立权威统一的环境执法体制，充实执法队伍，赋予环境执法强制执行的必要条件和手段。完善行政执法和环境司法的衔接机制。

八、健全环境治理和生态保护市场体系

（四十一）培育环境治理和生态保护市场主体。采取鼓励发展节能环保产业的体制机制和政策措施。废止妨碍形成全国统一市场和公平竞争的规定和做法,鼓励各类投资进入环保市场。能由政府和社会资本合作开展的环境治理和生态保护事务,都可以吸引社会资本参与建设和运营。通过政府购买服务等方式,加大对环境污染第三方治理的支持力度。加快推进污水垃圾处理设施运营管理单位向独立核算、自主经营的企业转变。组建或改组设立国有资本投资运营公司,推动国有资本加大对环境治理和生态保护等方面的投入。支持生态环境保护领域国有企业实行混合所有制改革。

(四十二)推行用能权和碳排放权交易制度。结合重点用能单位节能行动和新建项目能评审查,开展项目节能量交易,并逐步改为基于能源消费总量管理下的用能权交易。建立用能权交易系统、测量与核准体系。推广合同能源管理。深化碳排放权交易试点,逐步建立全国碳排放权交易市场,研究制定全国碳排放权交易总量设定与配额分配方案。完善碳交易注册登记系统,建立碳排放权交易市场监管体系。

(四十三)推行排污权交易制度。在企业排污总量控制制度基础上,尽快完善初始排污权核定,扩大涵盖的污染物覆盖面。在现行以行政区为单元层层分解机制基础上,根据行业先进排污水平,逐步强化以企业为单元进行总量控制、通过排污权交易获得减排收益的机制。在重点流域和大气污染重点区域,合理推进跨行政区排污权交易。扩大排污权有偿使用和交易试点,将更多条件成熟地区纳入试点。加强排污权交易平台建设。制定排污权核定、使用费收取使用和交易价格等规定。

(四十四)推行水权交易制度。结合水生态补偿机制的建立健全,合理界定和分配水权,探索地区间、流域间、流域上下游、行业间、用水户间等水权交易方式。研究制定水权交易管理办法,明确可交易水权的范围和类型、交易主体和期限、交易价格形成机制、交易平台运作规则等。开展水权交易平台建设。

(四十五)建立绿色金融体系。推广绿色信贷,研究采取财政贴息等方式加大扶持力度,鼓励各类金融机构加大绿色信贷的发放力度,明确贷款人的尽职免责要求和环境保护法律责任。加强资本市场相关制度建设,研究设立绿色股票指数和发展相关投资产品,研究银行和企业发行绿色债券,鼓励对绿色信贷资产实行证券化。支持设立各类绿色发展基金,实行市场化运作。建立上市公司环保信息强制性披露机制。完善对节能低碳、生态环保项目的各类担保机制,加大风险补偿力度。在环境高风险领域建立环境污染强制责任保险制度。建立绿色评级体系以及公益性的环境成本核算和影响评估体系。积极推动绿色金融领域各类国际合作。

(四十六)建立统一的绿色产品体系。将目前分头设立的环保、节能、节水、循环、低碳、再生、有机等产品统一整合为绿色产品,建立统一的绿色产品标准、认证、标识等体系。完善对绿色产品研发生产、运输配送、购买使用的财税金融支持和政府采购等政策。

九、完善生态文明绩效评价考核和责任追究制度

(四十七)建立生态文明目标体系。研究制定可操作、可视化的绿色发展指标体系。制定生态文明建设目标评价考核办法,把资源消耗、环境损害、生态效益纳入经济社会发展评价体系。根据不同区域主体功能定位,实行差异化绩效评价考核。

(四十八)建立资源环境承载能力监测预警机制。研究制定资源环境承载能力监测预警指标体系和技术方法,建立资源环境监测预警数据库和信息技术平台,定期编制资源环境承载能力监测预警报告,对资源消耗和环境容量超过或接近承载能力的地区,实行预警提醒和限制性措施。

(四十九)探索编制自然资源资产负债表。制定自然资源资产负债表编制指南,构建水资源、土地资源、森林资源等的资产和负债核算方法,建立实物量核算账户,明确分类标准和统计规范,定期评估自然资源资产变化状况。在市县层面开展自然资源资产负债表编制试点,核算主要自然资源实物量账户并公布核算结果。

(五十)对领导干部实行自然资源资产离任审计。在编制自然资源资产负债表和合理考虑客观自然因素基础上,积极探索领导干部自然资源资产离任审计的目标、内容、方法和评价指标体系。以领导干部任期内辖区自然资源资产变化状况为基础,通过审计,客观评价领导干部履行自然资源资产管理责

任情况,依法界定领导干部应当承担的责任,加强审计结果运用。在内蒙古呼伦贝尔市、浙江湖州市、湖南娄底市、贵州赤水市、陕西延安市开展自然资源资产负债表编制试点和领导干部自然资源资产离任审计试点。

(五十一)建立生态环境损害责任终身追究制。实行地方党委和政府领导成员生态文明建设一岗双责制。以自然资源资产离任审计结果和生态环境损害情况为依据,明确对地方党委和政府领导班子主要负责人、有关领导人员、部门负责人的追责情形和认定程序。区分情节轻重,对造成生态环境损害的,予以诫勉、责令公开道歉、组织处理或党纪政纪处分,对构成犯罪的依法追究刑事责任。对领导干部离任后出现重大生态环境损害并认定其需要承担责任的,实行终身追责。建立国家环境保护督察制度。

十、生态文明体制改革的实施保障

(五十二)加强对生态文明体制改革的领导。各地区各部门要认真学习领会中央关于生态文明建设和体制改革的精神,深刻认识生态文明体制改革的重大意义,增强责任感、使命感、紧迫感,认真贯彻党中央、国务院决策部署,确保本方案确定的各项改革任务加快落实。各有关部门要按照本方案要求抓紧制定单项改革方案,明确责任主体和时间进度,密切协调配合,形成改革合力。

(五十三)积极开展试点试验。充分发挥中央和地方两个积极性,鼓励各地区按照本方案的改革方向,从本地实际出发,以解决突出生态环境问题为重点,发挥主动性,积极探索和推动生态文明体制改革,其中需要法律授权的按法定程序办理。将各部门自行开展的综合性生态文明试点统一为国家试点试验,各部门要根据各自职责予以指导和推动。

(五十四)完善法律法规。制定完善自然资源资产产权、国土空间开发保护、国家公园、空间规划、海洋、应对气候变化、耕地质量保护、节水和地下水管理、草原保护、湿地保护、排污许可、生态环境损害赔偿等方面的法律法规,为生态文明体制改革提供法治保障。

(五十五)加强舆论引导。面向国内外,加大生态文明建设和体制改革宣传力度,统筹安排、正确解读生态文明各项制度的内涵和改革方向,培育普及生态文化,提高生态文明意识,倡导绿色生活方式,形成崇尚生态文明、推进生态文明建设和体制改革的良好氛围。

(五十六)加强督促落实。中央全面深化改革领导小组办公室、经济体制和生态文明体制改革专项小组要加强统筹协调,对本方案落实情况进行跟踪分析和督促检查,正确解读和及时解决实施中遇到的问题,重大问题要及时向党中央、国务院请示报告。

(据新华社 2015 年 9 月 21 日电)

中共中央办公厅　国务院办公厅印发《关于设立统一规范的国家生态文明试验区的意见》

党的十八大把生态文明建设纳入中国特色社会主义事业"五位一体"总体布局,党中央、国务院就加快推进生态文明建设作出一系列决策部署,先后印发了《关于加快推进生态文明建设的意见》和《生态文明体制改革总体方案》。党的十八届五中全会提出,设立统一规范的国家生态文明试验区,重在开展生态文明体制改革综合试验,规范各类试点示范,为完善生态文明制度体系探索路径、积累经验。开展国家生态文明试验区建设,对于凝聚改革合力、增添绿色发展动能、探索生态文明建设有效模式,具有十分重要的意义。

一、总体要求

（一）指导思想。全面贯彻党的十八大和十八届三中、四中、五中全会精神,深入学习贯彻习近平总书记系列重要讲话精神,紧紧围绕统筹推进"五位一体"总体布局和协调推进"四个全面"战略布局,牢固树立创新、协调、绿色、开放、共享的发展理念,认真落实党中央、国务院决策部署,坚持尊重自然顺应自然保护自然、发展和保护相统一、绿水青山就是金山银山、自然价值和自然资本、空间均衡、山水林田湖是一个生命共同体等理念,遵循生态文明的系统性、完整性及其内在规律,以改善生态环境质量、推动绿色发展为目标,以体制创新、制度供给、模式探索为重点,设立统一规范的国家生态文明试验区（以下简称试验区）,将中央顶层设计与地方具体实践相结合,集中开展生态文明体制改革综合试验,规范各类试点示范,完善生态文明制度体系,推进生态文明领域国家治理体系和治理能力现代化。

(二)基本原则

——坚持党的领导。落实党中央关于生态文明体制改革总体部署要求,牢固树立政治意识、大局意识、核心意识、看齐意识,实行生态文明建设党政同责,各级党委和政府对本地区生态文明建设负总责。

——坚持以人为本。着力改善生态环境质量,重点解决社会关注度高、涉及人民群众切身利益的资源环境问题,建设天蓝地绿水净的美好家园,增强人民群众对生态文明建设成效的获得感。

——坚持问题导向。勇于攻坚克难、先行先试、大胆试验,主要试验难度较大、确需先行探索、还不能马上推开的重点改革任务,把试验区建设成生态文明体制改革的"试验田"。

——坚持统筹部署。协调推进各类生态文明建设试点,协同推动关联性强的改革试验,加强部门和地方联动,聚集改革资源、形成工作合力。

——坚持改革创新。鼓励试验区因地制宜,结合本地区实际大胆探索,全方位开展生态文明体制改革创新试验,允许试错、包容失败、及时纠错,注重总结经验。

(三)主要目标。设立若干试验区,形成生态文明体制改革的国家级综合试验平台。通过试验探索,到2017年,推动生态文明体制改革总体方案中的重点改革任务取得重要进展,形成若干可操作、有效管用的生态文明制度成果;到2020年,试验区率先建成较为完善的生态文明制度体系,形成一批可在全国复制推广的重大制度成果,资源利用水平大幅提高,生态环境质量持续改善,发展质量和效益明显提升,实现经济社会发展和生态环境保护双赢,形成人与自然和谐发展的现代化建设新格局,为加快生态文明建设、实现绿色发展、建设美丽中国提供有力制度保障。

二、试验重点

(一)有利于落实生态文明体制改革要求,目前缺乏具体案例和经验借鉴,难度较大、需要试点试验的制度。建立归属清晰、权责明确、监管有效的自然资源资产产权制度,健全自然资源资产管理体制,编制自然资源资产负债表;构建协调优化的国土空间开发格局,进一步完善主体功能区制度,以主体功能区规划为基础统筹各类空间性规划,推进"多规合一",实现自然生态空间的统一规划、有序开发、合理利用等。

(二)有利于解决关系人民群众切身利益的大气、水、土壤污染等突出资源环境问题的制度。建立统一高效、联防联控、终身追责的生态环境监管机制;建立健全体现生态环境价值、让保护者受益的资源有偿使用和生态保护补偿机制等。

(三)有利于推动供给侧结构性改革,为企业、群众提供更多更好的生态产品、绿色产品的制度。探索建立生态保护与修复投入和科技支撑保障机制,构建绿色金融体系,发展绿色产业,推行绿色消费,建立先进科学技术研究应用和推广机制等。

(四)有利于实现生态文明领域国家治理体系和治理能力现代化的制度。建立资源总量管理和节约制度,实施能源和水资源消耗、建设用地等总量和强度双控行动;厘清政府和市场边界,探索建立不同发展阶段环境外部成本内部化的绿色发展机制,促进发展方式转变;建立生态文明目标评价考核体系和奖惩机制,实行领导干部环境保护责任和自然资源资产离任审计;健全环境资源司法保护机制等。

(五)有利于体现地方首创精神的制度。试验区根据实际情况自主提出、对其他区域具有借鉴意义、试验完善后可推广到全国的相关制度,以及对生态文明建设先进理念的探索实践等。

三、试验区设立

(一)统筹布局试验区。综合考虑各地现有生态文明改革实践基础、区域差异性和发展阶段等因素,首批选择生态基础较好、资源环境承载能力较强的福建省、江西省和贵州省作为试验区。今后根据改革举措落实情况和试验任务需要,适时选择不同类型、具有代表性的地区开展试验区建设。试验区数量要从严控制,务求改革实效。

(二)合理选定试验范围。单项试验任务的试验范围视具体情况确定。具备一定基础的重大改革任务可在试验区内全面开展;对于在试验区内全面推开难度较大的试验任务,可选择部分区域开展,待条件成熟后在试验区内全面开展。

四、统一规范各类试点示范

(一)整合资源集中开展试点试验。根据《生态文明体制改革总体方案》部署开展的各类专项试点,优先放在试验区进行,统筹推进,加强衔接。对试验区内已开展的生态文明试点示范进行整合,统一规范管理,各有关部门和地区要根据工作职责加强指导支持,做好各项改革任务的协调衔接,避免交叉重复。

(二)严格规范其他各类试点示范。自本意见印发之日起,未经党中央、国务院批准,各部门不再自行设立、批复冠以"生态文明"字样的各类试点、示范、工程、基地等;已自行开展的各类生态文明试点示范到期一律结束,不再延期,最迟不晚于2020年结束。

五、组织实施

(一)制定实施方案。试验区所在地党委和政府要加强组织领导,建立工作机制,研究制定细化实施方案,明确改革试验的路线图和时间表,确定改革任务清单和分工,做好年度任务分解,明确每项任务的试验区域、目标成果、进度安排、保障措施等。各试验区实施方案按程序报中央全面深化改革领导小组批准后实施。

(二)加强指导支持。各有关部门要根据工作职责,加强对试验区各项改革试验工作的指导和支持,强化沟通协作,加大简政放权力度。涉及机构改革和职能调整的,中央编办要会同有关部门指导省级相关部门统筹部署推进。中央宣传部要会同有关部门和地区认真总结宣传生态文明体制改革试验的新进展新成效,加强法规政策解读,营造有利于生态文明建设的良好社会氛围。军队要积极参与驻地生态文明建设,加强军地互动,形成军地融合、协调发展的长效机制。试验区重大改革措施突破现有法律、行政法规、国务院文件和国务院批准的部门规章规定的,要按程序报批,取得授权后施行。

（三）做好效果评估。试验区所在地党委和政府要定期对改革任务完成情况开展自评估,向党中央、国务院报告改革进展情况,并抄送有关部门。国家发展改革委、环境保护部要会同有关部门组织开展对试验区的评估和跟踪督查,对于试行有效的重大改革举措和成功经验做法,根据成熟程度分类总结推广,成熟一条、推广一条;对于试验过程中发现的问题和实践证明不可行的,要及时提出调整建议。

（四）强化协同推进。试验区以外的其他地区要按照本意见有关精神,以试验区建设的原则、目标等为指导,加快推进生态文明制度建设,勇于创新、主动改革;通过加强与试验区的沟通交流,积极学习借鉴试验区好的经验做法;结合本地实际,不断完善相关制度,努力提高生态文明建设水平。

（据新华社 2016 年 8 月 22 日电）

中共中央办公厅　国务院办公厅印发
《关于省以下环保机构监测监察
执法垂直管理制度改革试点
工作的指导意见》

中办发［2016］63 号

为加快解决现行以块为主的地方环保管理体制存在的突出问题,现就省以下环保机构监测监察执法垂直管理制度改革试点工作提出如下意见。

一、总体要求

（一）指导思想。全面贯彻党的十八大和十八届三中、四中、五中全会精神,深入学习贯彻习近平总书记系列重要讲话精神,紧紧围绕统筹推进"五位一体"总体布局和协调推进"四个全面"战略布局,牢固树立新发展理念,认真落实党中央、国务院决策部署,改革环境治理基础制度,建立健全条块结合、各司其职、权责明确、保障有力、权威高效的地方环境保护管理体制,切实落实对地方政府及其相关部门的监督责任,增强环境监测监察执法的独立性、统一性、权威性和有效性,适应统筹解决跨区域、跨流域环境问题的新要求,规范和加强地方环保机构队伍建设,为建设天蓝、地绿、水净的美丽中国提供坚强体制保障。

（二）基本原则

——坚持问题导向。改革试点要有利于推动解决地方环境保护管理体制存在的突出问题,有利于环境保护责任目标任务的明确、分解及落实,有利于

调动地方党委和政府及其相关部门的积极性,有利于新老环境保护管理体制
平稳过渡。

——强化履职尽责。地方党委和政府对本地区生态环境负总责。建立健
全职责明晰、分工合理的环境保护责任体系,加强监督检查,推动落实环境保
护党政同责、一岗双责。对失职失责的,严肃追究责任。

——确保顺畅高效。改革完善体制机制,强化省级环保部门对市县两级
环境监测监察的管理,协调处理好环保部门统一监督管理与属地主体责任、相
关部门分工负责的关系,提升生态环境治理能力。

——搞好统筹协调。做好顶层设计,要与生态文明体制改革各项任务相
协调,与生态环境保护制度完善相联动,与事业单位分类改革、行政审批制度
改革、综合行政执法改革相衔接,提升改革综合效能。

二、强化地方党委和政府及其相关
部门的环境保护责任

(三)落实地方党委和政府对生态环境负总责的要求。试点省份要进一
步强化地方各级党委和政府环境保护主体责任、党委和政府主要领导成员主
要责任,完善领导干部目标责任考核制度,把生态环境质量状况作为党政领导
班子考核评价的重要内容。建立和实行领导干部违法违规干预环境监测执法
活动、插手具体环境保护案件查处的责任追究制度,支持环保部门依法依规履
职尽责。

(四)强化地方环保部门职责。省级环保部门对全省(自治区、直辖市)环
境保护工作实施统一监督管理,在全省(自治区、直辖市)范围内统一规划建
设环境监测网络,对省级环境保护许可事项等进行执法,对市县两级环境执法
机构给予指导,对跨市相关纠纷及重大案件进行调查处理。市级环保部门对
全市区域范围内环境保护工作实施统一监督管理,负责属地环境执法,强化综
合统筹协调。县级环保部门强化现场环境执法,现有环境保护许可等职能上
交市级环保部门,在市级环保部门授权范围内承担部分环境保护许可具体
工作。

（五）明确相关部门环境保护责任。试点省份要制定负有生态环境监管职责相关部门的环境保护责任清单，明确各相关部门在工业污染防治、农业污染防治、城乡污水垃圾处理、国土资源开发环境保护、机动车船污染防治、自然生态保护等方面的环境保护责任，按职责开展监督管理。管发展必须管环保，管生产必须管环保，形成齐抓共管的工作格局，实现发展与环境保护的内在统一、相互促进。地方各级党委和政府将相关部门环境保护履职尽责情况纳入年度部门绩效考核。

三、调整地方环境保护管理体制

（六）调整市县环保机构管理体制。市级环保局实行以省级环保厅（局）为主的双重管理，仍为市级政府工作部门。省级环保厅（局）党组负责提名市级环保局局长、副局长，会同市级党委组织部门进行考察，征求市级党委意见后，提交市级党委和政府按有关规定程序办理，其中局长提交市级人大任免；市级环保局党组书记、副书记、成员，征求市级党委意见后，由省级环保厅（局）党组审批任免。直辖市所属区县及省直辖县（市、区）环保局参照市级环保局实施改革。计划单列市、副省级城市环保局实行以省级环保厅（局）为主的双重管理；涉及厅级干部任免的，按照相应干部管理权限进行管理。

县级环保局调整为市级环保局的派出分局，由市级环保局直接管理，领导班子成员由市级环保局任免。开发区（高新区）等的环境保护管理体制改革方案由试点省份确定。

地方环境保护管理体制调整后，要注意统筹环保干部的交流使用。

（七）加强环境监察工作。试点省份将市县两级环保部门的环境监察职能上收，由省级环保部门统一行使，通过向市或跨市县区域派驻等形式实施环境监察。经省级政府授权，省级环保部门对本行政区域内各市县两级政府及相关部门环境保护法律法规、标准、政策、规划执行情况，一岗双责落实情况，以及环境质量责任落实情况进行监督检查，及时向省级党委和政府报告。

（八）调整环境监测管理体制。本省（自治区、直辖市）及所辖各市县生态环境质量监测、调查评价和考核工作由省级环保部门统一负责，实行生态环境

质量省级监测、考核。现有市级环境监测机构调整为省级环保部门驻市环境
监测机构，由省级环保部门直接管理，人员和工作经费由省级承担；领导班子
成员由省级环保厅（局）任免；主要负责人任市级环保局党组成员，事先应征
求市级环保局意见。省级和驻市环境监测机构主要负责生态环境质量监测工
作。直辖市所属区县环境监测机构改革方案由直辖市环保局结合实际确定。

现有县级环境监测机构主要职能调整为执法监测，随县级环保局一并上
收到市级，由市级承担人员和工作经费，具体工作接受县级环保分局领导，支
持配合属地环境执法，形成环境监测与环境执法有效联动、快速响应，同时按
要求做好生态环境质量监测相关工作。

（九）加强市县环境执法工作。环境执法重心向市县下移，加强基层执法
队伍建设，强化属地环境执法。市级环保局统一管理、统一指挥本行政区域内
县级环境执法力量，由市级承担人员和工作经费。依法赋予环境执法机构实
施现场检查、行政处罚、行政强制的条件和手段。将环境执法机构列入政府行
政执法部门序列，配备调查取证、移动执法等装备，统一环境执法人员着装，保
障一线环境执法用车。

四、规范和加强地方环保机构和队伍建设

（十）加强环保机构规范化建设。试点省份要在不突破地方现有机构限
额和编制总额的前提下，统筹解决好体制改革涉及的环保机构编制和人员身
份问题，保障环保部门履职需要。目前仍为事业机构、使用事业编制的市县两
级环保局，要结合体制改革和事业单位分类改革，逐步转为行政机构，使用行
政编制。

强化环境监察职能，建立健全环境监察体系，加强对环境监察工作的组织
领导。要配强省级环保厅（局）专职负责环境监察的领导，结合工作需要，加
强环境监察内设机构建设，探索建立环境监察专员制度。

规范和加强环境监测机构建设，强化环保部门对社会监测机构和运营维
护机构的管理。试点省份结合事业单位分类改革和综合行政执法改革，规范
设置环境执法机构。健全执法责任制，严格规范和约束环境监管执法行为。

市县两级环保机构精简的人员编制要重点充实一线环境执法力量。

乡镇(街道)要落实环境保护职责,明确承担环境保护责任的机构和人员,确保责有人负、事有人干;有关地方要建立健全农村环境治理体制机制,提高农村环境保护公共服务水平。

(十一)加强环保能力建设。尽快出台环保监测监察执法等方面的规范性文件,全面推进环保监测监察执法能力标准化建设,加强人员培训,提高队伍专业化水平。加强县级环境监测机构的能力建设,妥善解决监测机构改革中监测资质问题。实行行政执法人员持证上岗和资格管理制度。继续强化核与辐射安全监测执法能力建设。

(十二)加强党组织建设。认真落实党建工作责任制,把全面从严治党落到实处。应按照规定,在符合条件的市级环保局设立党组,接受批准其设立的市级党委领导,并向省级环保厅(局)党组请示报告党的工作。市级环保局党组报市级党委组织部门审批后,可在县级环保分局设立分党组。按照属地管理原则,建立健全党的基层组织,市县两级环保部门基层党组织接受所在地方党的机关工作委员会领导和本级环保局(分局)党组指导。省以下环保部门纪检机构的设置,由省级环保厅(局)商省级纪检机关同意后,按程序报批确定。

五、建立健全高效协调的运行机制

(十三)加强跨区域、跨流域环境管理。试点省份要积极探索按流域设置环境监管和行政执法机构、跨地区环保机构,有序整合不同领域、不同部门、不同层次的监管力量。省级环保厅(局)可选择综合能力较强的驻市环境监测机构,承担跨区域、跨流域生态环境质量监测职能。

试点省份环保厅(局)牵头建立健全区域协作机制,推行跨区域、跨流域环境污染联防联控,加强联合监测、联合执法、交叉执法。

鼓励市级党委和政府在全市域范围内按照生态环境系统完整性实施统筹管理,统一规划、统一标准、统一环评、统一监测、统一执法,整合设置跨市辖区的环境执法和环境监测机构。

（十四）建立健全环境保护议事协调机制。试点省份县级以上地方政府要建立健全环境保护议事协调机制，研究解决本地区环境保护重大问题，强化综合决策，形成工作合力。日常工作由同级环保部门承担。

（十五）强化环保部门与相关部门协作。地方各级环保部门应为属地党委和政府履行环境保护责任提供支持，为突发环境事件应急处置提供监测支持。市级环保部门要协助做好县级生态环境保护工作的统筹谋划和科学决策。省级环保部门驻市环境监测机构要主动加强与属地环保部门的协调联动，参加其相关会议，为市县环境管理和执法提供支持。目前未设置环境监测机构的县，其环境监测任务由市级环保部门整合现有县级环境监测机构承担，或由驻市环境监测机构协助承担。加强地方各级环保部门与有关部门和单位的联动执法、应急响应，协同推进环境保护工作。

（十六）实施环境监测执法信息共享。试点省份环保厅（局）要建立健全生态环境监测与环境执法信息共享机制，牵头建立、运行生态环境监测信息传输网络与大数据平台，实现与市级政府及其环保部门、县级政府及县级环保分局互联互通、实时共享、成果共用。环保部门应将环境监测监察执法等情况及时通报属地党委和政府及其相关部门。

六、落实改革相关政策措施

（十七）稳妥开展人员划转。试点省份依据有关规定，结合机构隶属关系调整，相应划转编制和人员，对本行政区域内环保部门的机构和编制进行优化配置，合理调整，实现人事相符。试点省份根据地方实际，研究确定人员划转的数量、条件、程序，公开公平公正开展划转工作。地方各级政府要研究出台政策措施，解决人员划转、转岗、安置等问题，确保环保队伍稳定。改革后，县级环保部门继续按国家规定执行公务员职务与职级并行制度。

（十八）妥善处理资产债务。依据有关规定开展资产清查，做好账务清理和清产核资，确保账实相符，严防国有资产流失。对清查中发现的国有资产损益，按照有关规定，经同级财政部门核实并报经同级政府同意后处理。按照资产随机构走原则，根据国有资产管理相关制度规定的程序和要求，做好资产划转和交接。按照债权债务随资产（机构）走原则,明确债权债务责任人,做好债权债务划转和交接。地方政府承诺需要通过后续年度财政资金或其他资金安排解决的债务问题,待其处理稳妥后再行划转。

（十九）调整经费保障渠道。试点期间,环保部门开展正常工作所需的基本支出和相应的工作经费原则上由原渠道解决,核定划转基数后随机构调整划转。地方财政要充分考虑人员转岗安置经费,做好改革经费保障工作。要按照事权和支出责任相匹配的原则,将环保部门纳入相应级次的财政预算体系给予保障。人员待遇按属地化原则处理。环保部门经费保障标准由各地依法在现有制度框架内结合实际确定。

七、加强组织实施

（二十）加强组织领导。试点省份党委和政府对环保垂直管理制度改革试点工作负总责,成立相关工作领导小组。试点省份党委要把握改革方向,研究解决改革中的重大问题。试点省份政府要制定改革实施方案,明确责任,积极稳妥实施改革试点。试点省份环保、机构编制、组织、发展改革、财政、人力资源社会保障、法制等部门要密切配合,协力推动。市县两级党委和政府要切实解决改革过程中出现的问题,确保改革工作顺利开展、环保工作有序推进。

环境保护部、中央编办要加强对试点工作的分类指导和跟踪分析,做好典型引导和交流培训,加强统筹协调和督促检查,研究出台有关政策措施,重大事项要及时向党中央、国务院请示报告。涉及需要修改法律法规的,按法定程序办理。

（二十一）严明工作纪律。试点期间,严肃政治纪律、组织纪律、财经纪律等各项纪律,扎实做好宣传舆论引导,认真做好干部职工思想稳定工作。

（二十二）有序推进改革。鼓励各省（自治区、直辖市）申请开展试点工作,并积极做好前期准备。环境保护部、中央编办根据不同区域经济社会发展特点和环境问题类型,结合地方改革基础,对申请试点的省份改革实施方案进行研究,统筹确定试点省份。试点省份改革实施方案须经环境保护部、中央编办备案同意后方可组织实施。

试点省份要按照本指导意见要求和改革实施方案，因地制宜创新方式方法，细化举措，落实政策，先行先试，力争在 2017 年 6 月底前完成试点工作，形成自评估报告。环境保护部、中央编办对试点工作进行总结评估，提出配套政策和工作安排建议，报党中央、国务院批准后全面推开改革工作。

未纳入试点的省份要积极做好调查摸底、政策研究等前期工作，组织制定改革实施方案，经环境保护部、中央编办备案同意后组织实施、有序开展，力争在 2018 年 6 月底前完成省以下环境保护管理体制调整工作。在此基础上，各省（自治区、直辖市）要进一步完善配套措施，健全机制，确保"十三五"时期全面完成环保机构监测监察执法垂直管理制度改革任务，到 2020 年全国省以下环保部门按照新制度高效运行。

（据新华社 2016 年 9 月 22 日电）

中共中央办公厅　国务院办公厅印发
《关于全面推行河长制的意见》

　　河湖管理保护是一项复杂的系统工程,涉及上下游、左右岸、不同行政区域和行业。近年来,一些地区积极探索河长制,由党政领导担任河长,依法依规落实地方主体责任,协调整合各方力量,有力促进了水资源保护、水域岸线管理、水污染防治、水环境治理等工作。全面推行河长制是落实绿色发展理念、推进生态文明建设的内在要求,是解决我国复杂水问题、维护河湖健康生命的有效举措,是完善水治理体系、保障国家水安全的制度创新。为进一步加强河湖管理保护工作,落实属地责任,健全长效机制,现就全面推行河长制提出以下意见。

一、总体要求

　　(一)指导思想。全面贯彻党的十八大和十八届三中、四中、五中、六中全会精神,深入学习贯彻习近平总书记系列重要讲话精神,紧紧围绕统筹推进"五位一体"总体布局和协调推进"四个全面"战略布局,牢固树立新发展理念,认真落实党中央、国务院决策部署,坚持节水优先、空间均衡、系统治理、两手发力,以保护水资源、防治水污染、改善水环境、修复水生态为主要任务,在全国江河湖泊全面推行河长制,构建责任明确、协调有序、监管严格、保护有力的河湖管理保护机制,为维护河湖健康生命、实现河湖功能永续利用提供制度保障。

（二）基本原则

——坚持生态优先、绿色发展。牢固树立尊重自然、顺应自然、保护自然的理念，处理好河湖管理保护与开发利用的关系，强化规划约束，促进河湖休养生息、维护河湖生态功能。

——坚持党政领导、部门联动。建立健全以党政领导负责制为核心的责任体系，明确各级河长职责，强化工作措施，协调各方力量，形成一级抓一级、层层抓落实的工作格局。

——坚持问题导向、因地制宜。立足不同地区不同河湖实际，统筹上下游、左右岸，实行一河一策、一湖一策，解决好河湖管理保护的突出问题。

——坚持强化监督、严格考核。依法治水管水，建立健全河湖管理保护监督考核和责任追究制度，拓展公众参与渠道，营造全社会共同关心和保护河湖的良好氛围。

（三）组织形式。全面建立省、市、县、乡四级河长体系。各省（自治区、直辖市）设立总河长，由党委或政府主要负责同志担任；各省（自治区、直辖市）行政区域内主要河湖设立河长，由省级负责同志担任；各河湖所在市、县、乡均分级分段设立河长，由同级负责同志担任。县级及以上河长设置相应的河长制办公室，具体组成由各地根据实际确定。

（四）工作职责。各级河长负责组织领导相应河湖的管理和保护工作，包括水资源保护、水域岸线管理、水污染防治、水环境治理等，牵头组织对侵占河道、围垦湖泊、超标排污、非法采砂、破坏航道、电毒炸鱼等突出问题依法进行清理整治，协调解决重大问题；对跨行政区域的河湖明晰管理责任，协调上下游、左右岸实行联防联控；对相关部门和下一级河长履职情况进行督导，对目标任务完成情况进行考核，强化激励问责。河长制办公室承担河长制组织实施具体工作，落实河长确定的事项。各有关部门和单位按照职责分工，协同推进各项工作。

二、主要任务

（五）加强水资源保护。落实最严格水资源管理制度，严守水资源开发利用控制、用水效率控制、水功能区限制纳污三条红线，强化地方各级政府责任，严格考核评估和监督。实行水资源消耗总量和强度双控行动,防止不合理新增取水,切实做到以水定需、量水而行、因水制宜。坚持节水优先,全面提高用水效率,水资源短缺地区、生态脆弱地区要严格限制发展高耗水项目,加快实施农业、工业和城乡节水技术改造,坚决遏制用水浪费。严格水功能区管理监督,根据水功能区划确定的河流水域纳污容量和限制排污总量,落实污染物达标排放要求,切实监管入河湖排污口,严格控制入河湖排污总量。

(六)加强河湖水域岸线管理保护。严格水域岸线等水生态空间管控,依法划定河湖管理范围。落实规划岸线分区管理要求,强化岸线保护和节约集约利用。严禁以各种名义侵占河道、围垦湖泊、非法采砂,对岸线乱占滥用、多占少用、占而不用等突出问题开展清理整治,恢复河湖水域岸线生态功能。

(七)加强水污染防治。落实《水污染防治行动计划》,明确河湖水污染防治目标和任务,统筹水上、岸上污染治理,完善入河湖排污管控机制和考核体系。排查入河湖污染源,加强综合防治,严格治理工矿企业污染、城镇生活污染、畜禽养殖污染、水产养殖污染、农业面源污染、船舶港口污染,改善水环境质量。优化入河湖排污口布局,实施入河湖排污口整治。

(八)加强水环境治理。强化水环境质量目标管理,按照水功能区确定各类水体的水质保护目标。切实保障饮用水水源安全,开展饮用水水源规范化建设,依法清理饮用水水源保护区内违法建筑和排污口。加强河湖水环境综合整治,推进水环境治理网格化和信息化建设,建立健全水环境风险评估排查、预警预报与响应机制。结合城市总体规划,因地制宜建设亲水生态岸线,加大黑臭水体治理力度,实现河湖环境整洁优美、水清岸绿。以生活污水处理、生活垃圾处理为重点,综合整治农村水环境,推进美丽乡村建设。

(九)加强水生态修复。推进河湖生态修复和保护,禁止侵占自然河湖、湿地等水源涵养空间。在规划的基础上稳步实施退田还湖还湿、退渔还湖,恢复河湖水系的自然连通,加强水生生物资源养护,提高水生生物多样性。开展河湖健康评估。强化山水林田湖系统治理,加大江河源头区、水源涵养区、生态敏感区保护力度,对三江源区、南水北调水源区等重要生态保护区实行更严格的保护。积极推进建立生态保护补偿机制,加强水土流失预防监督和综合整治,建设生态清洁型小流域,维护河湖生态环境。

（十）加强执法监管。建立健全法规制度，加大河湖管理保护监管力度，建立健全部门联合执法机制，完善行政执法与刑事司法衔接机制。建立河湖日常监管巡查制度，实行河湖动态监管。落实河湖管理保护执法监管责任主体、人员、设备和经费。严厉打击涉河湖违法行为，坚决清理整治非法排污、设障、捕捞、养殖、采砂、采矿、围垦、侵占水域岸线等活动。

三、保障措施

（十一）加强组织领导。地方各级党委和政府要把推行河长制作为推进生态文明建设的重要举措，切实加强组织领导，狠抓责任落实，抓紧制定出台工作方案，明确工作进度安排，到2018年年底前全面建立河长制。

（十二）健全工作机制。建立河长会议制度、信息共享制度、工作督察制度，协调解决河湖管理保护的重点难点问题，定期通报河湖管理保护情况，对河长制实施情况和河长履职情况进行督察。各级河长制办公室要加强组织协调，督促相关部门单位按照职责分工，落实责任，密切配合，协调联动，共同推进河湖管理保护工作。

（十三）强化考核问责。根据不同河湖存在的主要问题，实行差异化绩效评价考核，将领导干部自然资源资产离任审计结果及整改情况作为考核的重要参考。县级及以上河长负责组织对相应河湖下一级河长进行考核，考核结果作为地方党政领导干部综合考核评价的重要依据。实行生态环境损害责任终身追究制，对造成生态环境损害的，严格按照有关规定追究责任。

（十四）加强社会监督。建立河湖管理保护信息发布平台，通过主要媒体向社会公告河长名单，在河湖岸边显著位置竖立河长公示牌，标明河长职责、河湖概况、管护目标、监督电话等内容，接受社会监督。聘请社会监督员对河湖管理保护效果进行监督和评价。进一步做好宣传舆论引导，提高全社会对河湖保护工作的责任意识和参与意识。

各省（自治区、直辖市）党委和政府要在每年1月底前将上年度落实贯彻情况报党中央、国务院。

（据新华社2016年12月11日电）

中共中央办公厅　国务院办公厅印发
《建立国家公园体制总体方案》

　　国家公园是指由国家批准设立并主导管理,边界清晰,以保护具有国家代表性的大面积自然生态系统为主要目的,实现自然资源科学保护和合理利用的特定陆地或海洋区域。建立国家公园体制是党的十八届三中全会提出的重点改革任务,是我国生态文明制度建设的重要内容,对于推进自然资源科学保护和合理利用,促进人与自然和谐共生,推进美丽中国建设,具有极其重要的意义。为加快构建国家公园体制,在总结试点经验基础上,借鉴国际有益做法,立足我国国情,制定本方案。

一、总体要求

　　(一)指导思想。全面贯彻党的十八大和十八届三中、四中、五中、六中全会精神,深入贯彻习近平总书记系列重要讲话精神和治国理政新理念新思想新战略,认真落实党中央、国务院决策部署,紧紧围绕统筹推进"五位一体"总体布局和协调推进"四个全面"战略布局,牢固树立和贯彻落实新发展理念,坚持以人民为中心的发展思想,加快推进生态文明建设和生态文明体制改革,坚定不移实施主体功能区战略和制度,严守生态保护红线,以加强自然生态系统原真性、完整性保护为基础,以实现国家所有、全民共享、世代传承为目标,理顺管理体制,创新运营机制,健全法治保障,强化监督管理,构建统一规范高效的中国特色国家公园体制,建立分类科学、保护有力的自然保护地体系。

（二）基本原则

——科学定位、整体保护。坚持将山水林田湖草作为一个生命共同体，统筹考虑保护与利用，对相关自然保护地进行功能重组，合理确定国家公园的范围。按照自然生态系统整体性、系统性及其内在规律，对国家公园实行整体保护、系统修复、综合治理。

——合理布局、稳步推进。立足我国生态保护现实需求和发展阶段，科学确定国家公园空间布局。将创新体制和完善机制放在优先位置，做好体制机制改革过程中的衔接，成熟一个设立一个，有步骤、分阶段推进国家公园建设。

——国家主导、共同参与。国家公园由国家确立并主导管理。建立健全政府、企业、社会组织和公众共同参与国家公园保护管理的长效机制，探索社会力量参与自然资源管理和生态保护的新模式。加大财政支持力度，广泛引导社会资金多渠道投入。

（三）主要目标。建成统一规范高效的中国特色国家公园体制，交叉重叠、多头管理的碎片化问题得到有效解决，国家重要自然生态系统原真性、完整性得到有效保护，形成自然生态系统保护的新体制新模式，促进生态环境治理体系和治理能力现代化，保障国家生态安全，实现人与自然和谐共生。

到2020年，建立国家公园体制试点基本完成，整合设立一批国家公园，分级统一的管理体制基本建立，国家公园总体布局初步形成。到2030年，国家公园体制更加健全，分级统一的管理体制更加完善，保护管理效能明显提高。

二、科学界定国家公园内涵

（四）树立正确国家公园理念。坚持生态保护第一。建立国家公园的目的是保护自然生态系统的原真性、完整性，始终突出自然生态系统的严格保护、整体保护、系统保护，把最应该保护的地方保护起来。国家公园坚持世代传承，给子孙后代留下珍贵的自然遗产。坚持国家代表性。国家公园既具有极其重要的自然生态系统，又拥有独特的自然景观和丰富的科学内涵，国民认同度高。国家公园以国家利益为主导,坚持国家所有,具有国家象征,代表国家形象,彰显中华文明。坚持全民公益性。国家公园坚持全民共享,着眼于提升生态系统服务功能,开展自然环境教育,为公众提供亲近自然、体验自然、了解自然以及作为国民福利的游憩机会。鼓励公众参与,调动全民积极性,激发自然保护意识,增强民族自豪感。

(五)明确国家公园定位。国家公园是我国自然保护地最重要类型之一,属于全国主体功能区规划中的禁止开发区域,纳入全国生态保护红线区域管控范围,实行最严格的保护。国家公园的首要功能是重要自然生态系统的原真性、完整性保护,同时兼具科研、教育、游憩等综合功能。

(六)确定国家公园空间布局。制定国家公园设立标准,根据自然生态系统代表性、面积适宜性和管理可行性,明确国家公园准入条件,确保自然生态系统和自然遗产具有国家代表性、典型性,确保面积可以维持生态系统结构、过程、功能的完整性,确保全民所有的自然资源资产占主体地位,管理上具有可行性。研究提出国家公园空间布局,明确国家公园建设数量、规模。统筹考虑自然生态系统的完整性和周边经济社会发展的需要,合理划定单个国家公园范围。国家公园建立后,在相关区域内一律不再保留或设立其他自然保护地类型。

(七)优化完善自然保护地体系。改革分头设置自然保护区、风景名胜区、文化自然遗产、地质公园、森林公园等的体制,对我国现行自然保护地保护管理效能进行评估,逐步改革按照资源类型分类设置自然保护地体系,研究科学的分类标准,理清各类自然保护地关系,构建以国家公园为代表的自然保护地体系。进一步研究自然保护区、风景名胜区等自然保护地功能定位。

三、建立统一事权、分级管理体制

(八)建立统一管理机构。整合相关自然保护地管理职能,结合生态环境保护管理体制、自然资源资产管理体制、自然资源监管体制改革,由一个部门统一行使国家公园自然保护地管理职责。

国家公园设立后整合组建统一的管理机构,履行国家公园范围内的生态保护、自然资源资产管理、特许经营管理、社会参与管理、宣传推介等职责,负责协调与当地政府及周边社区关系。可根据实际需要,授权国家公园管理机构履行国家公园范围内必要的资源环境综合执法职责。

（九）分级行使所有权。统筹考虑生态系统功能重要程度、生态系统效应外溢性、是否跨省级行政区和管理效率等因素,国家公园内全民所有自然资源资产所有权由中央政府和省级政府分级行使。其中,部分国家公园的全民所有自然资源资产所有权由中央政府直接行使,其他的委托省级政府代理行使。条件成熟时,逐步过渡到国家公园内全民所有自然资源资产所有权由中央政府直接行使。

按照自然资源统一确权登记办法,国家公园可作为独立自然资源登记单元,依法对区域内水流、森林、山岭、草原、荒地、滩涂等所有自然生态空间统一进行确权登记。划清全民所有和集体所有之间的边界,划清不同集体所有者的边界,实现归属清晰、权责明确。

（十）构建协同管理机制。合理划分中央和地方事权,构建主体明确、责任清晰、相互配合的国家公园中央和地方协同管理机制。中央政府直接行使全民所有自然资源资产所有权的,地方政府根据需要配合国家公园管理机构做好生态保护工作。省级政府代理行使全民所有自然资源资产所有权的,中央政府要履行应有事权,加大指导和支持力度。国家公园所在地方政府行使辖区（包括国家公园）经济社会发展综合协调、公共服务、社会管理、市场监管等职责。

（十一）建立健全监管机制。相关部门依法对国家公园进行指导和管理。健全国家公园监管制度,加强国家公园空间用途管制,强化对国家公园生态保护等工作情况的监管。完善监测指标体系和技术体系,定期对国家公园开展监测。构建国家公园自然资源基础数据库及统计分析平台。加强对国家公园生态系统状况、环境质量变化、生态文明制度执行情况等方面的评价,建立第三方评估制度,对国家公园建设和管理进行科学评估。建立健全社会监督机制,建立举报制度和权益保障机制,保障社会公众的知情权、监督权,接受各种形式的监督。

四、建立资金保障制度

(十二)建立财政投入为主的多元化资金保障机制。立足国家公园的公益属性,确定中央与地方事权划分,保障国家公园的保护、运行和管理。中央政府直接行使全民所有自然资源资产所有权的国家公园支出由中央政府出资保障。委托省级政府代理行使全民所有自然资源资产所有权的国家公园支出由中央和省级政府根据事权划分分别出资保障。加大政府投入力度,推动国家公园回归公益属性。在确保国家公园生态保护和公益属性的前提下,探索多渠道多元化的投融资模式。

(十三)构建高效的资金使用管理机制。国家公园实行收支两条线管理,各项收入上缴财政,各项支出由财政统筹安排,并负责统一接受企业、非政府组织、个人等社会捐赠资金,进行有效管理。建立财务公开制度,确保国家公园各类资金使用公开透明。

五、完善自然生态系统保护制度

(十四)健全严格保护管理制度。加强自然生态系统原真性、完整性保护,做好自然资源本底情况调查和生态系统监测,统筹制定各类资源的保护管理目标,着力维持生态服务功能,提高生态产品供给能力。生态系统修复坚持以自然恢复为主,生物措施和其他措施相结合。严格规划建设管控,除不损害生态系统的原住民生产生活设施改造和自然观光、科研、教育、旅游外,禁止其他开发建设活动。国家公园区域内不符合保护和规划要求的各类设施、工矿企业等逐步搬离,建立已设矿业权逐步退出机制。

(十五)实施差别化保护管理方式。编制国家公园总体规划及专项规划,合理确定国家公园空间布局,明确发展目标和任务,做好与相关规划的衔接。按照自然资源特征和管理目标,合理划定功能分区,实行差别化保护管理。重点保护区域内居民要逐步实施生态移民搬迁,集体土地在充分征求其所有权人、承包权人意见基础上,优先通过租赁、置换等方式规范流转,由国家公园管理机构统一管理。其他区域内居民根据实际情况,实施生态移民搬迁或实行相对集中居住,集体土地可通过合作协议等方式实现统一有效管理。探索协议保护等多元化保护模式。

（十六）完善责任追究制度。强化国家公园管理机构的自然生态系统保护主体责任,明确当地政府和相关部门的相应责任。严厉打击违法违规开发矿产资源或其他项目、偷排偷放污染物、偷捕盗猎野生动物等各类环境违法犯罪行为。严格落实考核问责制度,建立国家公园管理机构自然生态系统保护成效考核评估制度,全面实行环境保护"党政同责、一岗双责",对领导干部实行自然资源资产离任审计和生态环境损害责任追究制。对违背国家公园保护管理要求、造成生态系统和资源环境严重破坏的要记录在案,依法依规严肃问责、终身追责。

六、构建社区协调发展制度

（十七）建立社区共管机制。根据国家公园功能定位,明确国家公园区域内居民的生产生活边界,相关配套设施建设要符合国家公园总体规划和管理要求,并征得国家公园管理机构同意。周边社区建设要与国家公园整体保护目标相协调,鼓励通过签订合作保护协议等方式,共同保护国家公园周边自然资源。引导当地政府在国家公园周边合理规划建设入口社区和特色小镇。

（十八）健全生态保护补偿制度。建立健全森林、草原、湿地、荒漠、海洋、水流、耕地等领域生态保护补偿机制,加大重点生态功能区转移支付力度,健全国家公园生态保护补偿政策。鼓励受益地区与国家公园所在地区通过资金补偿等方式建立横向补偿关系。加强生态保护补偿效益评估,完善生态保护成效与资金分配挂钩的激励约束机制,加强对生态保护补偿资金使用的监督管理。鼓励设立生态管护公益岗位,吸收当地居民参与国家公园保护管理和自然环境教育等。

（十九）完善社会参与机制。在国家公园设立、建设、运行、管理、监督等各环节,以及生态保护、自然教育、科学研究等各领域,引导当地居民、专家学者、企业、社会组织等积极参与。鼓励当地居民或其举办的企业参与国家公园内特许经营项目。建立健全志愿服务机制和社会监督机制。依托高等学校和企事业单位等建立一批国家公园人才教育培训基地。

七、实施保障

（二十）加强组织领导。中央全面深化改革领导小组经济体制和生态文明体制改革专项小组要加强指导，各地区各有关部门要认真学习领会党中央、国务院关于生态文明体制改革的精神，深刻认识建立国家公园体制的重要意义，把思想认识和行动统一到党中央、国务院重要决策部署上来，切实加强组织领导，明确责任主体，细化任务分工，密切协调配合，形成改革合力。

（二十一）完善法律法规。在明确国家公园与其他类型自然保护地关系的基础上，研究制定有关国家公园的法律法规，明确国家公园功能定位、保护目标、管理原则，确定国家公园管理主体，合理划定中央与地方职责，研究制定国家公园特许经营等配套法规，做好现行法律法规的衔接修订工作。制定国家公园总体规划、功能分区、基础设施建设、社区协调、生态保护补偿、访客管理等相关标准规范和自然资源调查评估、巡护管理、生物多样性监测等技术规程。

（二十二）加强舆论引导。正确解读建立国家公园体制的内涵和改革方向，合理引导社会预期，及时回应社会关切，推动形成社会共识。准确把握建立国家公园体制的核心要义，进一步突出体制机制创新。加大宣传力度，提升宣传效果。培养国家公园文化，传播国家公园理念，彰显国家公园价值。

（二十三）强化督促落实。综合考虑试点推进情况，适当延长建立国家公园体制试点时间。本方案出台后，试点省市要按照本方案和已经批复的试点方案要求，继续探索创新，扎实抓好试点任务落实工作，认真梳理总结有效模式，提炼成功经验。国家公园设立标准和相关程序明确后，由国家公园主管部门组织对试点情况进行评估，研究正式设立国家公园，按程序报批。各地区各部门不得自行设立或批复设立国家公园。适时对自行设立的各类国家公园进行清理。各有关部门要对本方案落实情况进行跟踪分析和督促检查，及时解决实施中遇到的问题，重大问题要及时向党中央、国务院请示报告。

（据新华社 2017 年 9 月 26 日电）

中共中央办公厅　国务院办公厅印发
《关于在湖泊实施湖长制的指导意见》

为深入贯彻党的十九大精神，全面落实《中共中央办公厅、国务院办公厅印发〈关于全面推行河长制的意见〉的通知》要求，进一步加强湖泊管理保护工作，现就在湖泊实施湖长制提出如下意见。

一、充分认识在湖泊实施湖长制的
重要意义及特殊性

党的十九大强调，生态文明建设功在当代、利在千秋，要推动形成人与自然和谐发展现代化建设新格局。湖泊是江河水系的重要组成部分，是蓄洪储水的重要空间，在防洪、供水、航运、生态等方面具有不可替代的作用。长期以来，一些地方围垦湖泊、侵占水域、超标排污、违法养殖、非法采砂，造成湖泊面积萎缩、水域空间减少、水质恶化、生物栖息地破坏等问题突出，湖泊功能严重退化。在湖泊实施湖长制是贯彻党的十九大精神、加强生态文明建设的具体举措，是关于全面推行河长制的意见提出的明确要求，是加强湖泊管理保护、改善湖泊生态环境、维护湖泊健康生命、实现湖泊功能永续利用的重要制度保障。

同时，在湖泊实施湖长制具有特殊性：一是湖泊一般有多条河流汇入，河湖关系复杂，湖泊管理保护需要与入湖河流通盘考虑、统筹推进；二是湖泊水体连通，边界监测断面不易确定，准确界定沿湖行政区域管理保护责任较为困

难;三是湖泊水域岸线及周边普遍存在种植养殖、旅游开发等活动,管理保护不当极易导致无序开发;四是湖泊水体流动相对缓慢,水体交换更新周期长,营养物质及污染物易富集,遭受污染后治理修复难度大;五是湖泊在维护区域生态平衡、调节气候、维护生物多样性等方面功能明显,遭受破坏对生态环境影响较大,管理保护必须更加严格。在湖泊实施湖长制,必须坚持问题导向,明确各方责任,细化实化措施,严格考核问责,确保取得实效。

二、建立健全湖长体系

各省(自治区、直辖市)要将本行政区域内所有湖泊纳入全面推行湖长制工作范围,到 2018 年年底前在湖泊全面建立湖长制,建立健全以党政领导负责制为核心的责任体系,落实属地管理责任。

全面建立省、市、县、乡四级湖长体系。各省(自治区、直辖市)行政区域内主要湖泊,跨省级行政区域且在本辖区地位和作用重要的湖泊,由省级负责同志担任湖长;跨市地级行政区域的湖泊,原则上由省级负责同志担任湖长;跨县级行政区域的湖泊,原则上由市地级负责同志担任湖长。同时,湖泊所在市、县、乡要按照行政区域分级分区设立湖长,实行网格化管理,确保湖区所有水域都有明确的责任主体。

三、明确界定湖长职责

湖泊最高层级的湖长是第一责任人,对湖泊的管理保护负总责,要统筹协调湖泊与入湖河流的管理保护工作,确定湖泊管理保护目标任务,组织制定"一湖一策"方案,明确各级湖长职责,协调解决湖泊管理保护中的重大问题,依法组织整治围垦湖泊、侵占水域、超标排污、违法养殖、非法采砂等突出问题。其他各级湖长对湖泊在本辖区内的管理保护负直接责任,按职责分工组织实施湖泊管理保护工作。

流域管理机构要充分发挥协调、指导和监督等作用。对跨省级行政区域的湖泊,流域管理机构要按照水功能区监督管理要求,组织划定入河排污口禁止设置和限制设置区域,督促各省(自治区、直辖市)落实入湖排污总量管控责任。要与各省(自治区、直辖市)建立沟通协商机制,强化流域规划约束,切实加强对湖长制工作的综合协调、监督检查和监测评估。

四、全面落实主要任务

(一)严格湖泊水域空间管控。各地区各有关部门要依法划定湖泊管理范围,严格控制开发利用行为,将湖泊及其生态缓冲带划为优先保护区,依法落实相关管控措施。严禁以任何形式围垦湖泊、违法占用湖泊水域。严格控制跨湖、穿湖、临湖建筑物和设施建设,确需建设的重大项目和民生工程,要优化工程建设方案,采取科学合理的恢复和补救措施,最大限度减少对湖泊的不利影响。严格管控湖区围网养殖、采砂等活动。流域、区域涉及湖泊开发利用的相关规划应依法开展规划环评,湖泊管理范围内的建设项目和活动,必须符合相关规划并科学论证,严格执行工程建设方案审查、环境影响评价等制度。

(二)强化湖泊岸线管理保护。实行湖泊岸线分区管理,依据土地利用总体规划等,合理划分保护区、保留区、控制利用区、可开发利用区,明确分区管理保护要求,强化岸线用途管制和节约集约利用,严格控制开发利用强度,最大程度保持湖泊岸线自然形态。沿湖土地开发利用和产业布局,应与岸线分区要求相衔接,并为经济社会可持续发展预留空间。

(三)加强湖泊水资源保护和水污染防治。落实最严格水资源管理制度,强化湖泊水资源保护。坚持节水优先,建立健全集约节约用水机制。严格湖泊取水、用水和排水全过程管理,控制取水总量,维持湖泊生态用水和合理水位。落实污染物达标排放要求,严格按照限制排污总量控制入湖污染物总量、设置并监管入湖排污口。入湖污染物总量超过水功能区限制排污总量的湖泊,应排查入湖污染源,制定实施限期整治方案,明确年度入湖污染物削减量,逐步改善湖泊水质;水质达标的湖泊,应采取措施确保水质不退化。严格落实排污许可证制度,将治理任务落实到湖泊汇水范围内各排污单位,加强对湖区周边及入湖河流工矿企业污染、城镇生活污染、畜禽养殖污染、农业面源污染、内源污染等综合防治。加大湖泊汇水范围内城市管网建设和初期雨水收集处理设施建设,提高污水收集处理能力。依法取缔非法设置的入湖排污口,严厉打击废污水直接入湖和垃圾倾倒等违法行为。

(四)加大湖泊水环境综合整治力度。按照水功能区区划确定各类水体水质保护目标,强化湖泊水环境整治,限期完成存在黑臭水体的湖泊和入湖河流整治。在作为饮用水水源地的湖泊,开展饮用水水源地安全保障达标和规范化建设,确保饮用水安全。加强湖区周边污染治理,开展清洁小流域建设。加大湖区综合整治力度,有条件的地区,在采取生物净化、生态清淤等措施的同时,可结合防洪、供用水保障等需要,因地制宜加大湖泊引水排水能力,增强湖泊水体的流动性,改善湖泊水环境。

(五)开展湖泊生态治理与修复。实施湖泊健康评估。加大对生态环境良好湖泊的严格保护,加强湖泊水资源调控,进一步提升湖泊生态功能和健康水平。积极有序推进生态恶化湖泊的治理与修复,加快实施退田还湖还湿、退渔还湖,逐步恢复河湖水系的自然连通。加强湖泊水生生物保护,科学开展增殖放流,提高水生生物多样性。因地制宜推进湖泊生态岸线建设、滨湖绿化带建设、沿湖湿地公园和水生生物保护区建设。

(六)健全湖泊执法监管机制。建立健全湖泊、入湖河流所在行政区域的多部门联合执法机制,完善行政执法与刑事司法衔接机制,严厉打击涉湖违法违规行为。坚决清理整治围垦湖泊、侵占水域以及非法排污、养殖、采砂、设障、捕捞、取用水等活动。集中整治湖泊岸线乱占滥用、多占少用、占而不用等突出问题。建立日常监管巡查制度,实行湖泊动态监管。

五、切实强化保障措施

(一)加强组织领导。各级党委和政府要以习近平新时代中国特色社会主义思想为指导,把在湖泊实施湖长制作为全面贯彻党的十九大精神、推进生态文明建设的重要举措,切实加强组织领导,明确工作进展安排,确保各项要求落到实处。要逐个湖泊明确各级湖长,进一步细化实化湖长职责,层层建立责任制。要落实湖泊管理单位,强化部门联动,确保湖泊管理保护工作取得实效。水利部要会同全面推行河长制工作部际联席会议各成员单位加强督促检查,指导各地区推动在湖泊实施湖长制工作。

（二）夯实工作基础。各地区各有关部门要抓紧摸清湖泊基本情况,组织制定湖泊名录,建立"一湖一档"。抓紧划定湖泊管理范围,实行严格管控。对堤防由流域管理机构直接管理的湖泊,有关地方要积极开展管理范围划定工作。

（三）强化分类指导。各地区各有关部门要针对高原湖泊、内陆湖泊、平原湖泊、城市湖泊等不同类型湖泊的自然特性、功能属性和存在的突出问题,因湖施策,科学制定"一湖一策"方案,进一步强化对湖泊管理保护的分类指导。

（四）完善监测监控。各地区要科学布设入湖河流以及湖泊水质、水量、水生态等监测站点,建设信息和数据共享平台,不断完善监测体系和分析评估体系。要积极利用卫星遥感、无人机、视频监控等技术,加强对湖泊变化情况的动态监测。跨行政区域的湖泊,上一级有关部门要加强监测。

（五）严格考核问责。各地区要建立健全考核问责机制,县级及以上湖长负责组织对相应湖泊下一级湖长进行考核,考核结果作为地方党政领导干部综合考核评价的重要依据。实行湖泊生态环境损害责任终身追究制,对造成湖泊面积萎缩、水体恶化、生态功能退化等生态环境损害的,严格按照有关规定追究相关单位和人员的责任。要通过湖长公告、湖长公示牌、湖长 App、微信公众号、社会监督员等多种方式加强社会监督。

（据新华社 2018 年 1 月 4 日电）

后　记

　　《环境保护体制改革研究》是中国机构编制管理研究会与中国行政管理学会、中国行政体制改革研究会、联合国开发计划署、中国环境与发展国际合作委员会 5 家单位共同策划组织的系列专题研讨会的研究成果,体现了 50 多位国内外环保和公共管理领域的专家学者,环保部及地方环保部门、机构编制系统及其他部门实务工作者的集体智慧。

　　中国机构编制管理研究会(以下简称研究会)于 2004 年 3 月 30 日在北京成立,是由中央机构编制委员会办公室主管的,在民政部登记的全国性社会团体,主要职能是围绕机构编制工作进行行政管理及机构改革的理论和实践研究,为党中央和国务院科学决策、依法行政提供咨询服务。10 多年来,研究会始终将对重大体制改革问题的研究作为自身最重要的使命任务,不断强化"研究"的特质,增强自身活力,广泛联系专家学者,致力于在行政体制改革领域发挥参谋咨询作用。环境保护对外合作中心(以下简称合作中心)于 1997年正式成立,负责中国环境保护领域利用国际金融组织资金、履约项目资金、双边援助资金及其他对外合作事务的管理工作。2016 年,加挂环境保护部公约履约技术中心的牌子,主要负责组织开展环境公约政策研究,参与相关环境公约谈判,承担国内履约活动的具体技术性、事务性工作。合作中心始终坚持围绕环境保护的中心工作,充分发挥立足国内、面向国际的前沿优势和环境保护对外合作的桥梁和窗口作用,不断推动各项事业发展。近年来,加强了对全球环境政策的研究和国际服务咨询,跟踪与研究全球环境热点问题、环境政策动态,取得了卓有成效的成绩。结合双方的优势和力量,本书的编著者由研究会和合作中心两个单位的人员共同组成,其中,黄文平(中国机构编制管理研究会会长)为主编,陈亮(环境保护对外合作中心主任)、于宁(中国机构编制管理研究会副会长)、肖学智(环境保护对外合作中心副主任)、洪都(中国机构编制管理研究会副会长)为副主编,双方共同努力促成研讨会成果的转化和应用。

党的十八大以来,党中央、国务院把生态文明建设和环境保护摆上了更加重要的战略位置。习近平总书记对环境保护提出了一系列新理念新思想,多次强调绿水青山就是金山银山,要坚定不移地推动绿色发展,谋求最佳质量效益。中央已相继出台了一系列重要政策文件和法律法规,绘就了生态文明建设和环境保护的顶层设计图。在这一大背景下,从2016年上半年开始,研究会多次与环保部行政体制与人事司、环保部对外合作中心沟通,商讨确定主题、研讨会开法,并最终达成一致认识。经多方努力,最终确定将"环境保护治理体系与治理能力"作为大主题,研讨会连续召开三年,每年在大主题之下精心策划分议题。参加人员覆盖国内外相关领域专家。2016年9月16日,组织召开了第一次研讨会,分议题为"区域、流域环境治理体系""环境行政执法体系""环境监测体系";2017年9月5日,组织召开了第二次研讨会,分议题为"区域大气环境管理体制改革""生态环保管理体制改革""农村环保管理体制"。目前正考虑策划2018年9月第三次研讨会。2016年和2017年研讨会结束后,我们积累了不少研究成果,其中包括一些前瞻性的研究观点,这些成果和观点收录在由人民出版社出版发行的《环境保护体制改革研究》。同时,为了帮助读者了解党的十八大以后党中央、国务院对环境保护体制改革的部署和有关方针政策,附录中刊载了这一时期党中央、国务院发布的八份文件,也摘录了三任环保部长在5次重要会议上的讲话。

今年,中国开启了新一轮党和国家机构改革。《中共中央关于深化党和国家机构改革的决定》提出,改革自然资源和生态环境管理体制。改革方案明确组建自然资源部和生态环境部,并重新核定主要职能,理顺了职责关系。生态环境管理体制正在发生着重大的变革。我们感觉,重大政策的出台需要理论研究的支撑,我们的研究成果体现和支持了改革政策,具有积极的咨询作用。我们计划将这些研究成果集结出版,一方面,比较完整地记录了整个研究历程;另一方面,方便在更大范围传播研究成果,丰富相关领域的研究。

本书引用了学界同行的研究成果、有关部门和地方的资料数据以及新闻报道中的相关资料和数据,并尽量注明了出处,当然,难免有疏漏和不当之处,敬请读者指正!

编　者
2018 年 4 月 10 日

责任编辑：宋军花

封面设计：林芝玉

图书在版编目（CIP）数据

环境保护体制改革研究/黄文平 主编. —北京：人民出版社,2018.9
ISBN 978－7－01－019591－9

Ⅰ.①环… Ⅱ.①黄… Ⅲ.①环境保护-环境管理-体制改革-研究-中国
Ⅳ.①X3

中国版本图书馆 CIP 数据核字（2018）第 168392 号

环境保护体制改革研究

HUANJING BAOHU TIZHI GAIGE YANJIU

黄文平 主编

陈 亮 于 宁 肖学智 洪 都 副主编

人民出版社 出版发行

（100706 北京市东城区隆福寺街99号）

北京汇林印务有限公司印刷 新华书店经销

2018年9月第1版 2018年9月北京第1次印刷
开本：710毫米×1000毫米 1/16 印张：23.75
字数：367千字

ISBN 978－7－01－019591－9 定价：65.00元

邮购地址 100706 北京市东城区隆福寺街99号
人民东方图书销售中心 电话 （010）65250042 65289539